W0256184

ALLE·ZEIT·WACH
1842

Herbert Pfaff-Schley (Hrsg.)

Grundwasserschutz und Grundwasserschadensfälle

Anforderungen an Vorsorge-, Erkundungs- und Sanierungsmaßnahmen

Mit 68 Abbildungen

Springer-Verlag
Berlin Heidelberg New York London Paris Tokyo
Hong Kong Barcelona Budapest

Dipl.-Geogr. Herbert Pfaff-Schley
Umweltinstitut Offenbach
Nordring 82 B
63067 Offenbach am Main

ISBN-13:978-3-540-57945-8

Die Deutsche Bibliothek – CIP-Einheitsaufnahme:
Grundwasserschutz und Grundwasserschadensfälle: Anforderungen an Vorsorge-, Erkundungs- und Sanierungsmaßnahmen / Herbert Pfaff-Schley (Hrsg.). – Berlin; Heidelberg; New York; London; Paris; Tokyo; Hong Kong; Barcelona; Budapest: Springer, 1995
ISBN-13:978-3-540-57945-8 e-ISBN-13:978-3-642-78962-5
DOI: 10.1007/978-3-642-78962-5

NE: Pfaff-Schley, Herbert [Hrsg.]

Einbandgestaltung: E. Kirchner, Heidelberg
SPIN: 10466444 30/3130 — 5 4 3 2 1 0 — Gedruckt auf säurefreiem Papier

Vorwort

Seit Mitte der 80er Jahre wird in der Bundesrepublik verstärkt die Beschaffenheit des Grundwassers flächendeckend untersucht. Auslöser waren zunehmende, zum Teil zufällige Funde unerwünschter Stoffe in Trinkwassergewinnungsanlagen. Vor allem Kohlenwasserstoffe, Pflanzenbehandlungs- und Schädlingsbekämpfungsmittel spielten eine Rolle. Aber auch die Grundwasserkonzentrationen an Sulfat, Nitrat, Chlorid und Kalium überstiegen als Folge von Einflüssen aus dem industriellen, landwirtschaftlichen und kommunalen Bereich das natürliche Niveau der jeweiligen Region unter Umständen erheblich.

Nach den geltenden Gesetzen müssen Schadstoffe aus dem Schutzgut Trinkwasser entfernt werden. Voraussetzung für eine Gefahrenabschätzung und gegebenenfalls eine Sanierung ist die Erkundung eines Schadensfalles, die alle wesentlichen standortspezifischen Randbedingungen in die Überlegungen einbezieht.

Im vorliegenden Band werden sowohl die Belastung des Grund- und Trinkwassers als auch die Instrumente zur Erkundung und Sanierung aufgezeigt. Bei den Beiträgen handelt es sich um die Textfassungen der Vorträge auf der Fachtagung „Grundwasserschutz und Grundwasserschadensfälle: Anforderungen an Vorsorge-, Erkundungs- und Sanierungsverfahren“, die das UMWELTINSTITUT OFFENBACH vom 24. bis 25. März 1994 veranstaltete. Die Texte wurden ergänzt und teilweise überarbeitet.

Neben der Darstellung der Erkundungs- und Sanierungsmethoden werden die sogenannten „Grenzwertlisten“ diskutiert und die Problematik ihrer Übertragbarkeit aufgezeigt. Qualitätsziele werden dargestellt und mit der Realität konfrontiert. Ausführlich werden die Rechtsgrundlagen zur Bewältigung von Grundwasserschäden dargestellt. Anforderungen an Probenahmegeräte, Grundwassermodelle und geophysikalische Methoden werden definiert, neue Techniken und Methoden werden vorgestellt. Hinzu kommen Beispielfälle für Untersuchungen vor Grundwasserschäden aus Brandenburg, Sachsen und Nordrhein-Westfalen sowie praktische Erfahrungen bei der Durchführung von Grundwassersanierungen anhand von Einzelbeispielen.

Das UMWELTINSTITUT OFFENBACH bietet seit 1988 seine Dienstleistungen in den Bereichen Erfassung, Untersuchung und Gefährdungsabschätzung von Altlastenverdachtsflächen an. Angeboten werden die Auswertung von Karten, Luftbildern und Akten, Erkundungs- und Untersuchungsmaßnahmen, Einrichtung von Meßstellen, Probenahme, chemische Analysen, PC-Programme zur Bearbeitung und Gefährdungsabschätzung sowie graphische Aufbereitung und EDV-gestützte Fortführung der Ergebnisse. Daneben werden regelmäßig Fachtagungen und Seminare zu aktuellen Umweltthemen durchgeführt.

Offenbach, Juni 1994 Herbert Pfaff-Schley

Inhaltsverzeichnis

Autorenverzeichnis

Dipl.-Geol. Michael Blesken
Landesentwicklungsgesellschaft NRW GmbH
Roßstraße 120
40476 Düsseldorf

Dr.-Ing. Dieter Briechle
Erftverband
Paffendorfer Weg 42
50126 Bergheim

Dr. Wolfgang Brück
Stadtwerke Saarbrücken AG
Hohenzollernstr. 104-106
66117 Saarbrücken

Dipl.-Ing. Thies Ehlers
Grundfoss GmbH
Industriestraße 15-19
23812 Wahlstedt

Dipl.-Ing. Volker Firchow
Fooke GmbH Maschinenfabrik
Raiffeisenstr. 18-22
46325 Borken

Dr. rer. pol. Wolfgang Habel
Anwaltsbüro Dr. Habel & Partner
Walkmühlstraße 1
99084 Erfurt

Dipl.-Geol. Jürgen Heldens
Hydrogeologisches Ingenieurbüro Olzem
Kuhles-Hütte 83
47809 Krefeld

Dipl.-Phys. Artur W. Kolodziey
Geophysik Consultancy
Am Gänsepfad 16
64846 Groß-Zimmern

Dr. Carsten Leibenath
UBV Umweltbüro GmbH Vogtland
Dieselstr. 47
01257 Dresden

Dr. Joseph Lindner
Pfaff & Co GmbH
Heinrich-Kley-Straße 2
80807 München

Dr. Peter Müller
Südhessische Gas und Wasser AG
Frankfurter Str. 100
64293 Darmstadt

Dipl.-Geoökol. Markus Ottenbreit
Rainer Scheibke
Heike Schwandt
Kai Uwe Totsche
emc GmbH
Gesellschaft zur Erfassung und Bewertung von Umweltdaten
Lange Straße 3/11
99086 Erfurt

Betriebswirt (VWA), Dipl.-Geol. Hans -Jürgen Reichardt
Unternehmensberatung Umweltschutz
Marsweg 4
75175 Pforzheim

Christel Rietz
Dr. L. Müller
Landesumweltamt Brandenburg
Herbert-Jensch-Straße 38
15234 Frankfurt an der Oder

Dipl.-Ing. Erhard Robold
Trischler und Partner GmbH
Berliner Allee 6
64295 Darmstadt

Dr. Reinhard Röder
Bayerisches Landesamt für Wasserwirtschaft
Lazarettstraße 67
80636 München

Dr. Gundula Schön
Staatliches Umweltfachamt
Bautzener Straße 67
04347 Leipzig

Dr. Eckhard Sowa
Ingenieurbüro für Wasser und Boden GmbH
Turnerweg 6
01728 Possendorf

Dr. Ulrich Thomsch
Christian Korndörfer
Landeshauptstadt Dresden
Amt für Umweltschutz
Theaterstraße 11
01067 Dresden

Dr. Benedikt Toussaint
Hessische Landesanstalt für Umwelt
Rheingaustraße 186
65203 Wiesbaden-Biebrich

Wasserbewirtschaftung im Hessischen Ried

Peter Müller

1 Einleitung

Hohe Besiedlungsdichte und starke industrielle Produktion haben in den letzten Jahren nicht nur die Diskussion nach der Endlichkeit der Energieressourcen angeregt, sondern auch eine Debatte über die Begrenztheit der Ressource Wasser ausgelöst. Maßnahmen die in der guten Absicht initiiert werden, den sparsamen Umgang mit Trinkwasser zu fördern, vernachlässigen dabei häufig, daß die Energie- und Wasserressourcen grundsätzlich unterschiedlichen Naturkreisläufen und physikalischen Gesetzen unterworfen sind. Primärenergieträger sind endlich – sie werden bei ihrer Nutzung stofflich umgesetzt. Die globalen Wasservorräte hingegen bewegen sich in Kreisläufen und sind demzufolge unerschöpflich.

Im Energiebereich liegen die Schwerpunkte daher naturgemäß bei der Entwicklung von Spartechnologien, der Mehrfachnutzung, dem Einsatz CO_2-armer Energieträger bzw. bei der Diskussion um den Einsatz alternativer Energien. Im Wasserbereich muß jedoch die Erhaltung und Verbesserung der Wasserqualität sowie darüber hinaus die umweltverträgliche, effiziente und volkswirtschaftlich sinnvolle Erschließung der ausreichend verfügbaren Wassermengen Vorrang haben. Dies gilt insbesondere für die Belange eines durch Wasserreichtum geprägten Landes.

Am Beispiel des seit Jahrzehnten stark genutzten Hessischen Rieds werden Eckpunkte einer modernen, umweltverträglichen Wasserbewirtschaftung skizziert. Dabei sei darauf hingewiesen, daß die Wasserressourcen des Rieds seit einigen Jahrzehnten – außer zur traditionellen Deckung des regionalen Bedarfs der Region Darmstadt und der umliegenden Gemeinden – auch zur Teilversorgung des Ballungsraumes Rhein-Main mit den Großstädten Frankfurt und Wiesbaden genutzt werden.

Es werden Kriterien zur ökologisch orientierten Steuerung der regionalen Wasserkreislaufprozesse erörtert. Des weiteren wird gezeigt, daß die natürlich verfügbaren Wassermengen im Hessischen Ried in genügendem Maße vorhanden

2 Darstellung hydrochemischer Grundwasserdaten

2.1 Einzeldiagramme

In Einzeldiagrammen werden Analysendaten einer einzelnen Grundwasserprobe ohne Lagebezug dargestellt.

Die hier verwendeten Verfahren sind hinlänglich bekannt (DVWK 1990; Abb. 1). Entsprechende Kreis- und Säulendiagramme finden sich vor allem in Fachaufsätzen, wo die Hauptinhaltsstoffe einer Grundwasserprobe beschrieben werden. Für „Spurenstoffe" ist diese Darstellung ungeeignet.

2.2 Sammeldiagramme

In Sammeldiagrammen werden Analysendaten zu vergleichender Grundwasserproben ebenfalls ohne Lagebezug dargestellt.

Auch diese Anwendungen – in der Regel Dreiecksdiagramme (Abb. 2) – finden sich überwiegend in Fachaufsätzen zur Beschreibung der Hauptinhaltsstoffe und nicht im Zusammenhang mit der Darstellung sehr geringer Konzentrationen.

2.3 Ganglinien

Ganglinien zeigen die Entwicklung bestimmter Parameter an festen Untersuchungsstellen (Abb. 3). Sie sind für alle Berichtsformen ein unentbehrliches Hilfsmittel zur Darstellung zeitlicher Entwicklungen. Hierbei sind

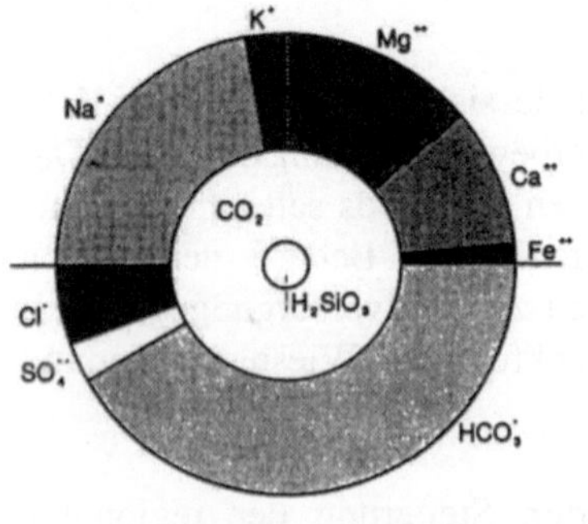

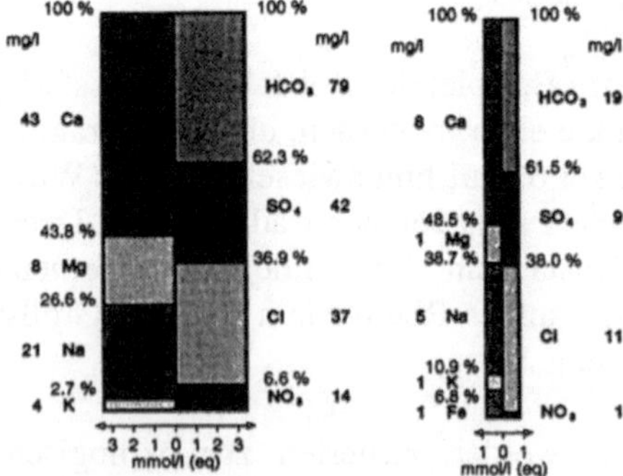

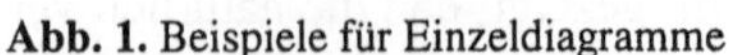
Abb. 1. Beispiele für Einzeldiagramme

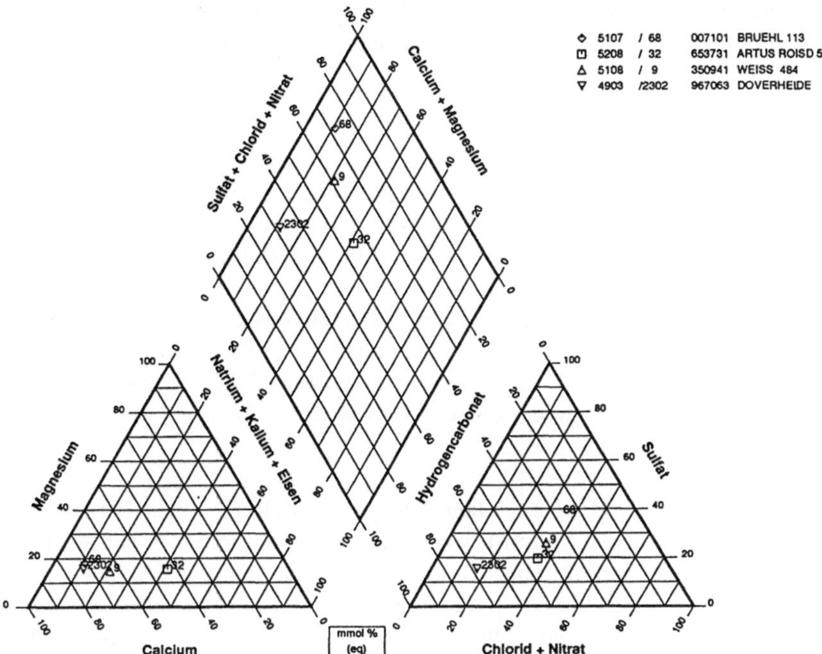

Abb. 2. Beispiel eines Sammeldiagramms

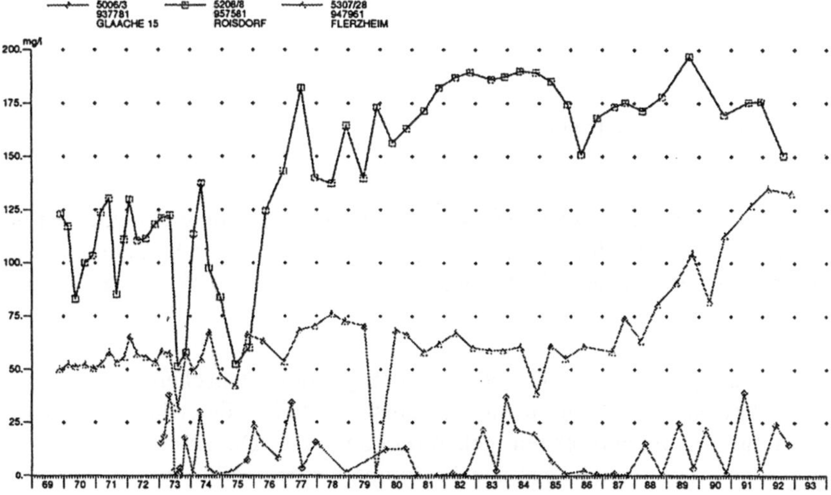

Abb. 3. Ganglinien der Grundwasserbeschaffenheit (Nitrat)

alle Konzentrationsbereiche darstellbar. Besonders zu beachten ist jedoch, daß die Probenahmezeitpunkte und evtl. Lücken in der Datenreihe gut zu erkennen sind.

2.4 Regionale Darstellungen

Gerade durch die Verfügbarkeit leistungsfähiger EDV-Anlagen und entsprechender Interpolationssoftware wächst die Versuchung, ein flächenhaftes, aussagekräftiges Bild eines Grundwasserinhaltsstoffes vorzulegen.

Mit Ausnahme räumlich extrem enger Untersuchungsstellen (z. B. bei Altlastenuntersuchungen) oder kaum reagierender Stoffe in homogenen Grundwasserleitern ist jedoch in der Regel vor einer solchen Darstellung zu warnen, vor allem, wenn die Lage der einzelnen Meßpunkte nicht mit ausgewiesen wird.

Vorzuziehen ist in jedem Fall eine lagerichtige Darstellung eines Parameters (z. B. als Kreis- oder Säulendiagramm), wobei durchaus zeitliche Tendenzen und weitergehende Informationen mit aufgenommen werden können (Abb. 4). Die bekannten farbigen Kreise zur leichten optischen Abgrenzung von Beschaffenheitsstufen geben – vor allem in kleinmaßstäblichen Karten – eine schnelle und gute Übersicht. Auch hier sind alle Konzentrationsbereiche darstellbar.

Sofern keine farbige Wiedergabe möglich ist, leisten auch leere oder gefüllte Kreise bzw. teilweise Kreisfüllungen gute Dienste.

3 Grundwassergüteklassen

Die Einteilung der Oberflächenwasserbeschaffenheit in sogenannte Güteklassen ist hinreichend bekannt. Es stellt sich die Frage, ob nicht auch zur Charakterisierung des Grundwassers das vorliegende Datenmaterial in ähnlicher Weise aufbereitet werden sollte.

Allerdings fällt hier sofort auf, daß ein völlig vom Menschen unbelastetes Grundwasser keineswegs – wie etwa ein entsprechendes Oberflächenwasser – durch bestimmte Parametergrenzen gekennzeichnet ist. Da seine Inhaltsstoffe durch die Boden- und Gesteinspassage bestimmt werden, gibt es eine Vielzahl unterschiedlichster Grundwässer mit starken Schwankungen einzelner Stoffe. Eine generelle Einteilung in Klassen mit festem Werteumfang ist daher unmöglich. Womit sollte man sie begründen?

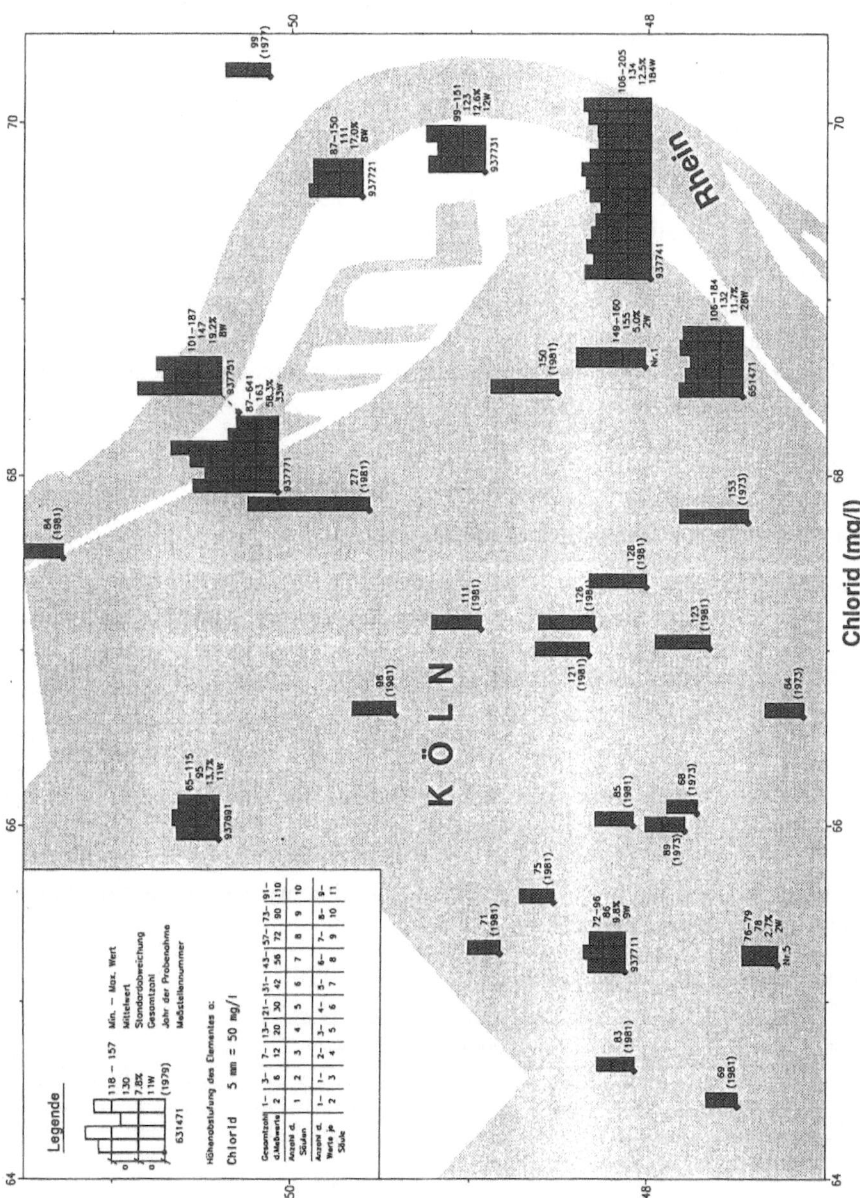

Abb. 4. Thematische Karte zur Grundwasserbeschaffenheit mit Lage- und Zeitbezug

Bleibt der Bezug auf eine nutzungsbezogene Klasseneinteilung. Dies wäre sicherlich möglich, führte aber zu einem „Mehrklassengrundwasser", also Bereichen, wo besonders hohe Anforderungen gestellt werden – z. B. in Trinkwassereinzugsgebieten – und anderen Regionen, wo man u. U. sogar noch auffüllen könnte – z. B. mit Nitrat oder Pflanzenbehandlungsmitteln.

Es ist aber oberstes Ziel aller Wasserwirtschaftsverwaltungen in Deutschland, den ungeteilten Grundwasserschutz durchzusetzen, der sich vom Vorsorgegesichtspunkt leiten läßt. Daher bleibt nur eine Klassifizierung des Grundwassers in drei Stufen (DVGW/DVWK 1992a):

- *Belastungsstufe 0:* Das Grundwasser ist anthropogen unbelastet.
- *Belastungsstufe 1:* Die Belastung ist nicht eindeutig; es sind weitere Untersuchungen notwendig.
- *Belastungsstufe 2:* Eine anthropogene Belastung ist eindeutig nachgewiesen. Eine Sanierung ist notwendig.

4 Ermittlung anthropogener Belastungen

4.1 Auffinden grundwasserfremder Inhaltsstoffe

Werden Inhaltsstoffe im Grundwasser gefunden, die hier natürlicherweise nicht vorkommen, d. h. weder biogen noch geogen sind und nur synthetisch gebildet werden können, ist dies ein hinreichender Beweis für das Vorhandensein der anthropogenen Belastung des Grundwassers.

Eine Übersicht über die wichtigsten Parameter, die in diesem Zusammenhang genannt werden müssen, gibt Tabelle 1.

Tabelle 1. Grundwasserfremde Substanzen

Parameter	Anthropogene Quellen					
	Landwirtschaft	Urbane Region	Großindustrie	Altlasten	Verkehr	Lufteintrag
synthetische org. Pestizide	X	X	X	X	X	X
PAK	—	X	X	X	X	X
sechswertige Chromverb.	—	X	X	—	—	—
LHKW	—	X	X	X	X	X
AOX	—	X	X	X	X	X
synthetische Chelatbildner	—	X	X	—	—	—

4.2 Vergleich gemessener Beschaffenheitsdaten mit geochemisch berechenbaren Gleichgewichtswerten

Die Zusammensetzung des Grundwassers läßt sich bisweilen durch geochemische Berechnungen unter Berücksichtigung kausaler Zusammenhänge und chemischer Gesetzmäßigkeiten naturwissenschaftlich hinreichend genau nachbilden und den hydrogeologischen Rahmenbedingungen plausibel zuordnen, da sich die Grundwasservorkommen großräumig und langfristig – wenn keiner stört – in einem stabilen chemischen und biologischen Gleichgewicht befinden. Dies ist das Ergebnis vielfältiger und in Wechselwirkung stehender physikalischer, chemischer und biologischer Prozesse, die im wesentlichen von der mineralischen Zusammensetzung des durchströmten Untergrundes abhängen.

Dies bietet bei dem heute vorhandenen Kenntnisstand solcher Prozesse und den weithin verfügbaren Rechnern und EDV-Programmen gelegentlich durchaus die Möglichkeit, das Endprodukt „Grundwasserbeschaffenheit" zu berechnen und mit dem tatsächlich gefundenen Grundwasser zu vergleichen, um aus signifikanten Abweichungen Schlüsse auf eine anthropogene Beeinflussung zu ziehen (DVWK 1992).

Hilfsweise liefert eine möglichst breit gestreute Datensammlung von Leitparametern aus geologisch einheitlichen Grundwasserleitern, in denen (noch) keine anthropogene Belastung vermutet werden kann und die ein einheitliches Beschaffenheitsmuster bilden, eine Annäherung an solche Berechnungen.

In Tabelle 2 ist ein solcher Ansatz auszugsweise wiedergegeben. Wie man allerdings aus der geringen Zahl ausgewerteter Analysen ersehen kann, ist die Datenbasis nicht so, wie man sie sich wünschte. Vielleicht macht sich wieder einmal jemand die Mühe, zwischenzeitlich häufig schlummernde „Analysenschätze" zu heben und großräumig zu überarbeiten.

Auch die Zusammenstellungen in den Tabellen 3 bis 6 bieten Anhaltspunkte, anthropogene Belastungen zu bestätigen oder auszuschließen.

Bei konkreten, begrenzten Verdachtsflächen für eine anthropogene Belastung - z. B. bei Deponien - kann natürlich auch der einfache Vergleich einiger Parameter „oberstrom" und „unterstrom" der Fläche Hinweise auf eine Belastung geben.

Tabelle 2. Schwankungsbreite der Inhaltsstoffe von Grundwässern aus petrographisch ähnlichen Grundwasserleitern. (Nach DVGW/DVWK 1992)

Grundwasserleiter		Magmatisches/ Metamorphes Gestein Quarzit	Vulkanit Diabas, Basalt Tuffit	Sandstein Konglomerat	Grauwacken Ton- Kieselschiefer	Ton- / Schluffstein	Carbonatgestein Kalk-/Mergelstein	Tertiärer und Pleistozäner Sand, Mergel
Zahl der Analysen		7	2	11	10	4	10	5
pH		5,5 – 6,0	8,02 – 8,73	6,38 – 8,3	4,7 – 7,58	6,1 – 7,5	7,0 – 8,0	7,16 – 7,52
Gesamthärte	°d	1,7 – 5,3	3,3 – 4,4	2,1 – 18,2	2,1 – 11,5	3,8 – 16,6	9,7 – 31,9	13,0 – 21,5
Carbonathärte	°d	0,9 – 2,9	3,3 – 4,4	0,6 – 14,8	1,1 – 17,7	2,2 – 15,7	6,1 – 20,9	13,0 – 18,8
Alkalien (als Na^+)	mg/l	0,6 – 10	3,9 – 95,0	1,3 – 23	3,4 – 33	3 – 10,2	3,0 – 30,5	3,9 – 30
Calcium (Ca^{2+})	mg/l	3 – 36,4	14,3 – 18,0	8,4 – 87,7	2 – 69,7	24 – 66,1	55,3 – 155	62 – 90
Magnesium (Mg^{2+})	mg/l	0 – 5,1	3,2 – 10,4	3,7 – 25,7	6 – 53	2 – 33,6	4 – 91,4	18 – 39
Chlorid (CL^-)	mg/l	2,5 – 15	3,0 – 4,0	1,8 – 71	6,8 – 35	7 – 20,6	7,1 – 47	0 – 25
Sulfat (SO_4^{2-})	mg/l	2 – 53	6,2 – 23,1	10 – 166,6	9 – 48	10,1 – 59,8	13 – 267,1	5 – 66
Hydrogencarb. (HCO_3^-)	mg/l	24 – 74,1	109,8 – 268,4	12 – 322,8	24 – 385,6	49 – 342	131,8 – 455	283 – 411,5
Nitrat (NO_3^-)	mg/l	1 – 25	0,4 – 4,5	0,3 – 20	<1 – 10,3	0,5 – 10	0 – 24,2	0 – 7,5

Tabelle 3. Beispiele für Gehalte an Natrium und Kalium in Grundwässern (DVWK 1993)

Grundwassertyp	Na^+ (mg/l)	K^+ (mg/l)
alpine Wässer	<1	<0.5
Kalkschotterwässer	ca. 7	0.1 - 5
tertiäre Tiefenwässer (Südbayern)	80 - 120	0.5 - 5
Sandsteinkeuperwässer	5 - 50	3 - 30
Salzwässer (Zechstein)	>200	2 - 10
Mittlerer Muschelkalk (Franken)	5 - 50	1 - 5
Salz- und Austauschwässer	1000 - >4000	50 - 100
Tertiär (südl. Niederrhein. Bucht), normal	10 - 20	1 - 3
Quartär (südl. Niederrein. Bucht), normal	30 - 100	2 - 5

Tabelle 4. Beispiele für Gehalte an Chlorid, Sulfat und Nitrat in Grundwässern (DVWK 1993)

Grundwassertyp	Cl^- (mg/l)	SO_4^- (mg/l)	NO_3^- (mg/l)
alpine Wässer	1 - 3	2 - 10	2 - 7
quartäre Schotterwässer	5 - 15	5 - 30	5 - 20
tert. Tiefenwässer (Südbayern)	1 - 10	0 - 20	0
Kristallinwässer	1 - 5	<5	<5
Paläozoikum	1 - 5	<10	<10
Weißjura (Malm)	5 - 30	5 - 30	<10
Rotliegendes	<1		
Gipskeuper	5 - 15	100 - 1000	<15
Mittlerer Muschelkalk	50 - 500	100 - 500	<15
Sandsteinkeuper	5 - 20	10 - 25	<5
Buntsandstein, oberflächennah	<15	<20	<5
Kreide	5 - 10	20 - 40	<10
Salz- und Austauschwässer	1000 - 6000	300 - 800	0 - 2
Tertiär (südl. Niederrh. Bucht)	5 - 20	10 - 50	1 - 5
Quartär (südl. Niederrh. Bucht)	50 - 100	100 - 200	20 - 50

Tabelle 5. Beispiele für Eisen und Mangan in Grundwässern (DVWK 1993)

Grundwassertyp	Fe^{++} (mg/l)	Mn^{++} (mg/l)
Kalkschotterwässer (Quartär)	0 – 0.2	0 – 0.2
tertiäre Tiefenwässer (Bayern)	0.05 – 1.5	0.05 – 0.5
Kristallin (Nordbayern)	0 – 0.15	0 – 0.15
Muschelkalk (Franken)	0 – 0.3	0 – 0.2
Buntsandstein (Spessart)	0 – 0.2	0 – 0.015
Tertiär (südl. Niederrhein. Bucht)	1 – 5	0 – 1
Quartär (südl. Niederrein. Bucht)	0 – 1	<0.05

Tabelle 6. Beispiele für Schwermetallgehalte in Grundwässern (DVWK 1993)

Schwermetall	Zeichen	Konzentrationsbereich (mg/l)
Cadmium	Cd	<0.001 – 0.01
Cobalt	Co	<0.01
Chrom	Cr	<0.008 – 0.1
Kupfer	Cu	<0.001 – 0.01
Quecksilber	Hg	<0.0001
Nickel	Ni	<0.05 – 0.1
Blei	Pb	<0.001 – 0.007
Zink	Zn	<0.01 – 0.2

4.3 Interpretation langer Beschaffenheitsganglinien

Ausreichend zahlreiche und glaubwürdige Grundwasseruntersuchungen über einen Zeitraum, der bis vor den Beginn einer möglichen anthropogenen Überprägung reicht (etwa bis vor 1930), lassen im zeitlichen Verlauf z. B. keinen oder einen auswertbaren Trend erkennen (Abb. 5).

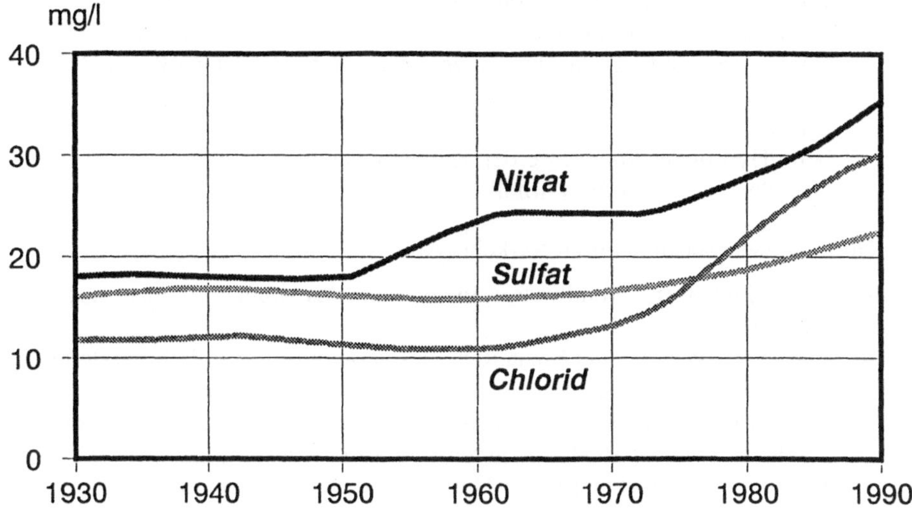

Abb. 5. Vieljährige Grundwasserbeschaffenheitsentwicklung. (Nach DVGW/DVWK 1992)

4.4 Hydrogeologisch-geochemische Erfahrungen

Trotz aller Rechenmodelle, Statistik und Computer bleibt – zumindest nach Ansicht des Autors – die Fachkunde und Erfahrung des Sachbearbeiters oder der Sachbearbeiterin auch für den hier gestellten Fragenkomplex ausschlaggebend. Dies eröffnet uns noch weitere Möglichkeiten, die nicht so einfach schematisch zu erfassen, aber dennoch recht aussagefähig sind. Dies wird an den folgenden drei Beispielen erläutert:

- Verteilung von Nitratwerten in der Niederrheinischen Bucht (Abb. 6):
  - ca. 100 km^2 im obersten Grundwasserstockwerk dargestellt;
  - ca. 60 Meßstellen mit bis zu 40 Werten (1 Meßstelle auf ca. 1,3 km^2);
  - extreme Schwankungen auf engstem Raum;
  - da auch andere Parameter ähnliche Bilder für den geologisch einheitlichen Grundwasserleiter zeigen, deutliche anthropogene Beeinflussung vorhanden.

- Folgen erhöhter Wasserwerksförderung (Abb. 7):
  - neues Wasserwerk in tieferem Grundwasserleiter, der jedoch kurz oberstrom ausstreicht;
  - oberster Grundwasserleiter vor allem durch Chlorideinträge anthropogen belastet; unterer Grundwasserleiter ca. 20 mg/l Chlorid;
  - durch Förderung (Absinken des Grundwasserspiegels) wird Wasser aus oberem Stockwerk in tiefere Schichten gezogen;
  - Chlorid mischt sich ein und steigt von 20 bis auf 100 mg/l;
  - zeitweise treten reduzierte Schwefelverbindungen bis zum Schwefel-

wasserstoff auf; durch Zustrom von sauerstoffhaltigem Grundwasser von oben werden sie zu Sulfat oxidiert; nach dem Aufbrauch der Depots sinkt der Sulfatwert zunächst wieder und nähert sich dann allmählich dem nachfließenden Grundwasser an; dazu kommt noch eine Pyritverwitterung;

- beim Hydrogencarbonat werden Kalkdepots gelöst (Anstieg) und mit dem Grundwasser abgeführt (Abfall).

- Grundwasserbelastung durch Verkehr (Abb. 8):
  - Chloridgehalt im Grundwasser, in der Nähe des Kölner Autobahnringes dargestellt;
  - Stärke des Winters und Einstellung des verantwortlichen Fuhrparkleiters zum Salzstreuen ablesbar;
  - Einschränkung des Salzstreuens mit Einsetzen der „Streusalzdiskussion“ ab 1982; Eisregen 1984: alle guten Vorsätze vergessen;
  - Einflüsse landwirtschaftlicher Düngung an kleinen „Sommerpeaks“ regelmäßig erkennbar;
  - fallender Trend auch ein Zeichen für anthropogene Belastung.

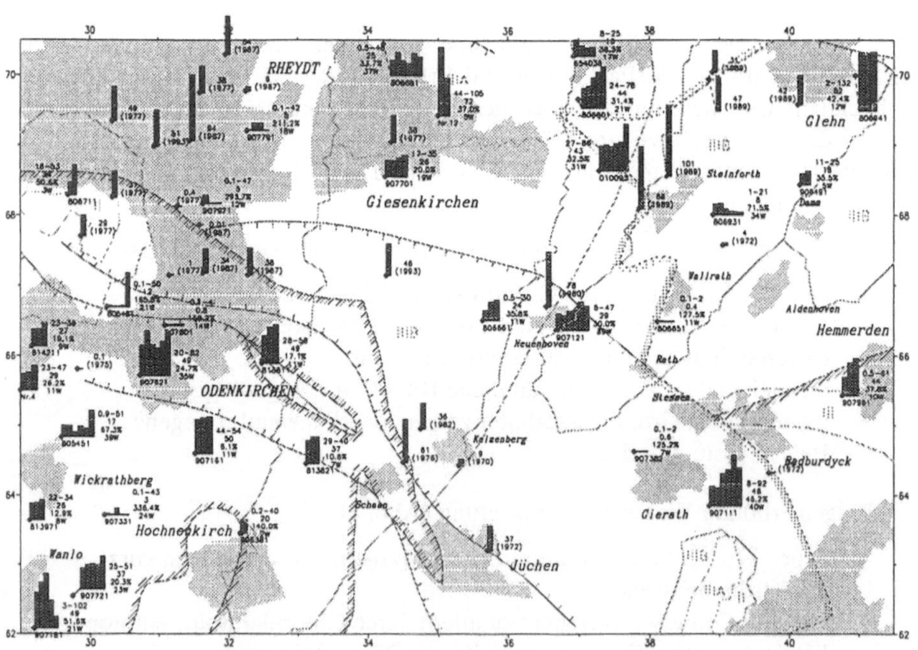

Abb. 6. Nitratverteilung im obersten Grundwasserstockwerk in der Niederrheinischen Bucht

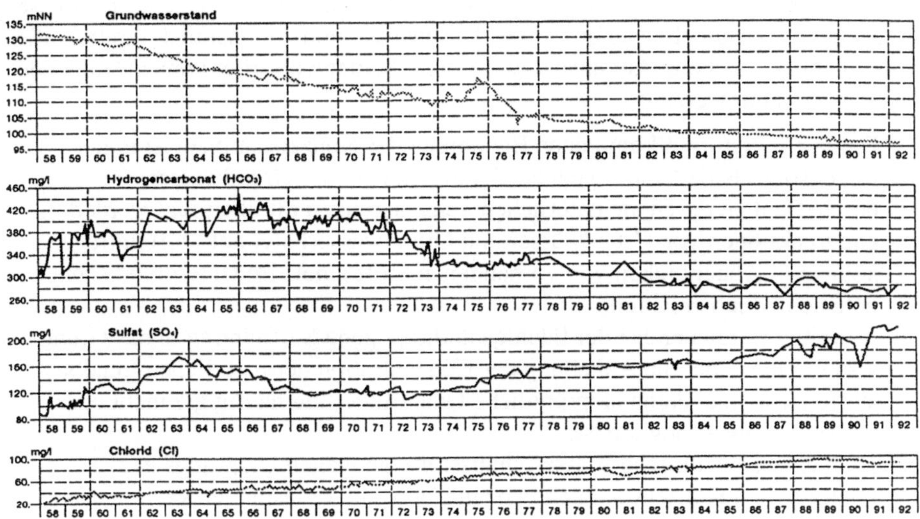

Abb.7. Grundwasserbeschaffenheitsänderungen durch Wasserwerksentnahme

Abb. 8. Chloridgehalt im Grundwasser mit Einflüssen aus Verkehr und Landwirtschaft

Es kann also eine ganze Menge getan werden, um anthropogene Einflüsse aufzuzeigen. Dennoch bleibt eine Unschärfe und manchmal sogar die Unmöglichkeit, sichere Aussagen zu treffen. Schlagwortartig können folgende Ursachen genannt werden:

- Die in der Natur vorkommende Bandbreite der Konzentrationen ist in der Regel so groß, daß anthropogene Veränderungen der Grundwasserbeschaffenheit durch die natürlichen Schwankungen oft überprägt werden.
- Die Reaktionen von Grundwasser und Grundwasserleiter auf Stoffeinträge können in Abhängigkeit von vorhandenen Stoffdepots im Untergrund sehr unterschiedlich ablaufen.
- In weiten Bereichen hat der flächige anthropogene Stoffeintrag in das Grundwasser eine generelle Anhebung der Konzentration der natürlichen Inhaltsstoffe zur Folge, deren ursprüngliche Quantifizierung häufig gar nicht oder nur sehr schwer möglich ist.
- Es existieren natürliche Wasserinhaltsstoffe geogenen Ursprungs in z. T. relativ hohen Konzentrationen, wo anthropogene Belastungen kaum auffallen.

Dazu eine Übersichtstabelle, um zumindest einen Anhalt zu geben, auf welche häufig natürlich vorkommenden Parameter man bei möglicher oder vermuteter Grundwasserbelastung ein besonderes Augenmerk richten sollte (Tabelle 7).

Tabelle 7. Häufig veränderte, natürliche Substanzen

Parameter	Anthropogene Quellen					
	Landwirtschaft	Urbane Region	Großindustrie	Altlasten	Verkehr	Lufteintrag
Nitrat	X	X	—	X	—	X
Chlorid	X	X	X	X	X	X
Ammonium	X	X	—	X	X	X
Sulfat	X	X	X	X	—	X
Bor, Borat	—	X	—	X	X	—
Kohlenwasserstoffe	—	X	X	X	X	—

Trotz aller Probleme: Auch wenn man nicht immer alle Ursachen sofort aufzeigen kann, warum ein Grundwasser diese oder jene Beschaffenheit aufweist und ob schon eine anthropogene Beeinflussung vorliegt: Gemessene und als „richtig“ befundene Daten sollten nicht in der Versenkung verschwinden, sondern zumindest graphisch gut aufbereitet und verfügbar gemacht werden. Die EDV ist dafür ein gutes Hilfsmittel. Auch andere werden dann leichter ihr Mosaiksteinchen zur weiteren Erkenntnis beitragen können.

Literatur

DVGW/DVWK (1992) Zustandsbeschreibung des Grundwassers – Entwurf

DVWK (Deutscher Verband für Wasserwirtschaft und Kulturbau) (1990) Methodensammlung zur Auswertung und Darstellung von Grundwasserbeschaffenheitsdaten, Heft 89

DVWK (1992) Anwendung hydrogeochemischer Modelle, Heft 100

DVWK (1993) Stoffeintrag und Grundwasser-Bewirtschaftung, Heft 104

Zustandsbeschreibung des Grundwassers

Dieter Briechle

1 Veranlassung

Seit Mitte der 80er Jahre wird vor allem auf Initiative der LAWA - der Länderarbeitsgemeinschaft Wasser – in allen Bundesländern verstärkt die Beschaffenheit des Grundwassers flächendeckend untersucht. Auslöser hierzu waren zunehmende, z.T. zufällige Funde unerwünschter Stoffe in Trinkwassergewinnungsanlagen. Vor allem Halogenkohlenwasserstoffe, später auch Pflanzenbehandlungs- und Schädlingsbekämpfungsmittel spielten eine Rolle. Aber auch die Grundwasserkonzentrationen an Sulfat, Nitrat, Chlorid und Kalium überstiegen als Folge von Einflüssen aus dem industriellen, landwirtschaftlichen und kommunalen Bereich das natürliche Niveau der jeweiligen Region u. U. erheblich.

Soll die zunehmende Flut von Meßdaten, die üblicherweise als Analysenprotokolle vorliegen, nicht in Aktenschränken verstauben, so erfordert dies eine übersichtliche Aufarbeitung, die sowohl die örtlichen Verhältnisse als auch die regionalen Zusammenhänge und zeitlichen Entwicklungen widerspiegelt, die Wesentliches hervorhebt und so darstellt, daß es z. B. auch in Berichte und Vorträge anschaulich und aussagekräftig eingebunden werden kann.

Eine zweite Fragestellung schließt sich sofort an: Befindet sich die Grundwasserbeschaffenheit eigentlich noch im „natürlichen“ Rahmen oder ist sie schon mehr oder weniger stark anthropogen überprägt?

Auf beide Fragen soll im folgenden eingegangen werden.

sind und bei zeitiger Erschließung und Nutzung der Faktor Wasser heute und in Zukunft kein die zivilisatorische Entwicklung hemmender Faktor sein wird.

2 Der Raum

Das Hessische Rheinried wird als Teil des Oberrheingrabens im Norden durch das Maintal, im Süden durch den Neckar und im Osten durch das aufsteigende, kristalline Odenwaldvorgebirge begrenzt (Abb. 1).

Der Oberrheingraben ist im wesentlichen mit quartären und tertiären Lockersedimenten und Sedimentgesteinen gefüllt, die bis zu 3000 m mächtig sind. Diese bestehen in erster Linie aus den fossilreichen, feinblättrig-tonigen Süßwasserablagerungen der Eozän-Stufe (Ölschiefer), den tonig-sandigen – selten konglomeratischen oder kalkigen – Serien des Oligozäns bis Pliozäns, die mariner oder festländischer Herkunft sind, den pleistozänen Terrassensedimenten des Rheins und den deckenförmig ausgebreiteten Flugsanden.

Das ca. 1100 km^2 große Gebiet wurde in den letzten 100 Jahren zunehmend entwässert. Die wichtigsten Ursachen sind:

- Zur Schiffbarmachung des Rheins und zum Schutz des ursprünglich durch häufiges Hochwasser überschwemmten Rheinriedes wurden Flußbegradigungen des früher stark mäandrierenden Rheins und seiner Zuflüsse aus dem Odenwald (Weschnitz, Modau, Sandbach, Landgraben) durchgeführt.
- Im folgenden gab es große, flächig angelegte Meliorationsmaßnahmen zugunsten der Landbewirtschaftung und der Besiedlung.
- In den letzten Jahrzehnten erfolgten Grundwasserentnahmen zur Deckung des Wasserbedarfs im Gebiet des Hessischen Riedes sowie im Ballungsraum Rhein-Main.

Ein Anteil von ca. 50 % landwirtschaftlicher Nutzfläche mit hoher Produktivität charakterisieret den Raum heute als weitgehend ausgeräumte Kulturlandschaft. Diese weist allerdings in ihren großen, ca. 25 % der Fläche bedeckenden Wäldern (z. B. Büttelborner Wald, Darmstädter Westwald, Gernsheimer Wald, Jägersburger Wald und Lorscher Wald), den torfig moorigen alten Neckarschlingen sowie den alten Rheinmäanderbögen (z.B. Kühkopf) ihre ökologischen Schatzinseln auf.

Bei einer Ost-West-Grundwassergrundströmungsrichtung mit ca. 1 ‰ Gefälle und Grundwasserflurabständen, die vom Odenwaldbergfuß ausgehend (weit über 10 m) bis hin zum Rhein (wenige Meter bis Dezimeter) stetig abnehmen, sind heute nur wenige Bereiche dieser wichtigen Gebiete vom Grundwassergeschehen abhängig.

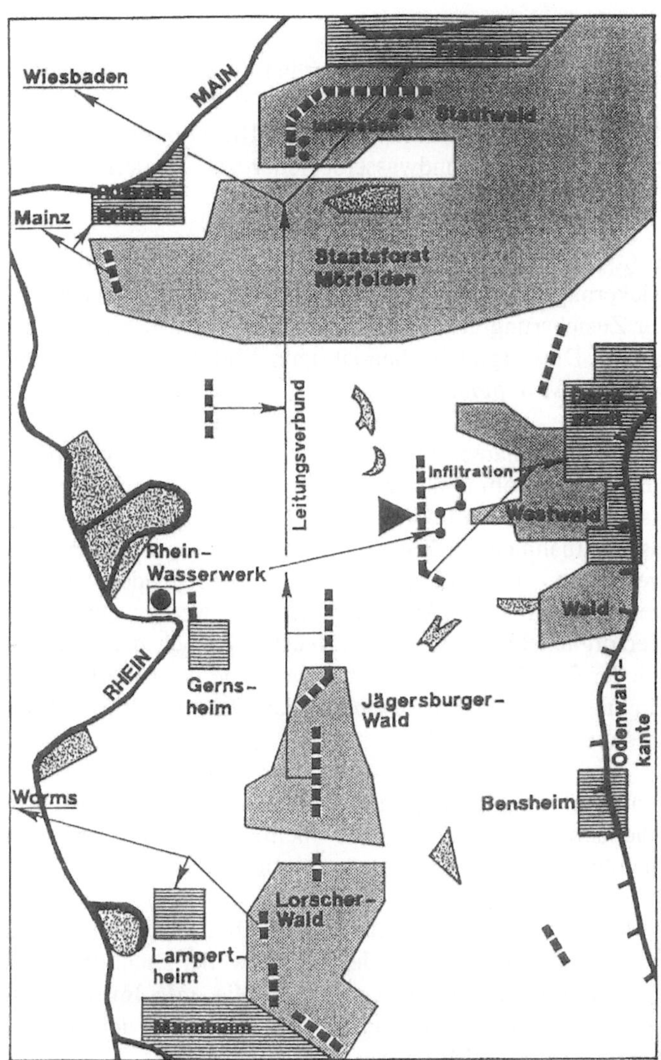

LEGENDE

Naturschutzgebiet	Infiltrationsanlagen
Wald	Brunnengalerie
Wohngebiet	Hauptwasserwerke Südhessische Gas/Wasser

Abb. 1. Das Hessische Ried

3 Die Wassermengenbilanz

Mit durchschnittlich knapp 650 mm/a Niederschlag werden im langjährigen Mittel auf der Fläche des Hessischen Rieds jährlich rund 720 Mio. m³/a Wasser abgeregnet. Davon fließt etwa ein Viertel – mindestens ca. 160-180 Mio. m³/a – insbesondere in den Wintermonaten dem Grundwasserspeicher zu (Diederich et al. 1985).

Dieser Zustrom zum Aquifer wird um die unterirdischen Zuflüsse aus dem Odenwald und die Versickerungsraten der Riedoberflächengewässer ergänzt, die insgesamt je ca. 15 % der Zusickerung aus dem Niederschlag ausmachen, also ca. 20-25 Mio. m³/a entsprechen. Dies ergibt im langjährigen Mittel ein Zufluß zum Aquifer von wenigstens ca. 210 Mio. m³/a.

Nach den Gesetzen für den stationären Wasserkreislauf stehen Zu- und Abfluß aus dem Bilanzgebiet, unabhängig vom Grad der regionalen Nutzung und Bewirtschaftung der Wasserressourcen, immer im Gleichgewicht (Abb. 2). Früher wurde in Zeiten ohne Grundwasserentnahmen der Zufluß zum Grund-wasser-speicher bei hohem Grundwasserniveau über den Rhein und seinen begleitenden, großen Grundwasserstrom direkt abgeführt (Abb. 2a). Heute werden maximal 190 Mio. m³/a in den Versorgungskreislauf eingeschleust und nach der Nutzung über die Riedvorfluter wieder dem Rhein zugeführt (davon sind ca. 125 Mio. m³/a öffentliche Wasserversorgung und ca. 65 Mio. m³/a Bedarf der Industrie und der landwirtschaftlichen Beregnung; Abb. 2b).

Die Differenz von wenigstens 20 Mio. m³/a zum Gebietszufluß wird nach wie vor unterirdisch zum Rheinstromgrundwasser bzw. ebenfalls in den Rhein entwässert. Damit ist das Gleichgewicht Zufluß/Abfluß gewahrt.

Seit Oktober 1989 läuft, zunächst im Teilbetrieb, die Rheinwasserinfiltration und -beregnung oberstrom der Brunnengalerien des Wasserwerks Eschollbrücken (Abb. 2c). Mit ca. 5 Mio. m³/a Beregnungswasser und ca. 6 Mio. m³/a Infiltrationswasser - im Endausbau sind ca. 38 Mio. m³/a vorgesehen – werden in den Bewirtschaftungsraum zusätzlich ca. 11 Mio. m³/a Wasser (nach Endausbau 43 Mio. m³/a) geführt. Diese fließen – bereinigt um die Pflanzenzehrung und Verdunstung – bei in den letzten Jahren stagnierender Entnahmemenge zusätzlich unterirdisch zum Rhein hin ab. Steigt die Entnahme, so gelangt ein der zusätzlichen Förderung entsprechender Anteil der Infiltratmenge zunächst zum Verbraucher und sodann über die Riedvorfluter im Kreislauf zur Hauptabflußader Rhein zurück.

Die Möglichkeit der Rheinwassernutzung bringt in Erinnerung, daß das Wasserdargebot einer Region neben den klimatisch vorgegebenen Gebietsniederschlägen und den unterirdischen Zuflüssen primär durch das jeweilige Angebot an Oberflächenwasser bestimmt wird. Dieses füttert in gewisser Weise auf natürliche Art das regional gegebene Niederschlagsangebot um den Niederschlagsabfluß aus den oberstrom gelegenen Regionen auf. Der mittlere Abfluß des Rheins von ca. 1000 m^3/s bei Biebesheim ergibt eine Wasserfracht von ca. 30 Mrd. m^3/a – diese Jahresmenge entspricht ca. 60 % der Menge des Bodenseevolumens. So fließt dem Bewirtschaftungsgebiet über den Rhein ca. das 40fache des jährlichen Gebietsniederschlags und in etwa das 2000fache der jährlichen Wasserentnahmen zu und natürlich auch aus dem Gebiet ab (Abb. 3). Gesamtbilanziell ist das Hessische Ried damit als vergleichsweise wasserreiche Region einzustufen.

Eine differenzierte Betrachtung der Mengenverhältnisse im Riedaquifer erfordert, die Größe des Grundwasserspeichers zu umreißen. Bei einem Porenvolumen von ca. 15 % bis 20 % und einer derzeitigen Nutztiefe von bis zu ca. 100 m weist der obere genutzte Teil des Riedgrundwasserkörpers ein Volumen von rund 20 Mrd. m^3 aus. Das ist mehr als die Hälfte der Wassermassen, die der Rhein jährlich durch das Gebiet führt.

Lediglich ca. 1-2 ‰ der Grundwasserressourcen sind derzeit über die Grundwasserentnahmen im regionalen Wasserhaushalt aktiviert, wobei deren mittlere fiktive Verweilzeit ca. 50 bis 100 Jahre beträgt.

Weitgehend unerforscht und bilanziell nicht berücksichtigt bleiben bislang die tieferen Aquiferbereiche und deren Zustromanteile von außerhalb des Rieds. Auch im oberen Aquiferbereich sind beträchtliche Zustromanteile bislang nicht quantifiziert. Dazu gehört der Zustrom aus dem Bereich der Odenwaldbruchkante – mit möglicherweise aufsteigendem Wasserzufluß – sowie die den Rhein begleitenden und umgebenden Wasserströme. Hierzu gehört z. B. das Mengenpotential des Rheinuferfiltrats und der Zustromanteil aus den Grundwassergebieten unterhalb der Rheinschiene.

Innerhalb der Bilanzierung der mittleren, langjährig stationären Zu- und Abflußverhältnisse sind die von der klimatischen Entwicklung beeinflußten, periodisch schwankenden Bewirtschaftungsbedingungen zu berücksichtigen. In diesem instationären Bereich bildet sich der Zeitversatz zwischen Zu- und Abfluß grundsätzlich in einer Zu- bzw. Abnahme des im Bilanzraum gespeicherten Wasserangebots ab. Bei einer durchschnittlichen Amplitude der Grundwasserstandsschwankungen von 2 bis 4 m weist der Riedaquifer eine natürliche Speicherfähigkeit (Retentionsfähigkeit) von ca. 400-800 Mio. m^3 auf (Abb. 3). Damit können bei gefülltem Speicher die Entnahmen über einige trockene Jahre ohne nennenswerten Speicherzufluß aus dem Niederschlag abgepuffert werden, ohne daß der Grundwasserspiegel unter einen für den Naturhaushalt schädlichen Pegel absinkt.

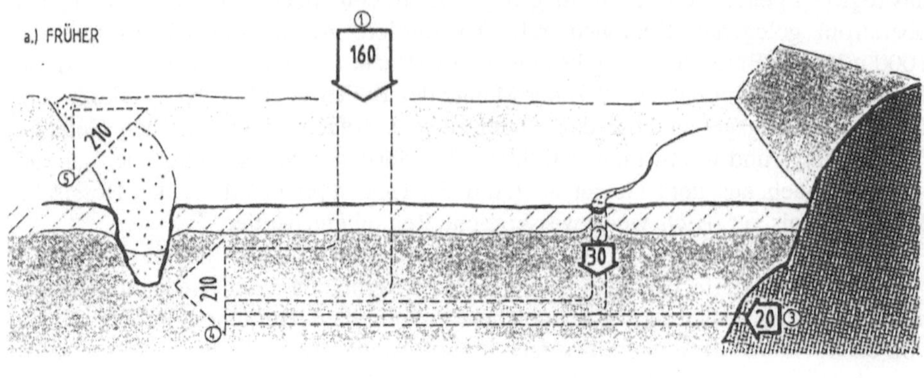

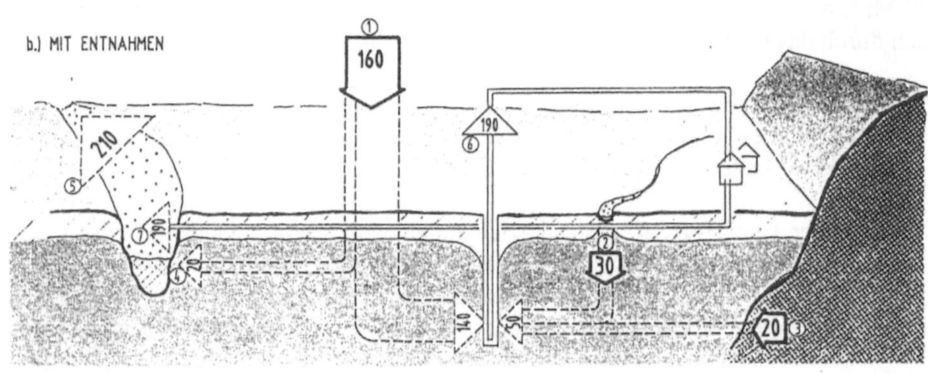

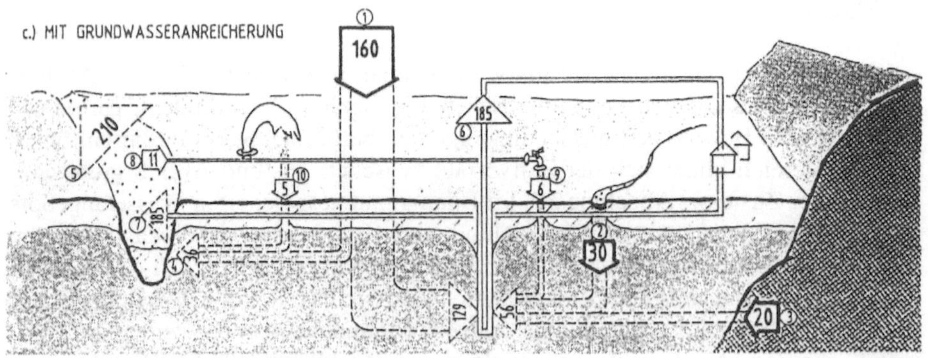

Abb. 2. Schematischer Wasserkreislauf im Hessischen Ried. (*1*) Speicherzufluß aus Gebietsniederschlag, (2) Oberflächenwasserversickerung, (*3*) Odenwaldrandzufluß, (*4*) unterirdischer Gebietsabfluß, (*5*) Gesamtrheinstromabfluß aus dem Gebiet, (*6*) Entnahmerate, (*7*) entnahmebedingter oberirdischer Gebietsabfluß, (*8*) Rheinwasserentnahme zur Grundwasseranreicherung, (*9*) Infiltrationsmenge, (*10*) Beregnungsmenge

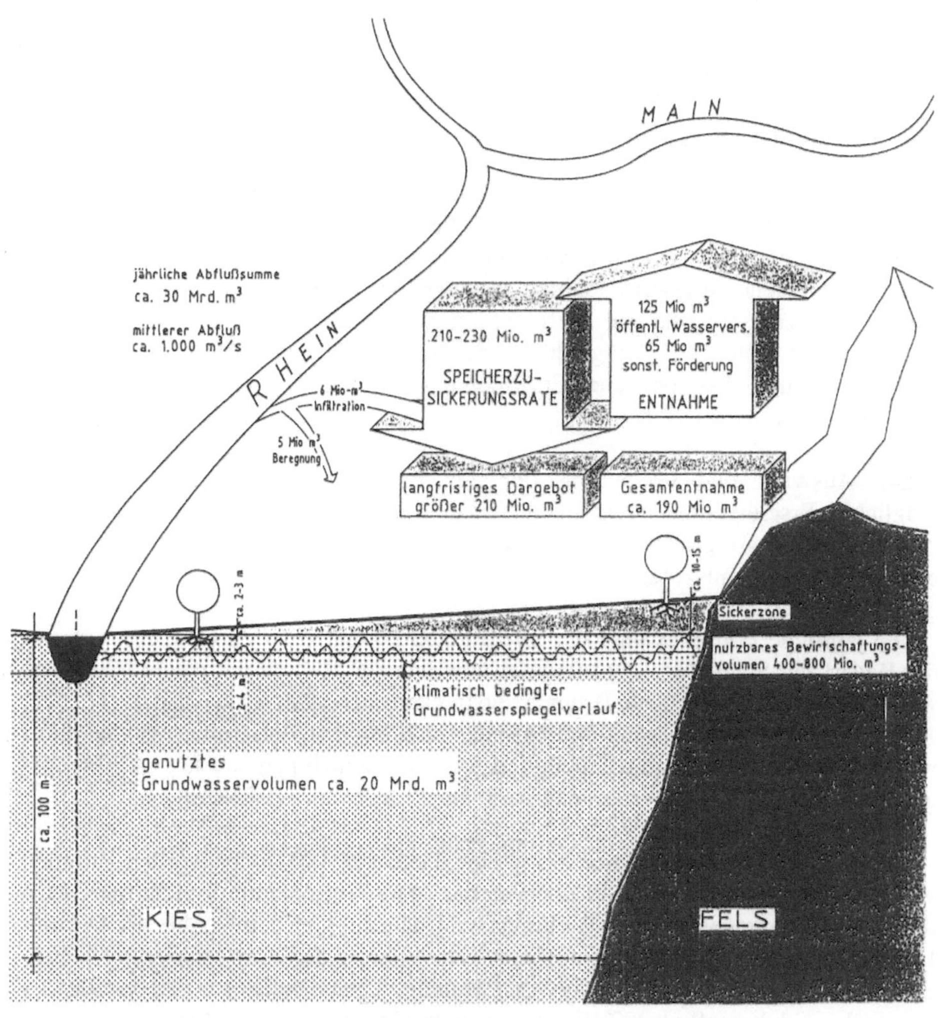

Abb. 3. Die Wassermengenbilanz im Hessischen Ried

4 Regelungsmechanismen des regionalen Wasserkreislaufes

4.1 Stell- und Steuergrößen

Anhand des Bewirtschaftungsregimes um die beiden Hauptwasserwerke der Südhessischen Gas und Wasser AG in Eschollbrücken und Pfungstadt (Abb. 1) wird beispielhaft skizziert, mit welchen modernen Bewirtschaftungsinstrumentarien vorhandene Wasserressourcen aktiviert werden können. Dabei sind ein hoher Wasserumsatz und die Vermeidung nachteiliger Auswirkungen auf den Naturhaushalt gleichzeitig möglich. Vorderste Zielgröße stellt dabei die umweltverträgliche und ökonomische Erschließung der sicher verfügbaren Wasserressourcen dar.

Die Auswahl und Gestaltung der zur Bedarfsdeckung notwendigen und möglichen Erschließungsmaßnahmen ist dabei nicht allein auf eine nutzbare Teilwassermenge des regionalen Wasserhaushaltes wie etwa die Zuflußraten des Gebietsniederschlags auszulegen.

Die jährliche Förderleistung der 26 Brunnen beträgt rund 20 Mio. m³/a, womit der Bedarf der Stadt Darmstadt und der umliegenden Region mit ca. 350 000 Einwohnern gedeckt wird. Die Brunnen erstrecken sich über eine Distanz von ca. 10 km in Nord- Süd-Richtung und befinden sich in einer Entfernung von ca. 8 km westlich der Odenwaldkante. Zuzüglich weiterer Entnahmen werden im Einzugsgebiet der beiden Wasserwerke insgesamt ca. 23 Mio. m³/a gefördert.

Mit bereits vor einigen Jahren bis in eine Tiefe von 100 m abgeteuften Brunnen weist das Einzugsgebiet eine Fläche von ca. 74 km² auf. Damit erreicht die Größe des Grundwasserspeichers ein Volumen von nahezu 1 Mrd. m³ (Abb. 4). Die mit Isotopenmessungen verifizierte mittlere Verweildauer des dem Aquifer zusickernden Gebietsniederschlages beträgt ca. 50 Jahre. Unabhängig von der Größe der klimatologisch beeinflußten Zuflußanteile zum Grundwasserspeicher stellt sich das hydraulische System natürlicherweise durch Änderung der Einzugsgebietsgröße und des Zuflußgefälles zu den Förderanlagen immer so ein, daß im zeitlichen Mittel die Bilanz zwischen Entnahme und Speicherzufluß ausgeglichen ist.

Ausgelegt auf ein nach ökologischen und anderen entscheidenden Kriterien (z.B. Bebauung) vorgegebenes Bewirtschaftungsband zwischen maximal und minimal zulässiger Grundwasserabsenkung wurde zunächst die Gestaltung und Plazierung der Entnahmebrunnen optimiert. Verdeutlicht werden kann dies an der alten Brunnenformel nach Depuit (Abb. 5). Allein durch die Vergrößerung der Brunnentiefe, wie sie von der Südhessischen Gas und Wasser AG vor Jahren durchgeführt wurde, wird bei gleicher Entnahmerate eine direkte, lineare Reduktion der Grundwasserabsenkungen erreicht. Regelmäßige Regenerierung der Brunnen und die turnusmäßige Überprüfung des Betriebswasserspiegels zur Sicherung eines möglichst hohen Niveaus sind bei vorgegebener Entnahme wesentliche weitere Instrumentarien der Aquiferbewirtschaftung.

Dazu spielen die Wahl des Brunnenradius und die Anzahl und optimale Plazierung der Brunnen eine entscheidende Rolle bei der Minimierung der Grundwasserabsenkungen. So kann verdeutlicht werden, daß Entnahmen an der Bergstraße direkt am Fuß des aufsteigenden kristallinen Odenwaldgebirges hinsichtlich der Grundwasserabsenkungen als ungünstig eingestuft werden müssen (Abb. 5), da das Odenwaldgebirge näherungsweise wie eine undurchlässige Wand ohne nennenswerte Zuflußraten wirkt und Entnahmen demzufolge dort vergleichsweise große Absenkungen zur Folge haben. Die Plazierung der Brunnen in der Mitte des Riedes ist in bezug auf die Absenkung hingegen ideal, wobei die einzelnen Standorte über numerischen Modellrechnungen optimal zu wählen sind.

Schließlich darf auch die Überprüfung und gegebenenfalls die Schließung der vielen flachen, vom Wirkungsgrad Entnahme zu Absenkung meist sehr ineffizienten Brunnen der Eigenwasserversorgungs- und Beregnungsanlagen nicht ausgeklammert werden, wenn man eine ökologisch verträgliche Bewirtschaftung des Rieds will.

Neben den skizzierten, direkt auf die Grundwasserabsenkungen wirkenden konservativen Bewirtschaftungsinstrumentarien vergrößert die Infiltration von Rheinwasser oberstrom der Brunnengalerien der Südhessischen Gas und Wasser AG den Zufluß zum Bewirtschaftungsgebiet und wirkt unmittelbar über die Mengenbilanz auf den Grundwasserhaushalt ein. Damit geht die stetige Verringerung des Einzugsgebietes einher, bei gleichzeitiger Anhebung des mittleren Grundwasserniveaus von im Durchschnitt einigen Dezimetern. Durch die Schrumpfung des Einzugsgebiets werden Zuflußanteile des Niederschlags zum genutzten Speicher in Höhe der Infiltrationsmengen substituiert und fließen zum Rhein hin ab.

Gekennzeichnet durch eine mittlere Amplitude der Grundwasserstandsschwankungen im Fördergebiet von ca. 2,5 m weist der genutzte Grundwasserspeicher eine natürliche Speicherkapazität von ca. 40 Mio. m^3 aus. Diese reicht aus, um die Entnahme über extreme Trockenjahre hinweg ohne nennenswerte Zuflüsse sicherzustellen.

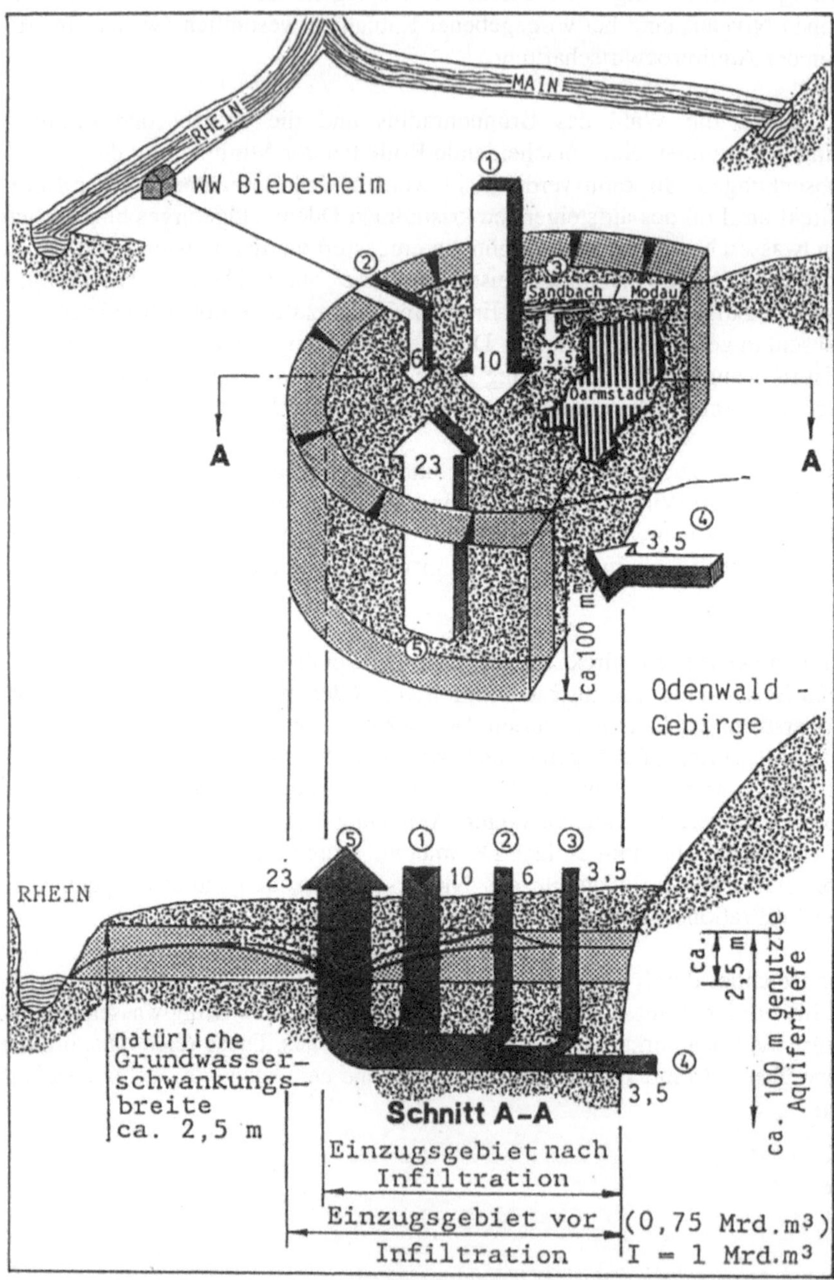

Abb. 4. Das Bewirtschaftungsregime um die beiden Hauptwasserwerke der Südhessischen Gas und Wasser AG (*1*) Speicherzufluß aus Gebietsniederschlag, (*2*) Infiltrationsrate, (*3*) Oberflächenwasserversickerung, (*4*) Odenwaldrandzufluß, (*5*) Entnahmerate

Basis Absenkungsformel:

$$\text{Absenkung } s = \frac{Q \text{ (Wassermenge)}}{H_0 \text{ (Brunnentiefe)} \cdot \text{Durchlässigkeit } k_f} \cdot \alpha$$

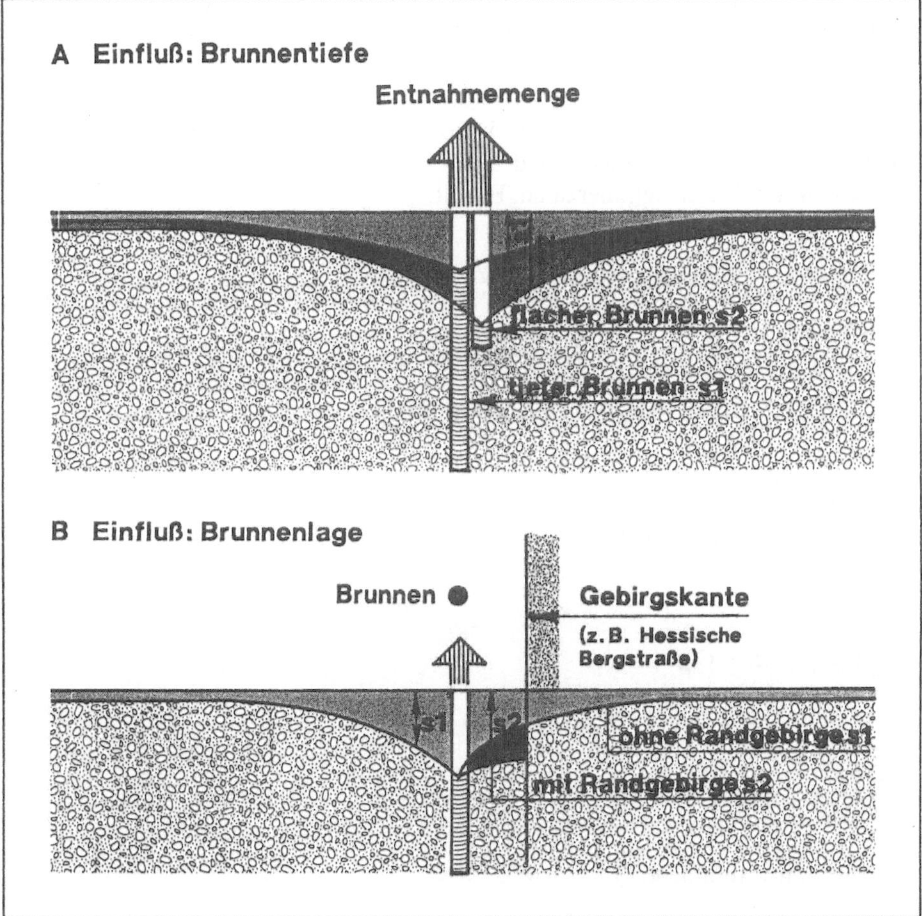

Abb. 5. Einfache Stellgrößen zur Minimierung der Grundwasserabsenkungen bei vorgegebener Entnahmerate

4.2 Einfaches Black-Box-Regelkreismodell

Basis einer jeden Steuerung ist zunächst die sichere Erfassung des aktuellen Systemzustandes. Anhand eines modernen Grundwassermonitoringsystems (Müller u. Mayer 1993) wird im Monatsrhythmus aus den gemessenen Grundwasserständen im Einzugsgebiet der jeweils aktuell vorhandene Füllungsgrad des Speichers zwischen den zulässigen Höchst- und Tiefstständen bestimmt (Abb. 6). Aus der Speicheränderung gegenüber dem Vormonat und den bekannten monatlichen Entnahmeraten gelingt es, den aktuellen monatlichen Gesamtzufluß aus Niederschlag, unterirdischem Zufluß, Oberflächenwasserversickerung und Infiltration präzise zu bestimmen. Nur anhand des aktuellen Gesamtzuflusses, und nicht allein über das Niederschlagsgeschehen, das infolge der Versickerungszeiten durch die ungesättigte Bodenzone erst mit einem mittleren, fiktiven Zeitversatz von ca. 2-3 Jahren auf den Grundwasserkörper wirkt, kann der Grundwasserhaushalt bereichsweise verläßlich gesteuert werden.

Ein einfach handhabbares Black-Box-Modell (Einzellenspeichermodell), welches die Speicheränderungen und damit die mittlere Grundwasserstandsbewegung beschreibt, bietet sich hierzu an. Es gilt:

$$h(t_1) = h(t_0) + \frac{\sum_{i=1}^{n_{zu}} \int_{t_0}^{t_1} \dot{Q}_{i\,zu}(t)dt + \sum_{i=1}^{n_{\inf}} \int_{t_0}^{t_1} \dot{Q}_{i\,\inf}(t)dt - \sum_{i=1}^{n_{ent}} \int_{t_0}^{t_1} \dot{Q}_{i\,ent}(t)dt}{A\,n_e} \quad [m]$$

In einer vereinfachten Gleichung können die Summen- und Integralterme zusammengefaßt werden zu:

$$\sum_{i=1}^{n_{zu}} \int_{t_0}^{t_1} \dot{Q}_{i\,zu}(t)dt = Q_{zu} \quad [\mathrm{m}^3]$$

$$\sum_{i=1}^{n_{\inf}} \int_{t_0}^{t_1} \dot{Q}_{i\,\inf}(t)dt = Q_{\inf} \quad [\mathrm{m}^3]$$

$$\sum_{i=1}^{n_{ent}} \int_{t_0}^{t_1} \dot{Q}_{i\,ent}(t)dt = Q_{ent} \quad [\mathrm{m}^3]$$

Es ergibt sich vereinfacht:

$$h(t_1) = h(t_0) + \frac{Q_{zu} + Q_{inf} - Q_{ent}}{A\,n_e} \quad [m]$$

Dabei gelten folgende Formelzeichen und Abkürzungen:

$h(t_1)$ mittleres Grundwasserspiegelniveau zum Beobachtungszeitpunkt [m]

$h(t_0)$ langjähriger mittlerer Grundwasserspiegel [m]

t Zeit [s]

$\dot{Q}_{zu}(t)$ Zuflußstrom zum Bilanzgebiet [m³/s]

$\dot{Q}_{inf}(t)$ Infiltrationsrate [m³/s]

$\dot{Q}_{ent}(t)$ Entnahmerate [m³/s]

Q_{zu} natürlicher Gesamtzufluß zum Bilanzgebiet [m³]
(gemäß Monatsbilanz Abb. 6)

Q_{inf} Gesamtinfiltration ins Bilanzgebiet [m³]
(gemäß Monatsbilanz Abb. 6)

Q_{ent} Gesamtentnahme aus dem Bilanzgebiet [m³]

A Fläche des Bilanzgebietes [m²]

n_e effektive Porosität

n, i Zählvariablen

Am Beispiel eines Bewirtschaftungsszenarios (Abb. 7) wird gezeigt, wie mittels variabler Infiltrationsmengen von 0 bis max. 12 Mio. m³/a das Grundwasserniveau in einem Einzugsbereich während einer 10jährigen Trocken- und anschließenden Naßperiode mit einer Grundwasserstandsschwankung von ca. 2,5 m in etwa auf einem durchschnittlichen Ausgangslevel gehalten werden kann und die Schwankungen der Wasserstände auf ca. 1 m innerhalb eines vorgegebenen Bewirtschaftungsbandes reduziert werden können. Wesentlich dabei ist die zeit- und raumflexible Bemessung der Infiltrationsmengen nach den ermittelten natürlichen monatlichen Zusickerungsraten gemäß Abb. 6.

Aufmerksamkeit verdient dabei, daß über die Gesamtperiode die aufsummierten Infiltrationsmengen in Höhe von 120 Mio. m³ zur Mehrförderung in gleicher Höhe genutzt werden können (Summenlinien), ohne daß der Grundwasserspiegel im jeweiligen Bewirtschaftungsgebiet unter die Zielmarke h_{min} sinkt. Die zur Basisentnahmemenge in Höhe von 20 Mio. m³/a mögliche jährliche konstante Mehrentnahmemenge beträgt im gewählten Beispiel 6 Mio. m³/a. Es zeigt sich, daß eine zeit- und raumflexible, auf die klimatischen Bedingungen ausgelegte Grundwasseranreicherung für die effiziente Speicherbewirtschaftung zentrale Bedeutung hat. Nur über die flexible Auslegung der Infiltrationsmengen im jeweiligen Gebiet gelingt es, die Grundwasserstände – bei jährlich konstanten Entnahmeraten – in einem vorgegebenen Bewirtschaftungsband zu halten. Dieses wurde im oben aufgeführten Beispiel (Abb. 7) in etwa durch die natürliche jährliche Schwankungsbreite vorgegeben. Eine jährlich konstante, von den natürlichen Speicherzuflüssen unabhängige Infiltration auf mittlerem Niveau führt, wie auch eine langfristige Infiltration ohne Mehrentnahme, im jeweiligen Gebiet bei hohen Grundwasserständen zu ineffizientem, unnötigem Abfluß zum Rhein und schafft bei tieferem Ausgangsniveau nur bedingt Entlastung.

Optimale Bewirtschaftung erfordert das gesamte Hessische Ried erfassende Infiltrationsmöglichkeiten, wobei deren einzelne Kapazität mindestens etwa das zweifache der pro Jahr je Standort geplanten durchschnittlichen Anreicherungsmenge aufweisen sollte. Damit können in Abhängigkeit von den klimatologischen Verhältnissen die einzelnen Infiltrationsanlagen im Wechselbetrieb alternierend jeweils bis zur vollen Füllung des genutzten Grundwasserspeichers optimal betrieben werden.

5 Schlußfolgerungen

Mit seinem rheinbegleitenden, vergleichsweise großen Grundwasserspeicher und den über den Rheinstrom ins Gebiet transportierten Wassermassen zählt das Hessische Ried zu den wasserreichen Regionen Mitteleuropas. Die Aktivierung eines kleinen Bruchteils der mit dem Rheinstrom auf natürliche Weise ins Bewirtschaftungsgebiet transportierten Wassermassen und eine optimal gesteuerte Bewirtschaftung des verfügbaren Grundwasserspeichers kann den intensiv genutzten Grundwasserhaushalt spürbar entlasten und die Wasserversorgung des dichtbesiedelten Rhein-Main-Ballungsraumes für die kommenden Jahrzehnte umweltverträglich und ohne schädliches Absinken der Grundwasserstände im Ried sicherstellen.

Bei gegebener Verfügbarkeit der notwendigen Wassermengen kommt es im Sinne optimaler Gestaltung der Entnahmemaßnahmen darauf an, diese in ein umfassendes Bewirtschaftungskonzept so einzubinden, daß die Grundwasserstände in einem unter ökologischen und sonstigen Kriterien (z.B. Bebaubarkeit) sorgfältig festgelegten Bewirtschaftungsband gehalten werden. Dies kann, ausgehend von der optimalen Bemessung der direkt auf die Absenkung wirkenden Brunnenparameter und basierend auf einem kontinuierlichen Messen und Beobachten der Grundwasserspiegelfläche, gut durch eine flexibel zu handhabende Infiltration von Rheinwasser gewährleistet werden.

Ein sparsamer und sorgsamer Umgang mit dem kostbaren Gut Wasser ist dabei selbstverständliche und unverzichtbare Grundvoraussetzung für eine nutzbringende und umweltverträgliche Gestaltung der skizzierten Bewirtschaftungsmaßnahmen.

WASSERHAUSHALTSBILANZ

Einzugsgebiet Wasserwerke I u. II im Monat: August '92

SÜDHESSISCHE WW I u. II: 1.583.500m³

Andere Entnehmer: ca. 523.500m³

Summe aller Entnahmen: 2.107.000m³

FÖRDERUNG

DARGEBOT

Niederschlag: 4.441.500m³

Infiltrationsmenge: 732.700m³

Gesamtspeicherzufluß: 2.540.000m³

aktuelle Einzugsgebietsgröße: ca. 63 km²

BILANZ

Speicherdynamik zum Vormonat:	**Zunahme: 433.000 m³** **Abnahme: ------- m³**
Einzugsgebietsveränderung zum Vormonat:	**Zunahme: -------km²** **Abnahme: ca. 2 km²**
Aktueller monatlicher Gesamtspeicherzufluß:	**Menge: 2.540.000 m³**
Füllungsgrad des Bewirtschaftungsvolumens:	**45 %**

Abb. 6. Aus Grundwassermessungen erstellte monatliche Wasserhaushaltsbilanz als Bewirtschaftungsmittel

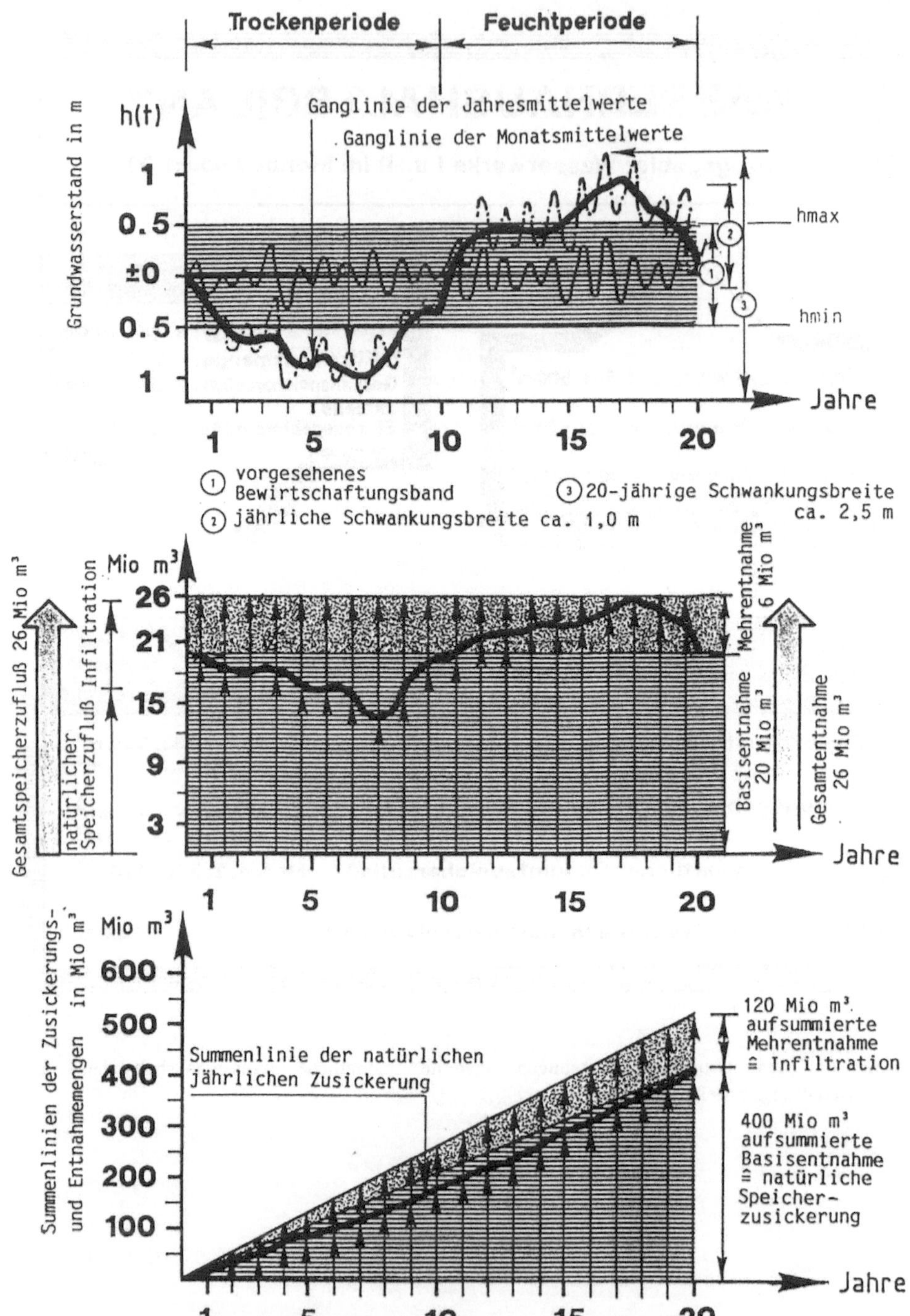

Abb. 7. Steuerungsbeispiel mit variabler Infiltrationsrate bei langfristig konstanter Mehrentnahme

Literatur

Diederich, G. et al. (1985) Erläuterungen zu den Übersichtskarten der Grundwasserergiebigkeit, der Grundwasserbeschaffenheit und der Verschmutzungsempfindlichkeit des Grundwassers in Hessen. Abhandlungen des Hessischen Landesamtes für Bodenforschung, Band 87, Wiesbaden

Müller, P. (1993) Wasserbewirtschaftung im Hessischen Ried. Wasser und Boden, Heft 9

Müller, P., Manger, V. (1991) Modernes Grundwassermonitoring in der Wasserversorgung. Die Wasserwirtschaft, 83. Jahrgang Heft. 1, S. 28-34

Ausweisung von Wasserschutzgebieten aus Sicht des Begünstigten

Wolfgang Brück

1 Einleitung

Trinkwasser hat im menschlichen Sozialgefüge stets eine herausragende Rolle gespielt. Um Wasser wurde gekämpft, für Wasser wurde getötet und mit Wasser wurde auch schon viel Geld verdient. Nicht zuletzt deshalb haben schon recht früh die Menschen begonnen, das Trinkwasser zu einem Gemeinschaftsgut zu machen, das allen zur Verfügung stehen soll und das einer starken Kontrolle unterliegt. So hat zuletzt das Bundesverfassungsgericht das Wasser und seinen Schutz in einigen Bereichen sogar über das Recht auf Eigentum gestellt und damit die Verantwortung der Gemeinschaft, also des Staates, für diesen Rohstoff erneut bestätigt.

In der Bundesrepublik Deutschland wird diese Verantwortung in gewisser Weise geteilt. Der Staat verteilt die vorhandenen Reserven und überwacht die Qualität, die Versorgungsunternehmen fördern das Wasser bzw. betreiben Talsperren und verteilen es an die Verbraucher.

Im Laufe der zivilisatorischen Entwicklung hat sich insbesondere in den letzten Jahrzehnten gezeigt, daß nicht nur das Produkt „Trinkwasser" überwacht werden muß, sondern daß auch der Rohstoff „Grundwasser" besondere Aufmerksamkeit verdient.

Hier treffen sich die Interessen des Staates und der Versorgungsunternehmen. Für die Versorger gilt es, den „regenerativen Rohstoff" Wasser zu erhalten und zu schützen, für den Staat ist der „Wasserschutz" ganz allgemein zu einem besonders wichtigen Instrument einer ökologisch orientierten Umweltpolitik geworden. Der Umgang mit dem Grundwasser und die daraus sich ergebenden Konsequenzen sollen an drei Fragestellungen erörtert werden:

- Wozu braucht man Wasserschutzgebiete?
- Wie kommt man zu Wasserschutzgebieten?
- Was macht man mit Wasserschutzgebieten?

Erläutert werden soll dies an den praktischen Erfahrungen der Saarbrücker Stadtwerke, die die ca. 200 000 Einwohner der saarländischen Landeshauptstadt außer mit Energie auch mit jährlich ca. 13 Mio. m^3 Trinkwasser versorgen. Aus 28 Brunnnen wird das Rohwasser aus dem mittleren Bundsandstein gefördert und über ca. 1000 km Leitung verteilt.

Gut ca. 90 % des Wassers sind inzwischen durch Wasserschutzgebiete geschützt, die 190 km^2 Schutzzone umfassen.

2 Wozu braucht man Wasserschutzgebiete?

In der Vergangenheit fürchtete sich die Menschheit eher vor zu viel Wasser. Erst die Entdeckung der Zusammenhänge zwischen Seuchen und Trinkwasser machte klar, daß letztlich alles, was man in das Wasser hineinschüttet bzw. was im Boden versickert, unter Umständen auch mit dem Trinkwasser wieder zum Vorschein kommt. Zwar ist der Mensch aufgrund seines technologischen Erfindungsgeistes heute in der Lage, fast jede Verunreinigung aus dem Wasser zu entfernen, aber die Behandlung der Verschmutzung kann nicht der zukunftsweisende Weg sein, sie muß vielmehr verhindert werden. Daher empfahl bereits 1906 der Bundesrat des Deutschen Reiches die Einrichtung von Schutzzonen für die Wassergewinnung.

Die Umsetzung der Empfehlungen hat jedoch mehr als ein halbes Jahrhundert gedauert. Aus heutiger Sicht hätte die schnelle Verwirklichung dieser Idee unserer Volkswirtschaft sicherlich viel Geld gespart. Aus Sicht der Stadtwerke, also der Nutznießer des Rohstoffs, sind folgende wesentliche Gründe für die Ausweisung der Schutzgebiete anzugeben:

- Versorgungssicherheit,
- Planungssicherheit,
- Kostenersparnis,
- ökologische Gesamtverantwortung.

Der Bau von Trinkwassergewinnungsanlagen ist eine langfristige Entscheidung, die Zeiträume von 30-80 Jahre abdeckt. Nur wenn die Sicherheit besteht, daß die Rohstoffquelle Grundwasser auch sicher und qualitativ zuverlässig sprudelt, sind die hohen Investitionen zu rechtfertigen. Auch ist, entgegen vielen Vorurteilen ein schneller Ersatz von Quellen durch Bezug aus anderen Gebieten nicht ohne weiteres durchzuführen. Ein „Verbundnetz“, wie es als Sicherung bei der Stromversorgung funktioniert, ist bei Wasser nicht möglich. Wasserentnahme zur Trinkwassergewinnung hat naturgemäß auch Nachteile für die Ökologie. Vom Wasser sind nicht nur die Menschen, sondern auch Pflanzen und Tiere abhängig, daher muß die Entnahme verantwortungsbewußt geplant und abgewogen werden. Um so wichtiger ist es, daß dann keine unnötigen Mengen entnommen werden,

Mengen, die z.B. aufgrund ihrer Verunreinigung nicht in das Trinkwassernetz eingespeist werden können.

Wie bereits erwähnt, ist es heute möglich, aus fast allen Rohwässern Trinkwasser zu machen, es ist nur eine Frage des Preises. Aber ist dies volkswirtschaftlich sinnvoll? Der natürliche Boden ist zur Wasserreinigung hervorragend geeignet, wenn man ihn nicht überlastet. Grundwasserschutz ist daher auch immer auch vor allem Bodenschutz. In der überwiegenden Zahl der Versorgungsunternehmen ist bisher eine Aufbereitung des Wassers in der Regel nur aus korrosionstechnischen Gründen erforderlich, d.h., es werden überschüssige natürliche Inhaltsstoffe, wie Eisen oder Kohlensäure, entfernt.

Es mehren sich jedoch die Fälle, in denen auch Schadstoffe beseitigt werden müssen, die anthropogenen Ursprungs sind.

Die Zivilisation hat sich leider allzulange der preiswerten Entsorgungsmöglichkeit Wasser oder Boden bedient. Obwohl die Erkenntnis, daß dies nicht so weitergeht, statistisch von der überragenden Mehrheit der Bevölkeruung geteilt wird, sieht es bei der Bereitschaft, selbst etwas dazu zu tun, leider nicht so gut aus.

Und wie immer, wenn es an freiwilliger Bereitschaft fehlt, müssen Verordnungen und Gesetze her. Dabei wird gerade das Wasser oft für ökologische Argumentationen herangezogen. Wasser ist eben ein besonderes Lebensmittel, nur sind wir leider viel zu sehr daran gewöhnt, daß es immer ausreichend und in guter Qualität aus dem Hahn kommt. Dabei ist das Wasser, das wir wirklich trinken, meist sehr stark aufbereitet, z.B. biologisch als Orangen- oder Apfelsaft oder technisch als Wein oder Bier. Tatsächlich benutzen wir in 95 % das „Trinkwasser" zum Reinigen von uns selbst oder von Dingen, die wir benutzen.

Aber es geht gar nicht nur um uns, Wasser ist für alle da und da wir Menschen offensichtlich die einzigen sind, die das Wasser nachhaltig schädigen können, müssen wir es auch vor uns selbst schützen. Eigentlich müßte diese Aussage für das gesamte Wasservorkommen gelten, so daß wir nicht noch besondere Gebiete ausweisen müßten. Die Erfahrung hat jedoch gezeigt, daß dies nicht der Fall ist und auch in absehbarer Zeit nicht sein wird. Es müssen also Kompromisse gemacht werden. Wasserschutzgebiete sind ein solcher Kompromiß.

3 Wie kommt man zu Wasserschutzgebieten?

Grundlage jeder Schutzgebietsausweisung ist das Wasserhaushaltsgesetz der Bundesrepublik Deutschland von 1986 und dort der Paragraph 19. Darin ist festgelegt, daß

- Wasserschutzgebiete eingerichtet werden können,
- bestimmte Handlungen verboten werden können,
- ein angemessener Ausgleich zu zahlen ist.

Die ersten beiden Punkte sind quasi die Rechtsgrundlage als Folge der Einsicht, daß etwas getan werden muß. Der dritte Punkt ist der Kompromiß und daher Quelle intensiven Streits, auf den später noch eingegangen wird.

Die Umsetzung dieses Gesetzes obliegt den Ländern. Diese haben in ihren Landeswassergesetzen die entsprechenden Vorschriften über die Ausweisung der Wasserschutzgebiete präzisiert.

Für das Saarland ist dies der Paragraph 37 des saarländischen Wassergesetzes. Darin ist festgelegt, daß die Obere Wasserbehörde, in diesem Fall das Umweltministerium, das Verfahren durchzuführen hat, daß eine Verordnung zu erlassen ist, daß ein Begünstigter zu benennen ist und seine Pflichten festzulegen sind und auch, wie das Gebiet überwacht werden soll.

Erster Schritt ist also ein entsprechender Antrag, der in der Regel von den Stadtwerken gestellt wird. Die Stadtwerke müssen dazu die Unterlagen liefern, wie z.B. genaue Karten, ein Verzeichnis der Grundstückseigentümer der engeren Schutzzone, geologische und hydrogeologische Gutachten usw. Dies hat in der Vergangenheit zu erheblichen Problemen geführt.

Der erste Antrag der Saarbrücker Stadtwerke datiert aus dem Jahr 1963. Nach einer Gebietsreform, in der die Gemeindegrenzen neu arrondiert wurden, mußte der Antrag 1974 neu gestellt werden, aber erst nach einer Verwaltungsverfahrensreform und einem erneuten Antrag 1984 wurden die Gebiete Ende 1989 ausgewiesen.

Kernstück der Ausweisung ist die Verbotsliste. Die Behörden greifen hierbei im allgemeinen auf eine Empfehlung des DVGW zurück, die in der Richtlinie W 101 („Trinkwasserschutzgebiete“) zusammengefaßt ist. Demnach werden die Gebiete in drei Zonen mit unterschiedlichen Restriktionen unterteilt. In Zone III, die das gesamte Einzugsgebiet umfaßt, sind z.B. Kläranlagen, Brennstofflager und ähnliches verboten; in der engeren Schutzzone II zusätzlich jede Bebauung, Camping, Fremdstoffe und Abwasserleitungen; in der Schutzzone I, die den Fassungsbereich des Brunnens beschreibt, ist fast alles verboten.

Die Übernahme dieser Richtlinie hat zu erheblichen Problemen geführt. Zum einen ist diese Richtlinie erarbeitet worden für Gebiete, in denen eine solche Abwehr von menschlicher Aktivität noch möglich war, zum anderen berücksichtigt sie nur zum Teil die örtlichen Gegebenheiten. Man kann ganz grob zwischen ländlichen und urbanen Schutzgebieten unterscheiden. Die Konflikte in ländlichen Gebieten bewegen sich meist im Bereich der Landwirtschaft und der

Freizeitanlagen. In urbanen Gebieten finden sich meist alle Arten von Bebauung nebst Gewerbe und Industrie.

Auf die Behandlung dieser Problematik wird im 4. Abschnittt näher eingegangen.

Der betroffene Bürger hat sowohl während des Verfahrens als auch nach der Ausweisung die Möglichkeit, seine Bedenken geltend zu machen. Die Einwände reichen von individuell begründeten und teilweise detailliert erläuterten Nachteilen bis zu pauschalen Widersprüchen auf entsprechenden Vordrucken findiger Rechtsanwälte.

Gerichtliche Schritte nach der Ausweisung gab es nur in einem Fall, dort allerdings mit einem gewissen Erfolg. Der Kläger, ein Gewerbetreibender, hatte auf Aufhebung der Verbotsliste wegen Verstoßes gegen das Übermaßverbot geklagt. Die Grundaussage des Gerichtes läßt sich wie folgt zusammenfassen:

> Eine Gestaltung der Schutzzone 2 eines Wasserschutzgebietes als baufreie Zone land- und fortwirtschaftlicher Natur (gemäß W 101) verstößt – soweit es Gebiete mit gewachsener, intensiver Gewerbe- und Wohnbebauung betrifft – gegen das Übermaßverbot.
>
> Das generelle Verbot einer jeden Bautätigkeit, einer jeden Gewerbetätigkeit kann durch die Möglichkeit eines Dispenses nicht ausgeglichen werden, es sei denn, von dieser Dispensmöglichkeit wird seitens der Wasserschutzbehörden in gesetzwidriger Form Gebrauch gemacht. Dabei erkennt das Gericht die Schutzbedürftigkeit des Grundwassers an und weist den Verordnungsgeber für die Neufassung der Verordnung darauf hin, daß aus Sicht des Gerichtes keine Bedenken gegen die Einführung eines wasserrechtlichen Genehmigungsvorbehaltes für den Fortbestand und die Erweiterung der typischen baulichen und gewerblichen Nutzungsart in diesem Gebiet bestehen. Ein solcher Genehmigungsvorbehalt sei für die Fachbehörden ein geeignetes und verhältnismäßiges Mittel, um für notwendig gehaltene wasserschützende Auflagen durchzusetzen.
>
> Das Gericht möchte also ein generelles Verbot mit einer nur eingeschränkt nutzbaren Dispensmöglichkeit ersetzt sehen durch eine generelle Erlaubnis, die jedoch nur nach vorheriger Genehmigung und gegebenenfalls unter Auflagen genutzt werden kann.

Unterstellt, daß die neue Schutzgebietsverordnung lückenlose, aber handhabbare wasserrechtliche Genehmigungsvorbehalte einführt, ist dieser Beschluß sehr zu begrüßen. Wir gehen davon aus, daß in der Verwaltungspraxis mit dem Genehmigungsvorbehalt im Endeffekt die gleichen Einschränkungen bzw. Auflagen durchgesetzt werden können wie mit dem bisher angewandten, äußerst problembehafteten Verfahren der erweiterten Ausnahmegenehmigungen vom generellen Verbot.

4 Was tut man mit Wasserschutzgebieten?

Nun hat man also ein ausgewiesenes Schutzgebiet. Sofern es sich um eine grüne Wiese oder ein großes Waldstück handelt, ist man fast aus dem Schneider. Anders ist es bei den besagten urbanen Gebieten, die bei den Stadtwerken ca. 50 % der Schutzgebiete ausmachen. Hier gehen die Probleme erst richtig los:

- Zukünftige Bebauungspläne der Gemeinden müssen der Situation angepaßt werden.
- Die Schließung von Baulücken wird schwieriger.
- Die Altlasten, sowohl Deponien als auch Standorte, werden intensiver untersucht.
- Die „freie Entfaltung" der Wirtschaft und des Gewerbes kann empfindlich gestört werden.
- Öffentliche Einrichtungen und die Infrastruktur stehen auf dem Prüfstand.

Die Saarbrücker Stadtwerke haben für ihr problematischstes Gebiet ein Konzept erarbeitet, das die wesentlichen Probleme in einem mittelfristigen Zeitrahmen angehen soll. Ohne auf die einzelnen Punkte einzugehen, zeigt die Komplexität doch die Vielzahl unterschiedlicher Aufgaben.

Die Bewältigung dieser Probleme ist nicht Sache der Stadtwerke allein, aber eine rege Beteiligung, gegebenenfalls auch finanziell, wird erwartet. Allgemein lassen sich neben den konkreten Maßnahmen drei Bereiche nennen, die unabhängig von der Art des Geländes zu bearbeiten sind:

- die Rohwasseruntersuchung,
- die Akzeptanzverbesserung,
- die Kooperation.

Der Staat kontrolliert nur das Endprodukt Trinkwasser. Die Rohwasserkontrolle obliegt dem Begünstigten. Es liegt auch in seinem Ermessen, wie aufwendig er diese Kontrolle betreibt. Die Saarbrücker Stadtwerke führen neben der gesetzlich vorgeschriebenen Trinkwasserüberwachung zweimal jährlich eine flächendeckende Rohwasseruntersuchung durch. Dies erscheint auf den ersten Blick aufwendig, gemessen am Umsatz sind dies jedoch weniger als 0,5 % der Kosten. Die Akzeptanzverbesserung zielt auf das Selbstverständnis des Unternehmens ab. Die Stadtwerke verstehen sich als umfassende Dienstleister im Bereich Energie und Wasser. Wir wollen unseren Kunden, die in vielen Fällen auch die Betroffenen im Wasserschutzgebiet sind, deutlich machen, daß wir nicht nur unser Gebiet schützen, sondern uns letztendlich um ihr Trinkwasser kümmern. Dazu gehört neben einer zielgruppenorientierten Öffentlichkeitsarbeit auch ein konsequentes Eintreten für einen sparsamen Wasserverbrauch. Demzufolge sind unsere Abgabemengen auch seit 10 Jahren konstant rückläufig.

Die Kooperation ist eines der wichtigsten Instrumente zur Umsetzung eines Wasserschutzgebietes. Nur unter Einbeziehung aller Beteiligten ist auf Dauer eine zuverlässige Einhaltung der Verordnungen zu gewährleisten. Andererseits können die Stadtwerke die Betroffenen nicht einfach mit den Problemen alleine lassen, sondern müssen versuchen, gemeinsame Lösungen zu finden.

Auf Initiativen und mit Unterstützung der Stadtwerke hat die Obere Wasserbehörde ein F+E-Projekt durchgeführt, das Möglichkeiten zur Umsetzung von Wasserschutzgebieten in urbanen Regionen zum Inhalt hat.

Neben juristischen und administrativen Problemen werden auch technische Möglichkeiten zur Gefährdungsminderung untersucht. Erste Ergebnisse dieser Studie wurden im Herbst letzten Jahres auf einem Fachkongreß vorgestellt. In Kooperation mit der Landwirtschaftskammer haben die Stadtwerke eine Nitratbroschüre entwickelt, die mit ihren Empfehlungen sowohl dem Grundwasserschutz als auch den Anforderungen einer modernen Landwirtschaft Rechnung trägt.

5 Zusammenfassung

Die Ausweisung von Wasserschutzgebieten zur langfristigen Sicherung einer guten Grundwasserqualität ist aufgrund einer Vielzahl von anthropogenen Gefährdungen notwendig geworden. Die Wasserversorgungsunternehmen müssen die entsprechenden Voraussetzungen zur Ausweisung schaffen und ihre zugehörigen Anträge stellen. Darüber hinaus kommt ihnen jedoch insbesondere bei der Umsetzung der Vorschriften eine wesentliche Rolle zu. Durch Kooperation mit den Betroffenen und den Behörden muß die Akzeptanz der Maßnahmen stetig verbessert werden.

Überwachung der Sicker- und Grundwasserbeschaffenheit bei naturräumlicher Grundwasseranreicherung

Carsten Leibenath, Eckhard Sowa

1 Einführung

Die Abwasserlandbehandlung auf Rieselfeldern wurde in Deutschland auf mehr als 30 000 ha betrieben und führte zu großflächigen Boden- und Grundwasserverunreinigungen, aber auch zur Bildung von Böden mit hohem Humusgehalt.

Mit der Einführung moderner Klärtechnologien bedürfen die ehemaligen Rieselfeldgebiete einer sinnvollen Folgenutzung, die zur langfristigen Sanierung von Boden und Grundwasser beitragen muß.

Seit 1987 wird auf den Rieselfeldern in Berlin-Karolinenhöhe und Braunschweig ein Konzept in Versuchs- und Pilotanlagen erprobt, das auf naturräumliche Grundwasseranreicherung mit Klarwasser aus Großkläranlagen orientiert.

Damit können Rieselfelder als ökologisch wertvolle Feuchtgebiete erhalten, Defizite im Gebietswasserhaushalt ausgeglichen, Boden und Grundwasser langfristig saniert und Direktleitungen von Kläranlagenabflüssen in Oberflächengewässer vermieden werden. Ein Schwerpunkt der Felduntersuchungen ist es, Beschaffenheitsveränderungen des Sickerwassers durch Feinreinigungs- und Remobilisierungseffekte der Bodenpassage und damit den Stoffeintrag in das Grundwasser nachzuweisen. Dazu wurden Methoden und Techniken zur gesteuerten Sickerwasserprobenahme entwickelt und im mehrjährigen Feldeinsatz getestet. Um flächenrepräsentative und prozeßbezogene Aussagen zu gewinnen, wurden Boden- und Grundwasserüberwachungselemente in einer standortspezifischen Kombination eingesetzt.

Die dabei gewonnenen Erkenntnisse wurden in den obengenannten Pilotanlagen erfolgreich eingesetzt. Darüber hinaus werden sie gegenwärtig bei der Schaffung von Ausgleichsbiotopen für abfallwirtschaftliche Anlagen, bei der Sanierung von Rüstungsaltlasten und für dezentrale Abwasserbehandlungsanlagen in ländlichen Gebieten angewendet.

2 Ziele der naturräumlichen Grundwasseranreicherung

Der Terminus technicus „naturräumliche Grundwasseranreicherung" orientiert auf eine flächenhafte Infiltration von Wasser über die Bodenzone eines Naturraumes, dessen hydromorpher Charakter erhalten oder wiederhergestellt werden soll.

Ziel ist es, die natürliche Speicher-, Filter- und Sanierungsfunktion von Feuchtgebieten, Gewässern und hydromorphen Böden zu reproduzieren und Defizite im Gebietswasserhaushalt auszugleichen. Die Intensität der Infiltration bzw. Grundwasserneubildung wird dabei durch die natürliche Anisotropie und Schichtung der Boden- und Aerationszone begrenzt. Der hydromorphe Status des Standortes schließt intensive landwirtschaftliche Nutzung aus, so daß Einträge von Agrochemikalien in das Grundwasser vermieden werden. Bei naturräumlicher Grundwasseranreicherung werden die in Abb. 1 dargestellten Transformationsräume zur Nachbehandlung des zugeführten Wassers genutzt. Im Rahmen von Untersuchungen zur zukünftigen Betriebsführung der Rieselfelder Karolinenhöhe und Braunschweig wurde ein entsprechendes Nutzungskonzept für Rieselfelder entwickelt (TU Dresden, Berliner Wasserbetriebe 1990, Nestler et al. 1990, TU Dresden, Stadt Braunschweig 1991, Sowa et al. 1992). Voraussetzung für die Anwendung des Konzeptes war die Zufuhr von weitgehend gereinigtem, stickstoff- und phosphateliminiertem Klarwasser aus modernen Großkläranlagen, dessen Beschaffenheit keine weitere Belastung für Boden und Grundwasser darstellt.

Entsprechende Aufgabenstellungen sind für urbane Ballungsräume mit intensiver Grundwassernutzung wasserwirtschaftlich besonders relevant: Im Berliner Raum wurden seit Anfang des Jahrhunderts auf mehr als 8500 ha Rieselfeldern etwa 300 000 bis über 600 000 m^3 Abwasser pro Tag verrieselt, und sie stellten einen wesentlichen Anteil der Gebietswasserbilanz dar (Berliner Wasserbetriebe 1991).

Im Jahr 1991 betrug die Grundwasserförderung der Berliner Wasserwerke 900 000 m^3/d. Durch künstliche und naturnahe Grundwasseranreicherungsanlagen werden derzeit etwa 122 000 m^3 Oberflächenwasser pro Tag nach einer Wasseraufbereitung infiltriert (König u. Lacour 1915). Dadurch können rund 14% der Entnahmen gezielt ausgeglichen werden. Der Klarwasseranfall der Großkläranlagen, etwa 1 Mio. m^3/d, wird vorwiegend in das Vorflutsystem von Havel und Spree eingeleitet. Die noch vorhandenen Rieselfelder nehmen derzeit nur einen relativ geringen Teil des Klarwasseranfalls auf, stehen aber als wasserwirtschaftliche Vorbehaltsgebiete zur Verfügung.

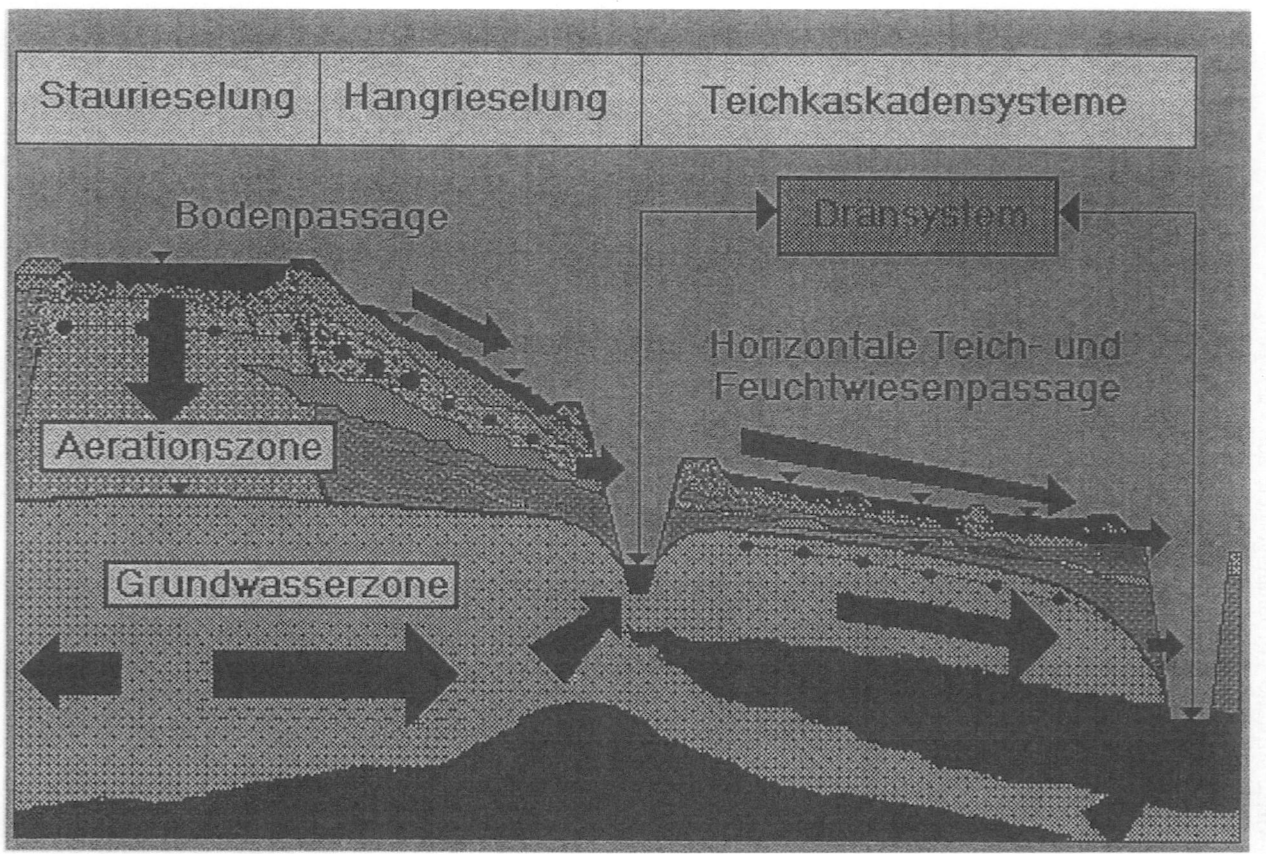

Abb. 1. Transformationsräume und Transportpfade bei der naturräumlichen Grundwasseranreicherung

3 Methodik und Technik der Boden- und Grundwasserüberwachung

3.1 Boden- und Grundwasserüberwachungssystem

Bei der Einrichtung von Versuchsanlagen zur naturräumlichen Grundwasseranreicherung wurde ein Feldmaßstab angestrebt, der auf ausgewählten, pedologisch und geologisch typischen Arealen den zukünftigen Betriebsflächen entspricht. Auf den vorhandenen Rieselfeldern konnten Versuchsflächen von 0,2 bis über 1 ha Größe eingerichtet werden. Mit dieser Größe der Infiltrationsflächen wurden Einflüsse des Betriebs, der Flächenbewirtschaftung, des Bewuchses und der lokalen Heterogenität von Bodeneigenschaften auf Boden und Grundwasser erfaßt.

Im Gegensatz zur flächenhaften Repräsentanz der Infiltrationsanlagen ermöglichen technische Boden- und Grundwasserüberwachungssysteme für die Untergrundpassage meist nur ein punktuelles bzw. teufenspezifisches Beproben. Damit sind wasser- und umweltrechtlich relevante Daten zur Beschaffenheit des Boden- und Grundwassers in einem Projektgebiet räumlich nicht integral erfaßbar. Eine Lösung bietet das Anwenden statischer Methoden.

Bei praktischen Aufgabenstellungen scheitert die statistische Sicherung der Daten allerdings oft an den Kosten für die dazu erforderliche Anzahl an Überwachungsstellen bzw. Beprobungen.

Ein weiterer Ausweg besteht im projektbezogenen Einsatz bzw. Auffinden von Überwachungselementen und Beprobungsstellen, welche Wasserproben in einer räumlich und zeitlich unterschiedlichen Integration liefern. Voraussetzung dazu ist die detaillierte Analyse der spezifischen technologischen, hydrologischen, pedologischen und geologischen Verhältnisse des Projektgebietes.

Mit einer standort- und problembezogenen Methodik wurden auf den Rieselfeldern Karolinenhöhe und Braunschweig folgende Elemente zur Bodenwasser- und Grundwasserüberwachung kombiniert eingesetzt (Abb. 2).

Im Rahmen der zur Verfügung stehenden Mittel erfolgte die Auswahl und Anordnung der Überwachungselemente im Projektgebiet so, daß alle problemspezifisch maßgebenden Transformationsräume (Abb. 1) mit den Überwachungselementen (Abb. 2) effektiv erfaßt werden. Der flächenbezogen relativ geringe Besatz an Überwachungsstellen ermöglicht dabei im häufigkeitsstatistischen Sinne für einen einzelnen Transformationsraum keine flächenbezogene Repräsentanz der Stichproben an einem Meßtermin.

Die Repräsentanz der Beschaffenheitsdaten wird im Untersuchungszeitraum über eine fließweg- bzw. zeitbezogene Erfassung der Daten erreicht. Für wasser- und umweltrechtlich relevante Probleme der Beeinflussung von Böden und Gewässern durch Folgenutzungen auf Rieselfeldern erwies sich ein minimaler Untersuchungszeitraum von zwei bis drei Jahren als erforderlich:

Auf den Rieselfeldern Braunschweig werden seit 1990 die Auswirkungen der Verrieselung von weitgehend gereinigtem Klarwasser der Kläranlage Steinhof auf Böden und Gewässer auf einer Betriebsfläche von 200 ha untersucht. Dazu werden derzeit rund 20 ha Versuchsanlagen betrieben. Dabei fallen an 118 Gütemeßstellen jährlich in prozeßspezifischen Beprobungsintervallen von Tagen bis Wochen weit über 1000 Wasserproben an (TU Dresden, Stadt Braunschweig 1991). Auf dem Rieselfeld Karolinenhöhe wurden für eine Projektfläche von 100 ha die Versuchsanlagen im Zeitraum von 1987 bis 1991 betrieben (TU Dresden, Berliner Wasserbetriebe 1990).

3.2 Technik der Sickerwasserprobenahme

Zur Überwachung der Beschaffenheitsveränderungen im Sickerwasser wurde eine stromröhrenorientierte Anordnung von Bodenwassersammlern im Zentrum der Infiltrationsflächen angestrebt. Eine technische Lösung bestand aus ca. 4 m tiefen, besteigbaren Kontrollschächten mit horizontal eingebauten Sonden zur Bodenwasser- und Bodenluftprobenahmesowie zur Kapillardruck- und Temperaturmessung.

Diese Lösung gewährleistet im Langzeitversuch Rekonstruktion, Neueinbau und Einsatz von Überwachungselementen bei Ausfall oder Erweiterungsbedarf.

Aus den Feldtests wurde ein komplexes Boden- und Grundwasserüberwachungssystem (SGM-System) entwickelt und eingesetzt (Luckner et al. 1992).

Seine Überwachungselemente sind in verrohrten Bohrungen (verloren) vertikal installiert und ermöglichen die punktuelle Boden- und Grundwasserbeprobung in größeren Tiefen.

Die im Feld eingesetzten Probenahmeelemente separieren Bodenwasser über semipermeable Keramikkerzen, wenn relativ zum Kapillardruck der ungesättigten Bodenzone ein Unterdruck angelegt wird. Dabei hängt die Stoffkonzentration im separierten Bodenwasser vom angelegten Unterdruck ab und spiegelt die unterschiedliche Bindung bzw. Beweglichkeit gelöster Stoffe im Porensystem des ungesättigten Bodens wider.

Bei Absaugverfahren werden praktisch Unterdrücke bis ca. 0,7 bar angelegt und damit breite Bereiche der mehr oder weniger gebundenen Bodenlösung im separierten Bodenwasser erfaßt.

Zum Erreichen der Versuchszielstellung, die für den Stoffeintrag in das Grundwasser maßgebende Beschaffenheit des Sickerwassers zu erfassen, wurde das Prinzip der kapillardruckgesteuerten Probenahme entwickelt und eingesetzt (TU Dresden, Berliner Wasserbetriebe 1991, Luckner et al. 1992):

Am Bodenwassersammler wird ein Unterdruck angelegt, der relativ zum Luftdruck im Bereich von -0,06 bis maximal -0,3 bar liegt. Das absaugbare Bodenwasser entspricht nach der klassischen Definition von Sekera dem Gravitations- oder Sickerwasser. Ein kapillardruckgesteuerter Sammler faßt automatisch kein Wasser mehr, wenn die Versickerung nachläßt, der Boden austrocknet und Saugspannungshöhen ($h_{p,m}$) auftreten, welche größer als die angelegte Unterdruckhöhe ($h_{p,s}$) sind. Erst nach Wiederbefeuchtung wird bei $h_{p,m} < h_{p,s}$ das auftretende Sickerwasser separiert.

Abb. 2. Boden und Grundwasserüberwachungselemente in den Transformationsräumen von Anlagen der naturräumlichen Grundwasseranreicherung. (*1*) schichtspezifisch verfilterte Mehrfachpegel zur fließwegverfolgenden Erfassung der Grundwasserbeschaffenheit im Anstrom des Untersuchungsgebietes als Referenzwerte des unbeeinflußten Zustandes, (*2*) flächenrepräsentative Infiltrationsanlagen mit Meßeinrichtungen zum Nachweis der Infiltrationsintensität und des Inputstoffstroms (Qi x Ci) für den Untergrund, (*3*) schichtspezifisch angeordnete Bodenwassersammler zur Gewinnung von Stichproben der Sickerwasserbeschaffenheit unter biologisch hoch aktiven oder stoffbelasteten Bodenzonen im Bereich von 0,4-1,5 m unter Flur, (*4*) vertikal (stromröhrenorientiert) angeordnete Bodenwassersammler zum Nachweis der fließweg- bzw. zeitbezogenen Stoffwandlung in der ungesättigten Bodenzone und des Stoffeintrags in das Grundwasser, (*5*) komplexe Boden- und Grundwasserüberwachungssysteme (SGM) im Infiltrationsgebiet zur punktbezogenen Messung von Kapillardruck, Temperatur und zur Boden- bzw. Grundwasserprobenahme in einem vertikalen Profil (Luckner et al. 1993), (*6*) teufenorientierte Grundwasserüberwachungssysteme im Abstrom zum Nachweis der lokalen, schichtbezogenen Beeinflussung des Grundwassers durch die Grundwasseranreicherung, (*7*) grundwasserleiterspezifisch verfilterte Mehrfachpegel zur Überwachung der Grundwasserbeschaffenheit im Abstrom als fließweg- bzw. zeitbezogene Referenzwerte des beeinflußten Zustandes. Dabei muß die Anordnung der Filter die Überwachung des gesamten beeinflußten Grundwasserbereichs gewährleisten. Im Berliner Raum wurde aber mehrfach beobachtet, daß praktisch im gesamten Süßwasserbereich Rieselfeldeinfluß nachweisbar ist, (*8*) standortspezifische Entlastungsanlagen (Gräben, Fließgewässer, Dränungen, Förder- und Entlastungsbrunnen) zur integralen, abflußbezogenen Erfassung des Stoffaustrags (Qd x Cd) aus dem Projektgebiet als wasser- und umweltrechtliche Referenzwerte für die Beeinflussung angrenzender Gewässer bzw. betroffene Wassernutzungen.

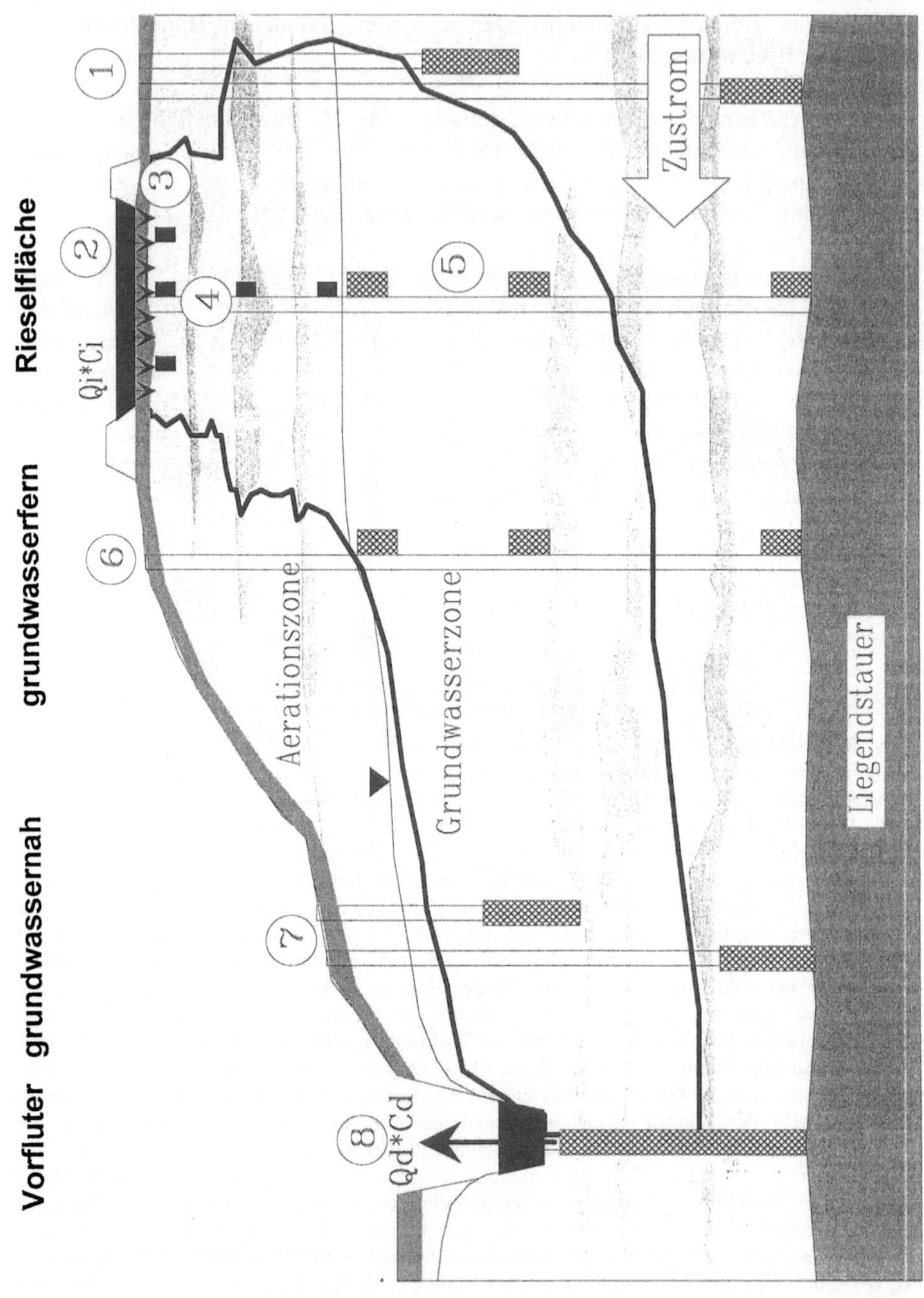
Vorfluter
grundwassernah
grundwasserfern
Rieselfläche
Qi*Ci
Qd*Cd
1
2
3
4
5
6
7
8
Zustrom
Aerationszone
Grundwasserzone
Liegendstauer

Neben der Steuerung des Kapillardrucks bei der Probenahme beeinflußten in mehrjährigen Feldversuchen folgende methodische Details die Funktionsdauer, Probemenge und Aussagefähigkeit der Sickerwasserbeprobung wesentlich:

Hydraulische Kennwerte und Material der Bodenwassersammler
Im Feldversuch erwiesen sich semipermeable Keramikkerzen mit einer Kerzenoberfläche >85 cm², einem geprüften Lufteintrittspunkt von 0,3 bar und einem Wasserdurchlässigkeitsbeiwert bei Sättigung von $k_f = 1...8 \times 10^{-8}$ m/s als mehrjährig funktionsfähig.

Mit diesen Kennwerten lag der Durchfluß bzw. das zeitlich erreichbare Probevolumen bei Sättigung und bei einem angelegten Unterdruck von 0,1 bar im Bereich von maximal 3 bis 4 l/d. Vor dem Feldeinsatz der Bodenwassersammler waren neben den hydraulischen Funktionstests auch Untersuchungen zum hydrochemischen Verhalten des Materials und Materialbehandlungen unerläßlich, um Verfälschungen der Wasserproben zu vermeiden (TU Dresden, Berliner Wasserbetriebe 1990).

Anordnung im Bodenprofil
Die natürliche Heterogenität und Schichtung der Bodenzone beeinflußt in Verbindung mit dem Einbauverfahren Menge und Qualität der Sickerwasserprobenahme erheblich. Eine relativ gute Funktionsfähigkeit weisen Bodenwassersammler auf, die in durchlässigen Schichten oder im Kapillarsaum der Grundwasserzone liegen. Bei starker Heterogenität der Bodenzone ist ein entsprechend gezielter Einbau durch detaillierte Erkundungen mit Kernbohrungen und Einsatz von wiederverwendbaren, umsetzbaren Bodenwassersammlern erreichbar.

Zeitintervall der Beprobung
Das in einem Zeitraum separierbare Probevolumen ist bei Bodenwassersammlern von der aktuellen Bodenfeuchte bzw. Saugspannung abhängig. Bei den Feldversuchen zur naturräumlichen Grundwasseranreicherung lagen die Saugspannungen in den untersuchten Bodenzonen meist unterhalb von 0,1 bar. Damit waren die Bedingungen der kapillardruckgesteuerten Probenahme fast ständig gegeben. Um das laboranalytisch notwendige Mindestvolumen einer Wasserprobe von 1 l zu sichern, lagen die minimalen Beprobungsintervalle im Bereich von 2 h bis 1 d (Sowa et al. 1993).

Werden Sammler in anhydromorphen Böden bei stochastischem Auftreten von Versickerungsprozessen eingesetzt, ist das separierte Bodenwasser einer „Alterung“ in Probebehälter unterworfen, deren Dauer vom Beprobungsintervall abhängt.

Um hier einen exakten Zeitbezug der gewonnen Probe zu gewährleisten, müssen mit der ständigen Überwachung des Kapillardruckes im Boden die Probennahmetermine dem Auftreten der natürlichen Niederschläge und Versickerungsphasen operativ angepaßt werden.

4 Sickerwasserbeschaffenheit bei natürlicher Grundwasseranreicherung

Die Beschaffenheit des Sickerwassers wurde unter Anlagen zur periodischen Staurieselung und unter Teichflächen untersucht (TU Dresden, Berliner Wasserbetriebe 1990).

Die tiefenbezogene Darstellung der Sickerwasserbeschaffenheit in weist z.B. mit den Stichproben aus den Bereich von 0,5 bis 3,5 m unter Flur die Wirksamkeit der oberen Bodenzone zur Nitrifikation und Denitrifikation und zur Eliminierung von organischen Verbindungen nach. Die Sickerwasserbeschaffenheit in 3,5 m Tiefe entspricht tendenziell der Beschaffenheit der oberen Grundwasserzone in 14 m Tiefe.

Das Ergebnis der flächenhaft nicht repräsentativen stromröhrenorientierten Sickerwasserbeprobung wird hier durch die räumlich stärker integrierende Probenahme aus tiefenspezifischen Grundwasserpegeln maßgebend gestützt.

Die zeitbezogene Darstellung der Wasserbeschaffenheit des Zulaufs und des Sickerwassers in 3,5 m Tiefe weist eine langzeitliche Entwicklung der Milieubedingungen und der biochemischen Aktivitäten in der Bodenzone bei naturräumlicher Grundwasseranreicherung nach und begründet die Erfordernis von Langzeituntersuchungen für ökologisch relevante Aussagen zur Formierung der zukünftigen Grundwasserbeschaffenheit. Die in Abb. 3 aufgezeigte Durchbruchkurve von Stickstoffverbindungen nach einer Staurieselung zeigt die hohe zeitliche Variabilität der Wasserbeschaffenheit in einzelnen Sickerereignissen.

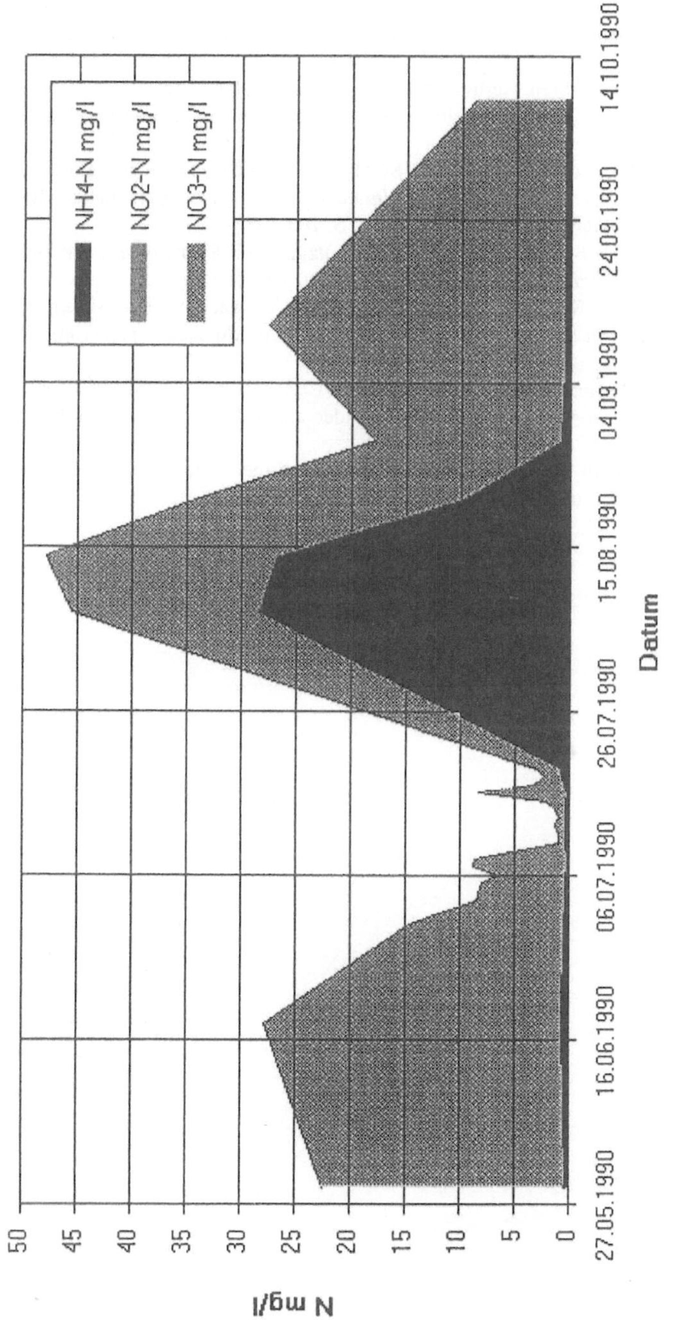

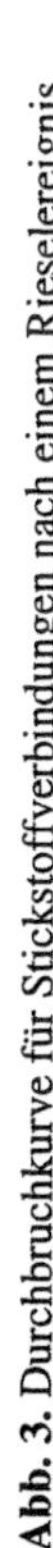

Abb. 3. Durchbruchkurve für Stickstoffverbindungen nach einem Rieselereignis

Literatur

Berliner Wasserbetriebe (1991) Grundwasseranreichung. Informationsmaterial der BWB, Berlin

König, Lacour (1915) Die Reinigung städtischer Abwässer in Deutschland nach dem natürlichen biologischen Verfahren. Berlin, Verlagsbuchhandlung Paul Parey

Leibenath, Kritzner (1992) Erfahrungen beim Einsatz des SGM-Systems. Die Geowissenschaften 2, S. 37-45

Luckner; Nitsche, Eichhorn (1992) Das SGM-System. Die Geowissenschaften 2, 37-45

Nestler; Sowa; Luckner; Sarfert (1990) Umweltgerechte Nutzung ehemaliger Rieselfelder Berlins. Wasserwirtschaft-Wassertechnik, Berlin 5, S. 106-108

Sowa et al. (1992) Schutzgutbezogene Folgenutzung von Rieselfeldern. In: Bodenschutz, Berlin, Erich Schmidt Verlag, BoS 10. Lfg. II/92 (7150), 38 S.

Sowa, Leibenrath, Kritzner, Nitsche (1993) Die Überwachung der Sicker- und Grundwasserbeschaffenheit in Systemen zur naturräumlichen Grundwasseranreicherung. Wasser und Boden 9

TU Dresden, Berliner Wasserbetriebe (1990) Einschätzung der Auswirkungen einer geplanten veränderten Betriebsführung der Rieselfelder am Standort Karolinenhöhe in Berlin-Spandau. Studie, Berlin/Dresden (unveröffentlicht)

TU Dresden, Stadt Braunschweig (1991) Zukünftige Nutzung von Rieselfeldern im Raum Braunschweig. Studie, Teil 1, Okt. 1991 (unveröffentlicht)

Instrumente für die gezielte Gefahrenabschätzung und Erkundung von Grundwasserbelastungen

Benedikt Toussaint

1 Problemstellung, dargestellt am Beispiel der HKW

Nach den geltenden Gesetzen müssen Schadstoffe aus dem Schutzgut Grundwasser entfernt werden. Voraussetzung für eine Gefahrenabschätzung und ggf. Sanierung ist die Erkundung eines Schadensfalles, die alle wesentlichen standortspezifischen Randbedingungen in die Überlegungen einbezieht. Untersuchungen kranken jedoch nicht selten daran, daß die für den Transport von Kontaminanten im Untergrund maßgebenden hydrogeologischen und geohydraulischen Verhältnisse nicht qualifiziert genug interpretiert, die sonstigen standortspezifischen Rahmenbedingungen zu wenig berücksichtigt und daher nicht adäquate Erkundungsstrategien angewendet werden. Ursachen für diese Defizite sind u.a., daß sich die Schadensfallbearbeitung häufig auf das bloße Sammeln von Meßwerten beschränkt und eine Überforderung des Gutachters hinsichtlich der gezielten Beschaffung der erforderlichen Unterlagen, Aggregierung und Strukturierung des Datenpools bestehen kann.

Durch den Einsatz eines informationsverarbeitenden Systems lassen sich viele der genannten Probleme minimieren. Da dessen Möglichkeiten sowohl unter- als auch überschätzt werden, möchte der Verfasser den Einsatz eines wissensbasierten Instrumentariums im Hinblick auf die Erkundung und Bewertung einer Grundwasserkontamination durch leichtflüchtige halogenierte Kohlenwasserstoffe diskutieren. Der Schwerpunkt des Beitrages liegt auf der DV-gestützten Standardisierung der sich auf den Schadstofftransport auswirkenden geologischen Gegebenheiten und der Bedeutung hydrogeologischer Szenarien für die effektive Bearbeitung eines Grundwasserschadensfalles.

Die leichtflüchtigen halogenierten Kohlenwasserstoffe (HKW) – im Zusammenhang mit einer von ihnen verursachten Grundwasserbelastung meistens maximal zwei C-Atome enthaltende, in zahlreichen Gewerbe- und Industriebranchen häufig als Löse- und Entfettungsmittel eingesetzte human- und ökotoxische aliphatische Umweltchemikalien – wurden ausgewählt, weil sie aufgrund ihrer Dichte >1 mg/cm^3 sowie ihrer geringen Oberflächenspannung und dynamischen Zähigkeit verhältnismäßig rasch in einen Grundwasserleiter einsickern können und als persistente Xenobiotika für die Schutzgüter Boden und Grundwasser eine erhebliche Gefahr darstellen.

In diesem Beitrag kann auf den vielfach nicht erkannten oder unterschätzten Zusammenhang zwischen den physikalischen, chemischen und biologischen Eigenschaften dieser Schadstoffe und ihrem resultierenden Verhalten im Grundwasserleiter nicht näher eingegangen werden, es muß auf die Spezialliteratur verwiesen werden (Toussaint 1990, 1991 mit weiteren Literaturzitaten).

Fundierte Kenntnisse über die maßgebenden Transportprozesse und komplexen Reaktionen im Untergrund müssen vorhanden sein, wenn die Untersuchung einer Grundwasserkontamination und die Abschätzung des Gefährdungspotentials Aussicht auf Erfolg haben sollen. Dabei sind die Ergebnisse systematischer Untersuchungen in den USA zu berücksichtigen, nach denen, entgegen der vorherrschenden Auffassung in Deutschland, bei der Mehrzahl der Schadensfälle organische Flüssigkeit in den Grundwasserraum eingesickert ist (Kolmer et al. 1992).

Die Begutachtung eines Grundwasserschadensfalles besteht zu einem wesentlichen Teil darin, Einblick in die dreidimensionale, zeitlich variable Verteilung der HKW in flüssiger, gasförmiger oder gelöster Form im Untergrund zu bekommen. Häufig spiegeln sich jedoch das In-situ-Verteilungsmuster und die tatsächlichen Konzentrationen der Schadstoffe in den vorrangig zu bewertenden Boden-, Bodenluft und Grundwasserproben nicht annähernd wider (Toussaint 1990, 1991), so daß falsche Schlüsse gezogen werden. Ein entscheidender Grund für diese Probleme ist, daß der Einfluß der Rahmenbedingungen der Probenahme selbst und der davorliegenden sowie nachfolgenden Untersuchungsschritte auf die Meßwerte oft zu wenig beachtet oder unterschätzt wird.

Abb. 1. Hydrogeologische Standorttypen: (*1-12*) Porengrundwasserleiter, (*13 - 22*) Kluft- bzw. Karstgrundwasserleiter (Dörhöfer 1987, ergänzt). Die verschiedenen Typen haben folgende Merkmale: (*1*) gespannt, überdeckt von Geringleiter, hoher Wasserstand; (*2*) frei, überdeckt von Geringleiter, tiefer Wasserstand; (*3*) unterlagernder Geringleiter, frei, hoher Wasserstand; (*4*) frei, geringmächtig, hoher Wasserstand, angrenzender Vorfluter; (*5*) frei, heterogen, tiefer Wasserstand; (*6*) frei, inhomogen, mittlerer bis tiefer Wasserstand, hydraulische Verbindung mit liegendem Kluftgrundwasserleiter; (*7*) frei, größere Mächtigkeit, tiefer Wasserstand; (*8*) frei, tiefer Wasserstand, lokal in hydraulischer Verbindung mit liegendem Kluftgrundwasserleiter; (*9*) frei, mittlere Mächtigkeit, tiefer Wasserstand, mit schwebendem Grundwasser; (*10*) frei, z.T. gespannt, stark inhomogen, mittlerer Wasserstand; (*11*) frei, geringmächtig, teilweise hoher Wasserstand, hydraulisch getrennt von liegendem Grundwasserleiter mit gleichsinniger Fließrichtung

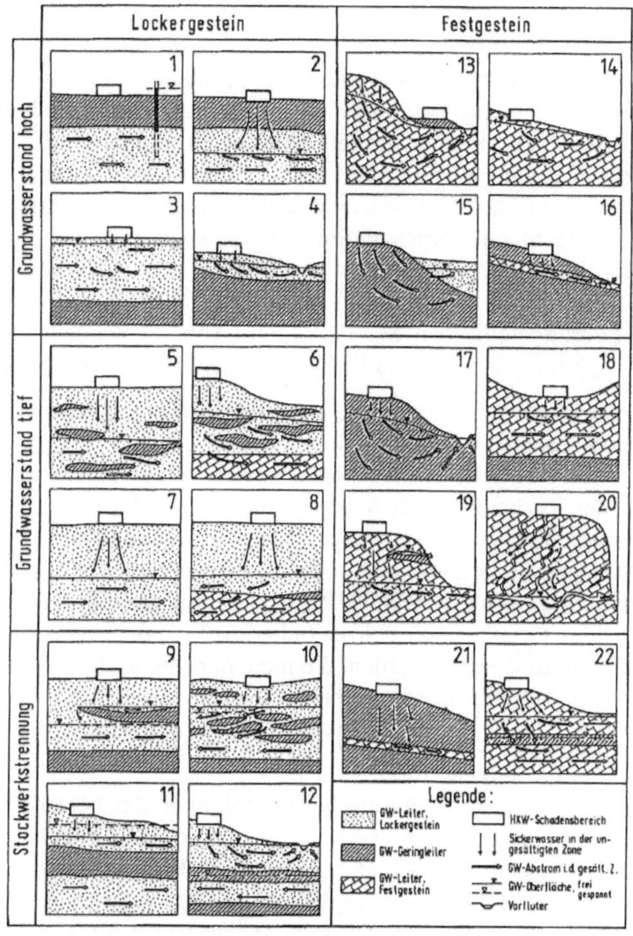

des Grundwassers, gespannt mit aufwärts gerichtetem hydraulischem Gradienten; (*12*) frei, größere Mächtigkeit, z.T. sehr hoher Wasserstand, benachbarter Vorfluter, hydraulisch getrennt von liegendem Grundwasserleiter mit entgegengesetzter Fließrichtung des Grundwassers, gespannt mit abwärts gerichtetem hydraulischem Gradienten; (*13*) zeitweise gespannt, hoher Wasserstand, Strömungsfeld mit aufwärts gerichtetem Gradienten; (*14*) frei, hoher Wasserstand; (*15*) frei, mit angrenzendem Porengrundwasserleiter; (*16*) hohe Durchlässigkeit in Oberflächennähe, gespannt, geringmächtig, in Geringleiter eingelagert; (*17*) frei, mittlerer bis tiefer Wasserstand, deutlicher Vertikalgradient des Strömungsfeldes; (*18*) frei, mittlerer bis tiefer Wasserstand; (*19*) frei, örtlich stark heterogen, tiefer Wasserstand; (*20*) verkarstet, frei, tiefer Wasserstand; (*21*) hohe Durchlässigkeit in größerer Tiefe, gespannt, geringmächtig, in Geringleiter eingelagert; (*22*) frei, z.T. sehr hoher Wasserstand, hydraulisch getrennt vom liegenden Grundwasserleiter, gespannt, mit gleichsinniger Fließrichtung

2 Hydrogeologische Standorttypen und Verschmutzungsanfälligkeit

Eine DV-gestützte Erkundung eines Grundwasserschadensfalles erfordert auch bei geologischen Kennwerten eine Formalisierung. Das betrifft auch die hydrogeologischen Verhältnisse, deren Standardisierung eine informationstechnische Verarbeitung erleichtert. Werden wesentliche den HKW-Transport im Untergrund steuernde hydrogeologische Komponenten miteinander kombiniert, lassen sich häufig vorkommende Standorttypen definieren, die sozusagen als „Modellstandorte" aufzufassen sind.

Von den 22 hydrogeologischen Standorttypen (Abb. 1) werden beispielhaft je ein Poren- (Nr. 6), Kluft- (Nr. 15) und Karstgrundwasserleiter (Nr. 20) diskutiert.

- *Typ 6: Porengrundwasserleiter (frei, mittlere Mächtigkeit, tiefer Wasser stand, mit schwebendem Grundwasser)*
  Die HKW können in allen Zustandsformen rasch in den Untergrund übertreten. Wegen des Vorhandenseins wenig permeabler linsenförmiger Horizonte im Sickerraum gelangen sie teilweise erst auf Umwegen in den Grundwasserraum. Die spezifischen hydrogeologischen Gegebenheiten können dazu führen, daß nicht nur flüssige HKW-Phase, sondern auch im Sickerraum und im schwebenden Grundwasser gelöste Schadstoffe in der ungesättigten Zone in eine Richtung umgelenkt werden, die nicht der Fließrichtung des tieferliegenden Hauptgrundwassers entspricht.
- *Typ 15: Kluftgrundwasserleiter (frei, mit angrenzendem Porengrund wasserleiter und Fließgewässer)*
  Selbst bei relativ geringer hydraulischer Leitfähigkeit des Festgesteins wird ein HKW-Eintrag in das Grundwasser wegen des kleinen Flurabstandes erleichtert. In den angrenzenden geringmächtigen Porengrundwasserleiter können die HKW mittelbar eingetragen werden (u.a. Abschwemmung belasteten Feststoffmaterials), noch wahrscheinlicher ist ein direktes Übertreten in gelöster Form. Bei geringer Mächtigkeit des Porengrundwasserleiters und Lage des Schadensherdes in der Nähe eines Fließgewässers werden bei offener Gewässersohle die Schadstoffe von diesem aufgenommen. Bei größerer Mächtigkeit der wassererfüllten Sande und Kiese oder stärkerer Heterogenität der Lockersedimente muß das oberirdische Gewässer nicht unbedingt als hydraulische Barriere fungieren, da es analog zu einem unvollkommenen Brunnen unterströmt werden kann.
- *Typ 20: Karstgrundwasserleiter (frei, tiefer Wasserstand)*
  Bei fehlenden geringdurchlässigen Deckschichten über verkarsteten Gesteinen dringen die HKW in allen Phasen in kürzester Zeit in den Grundwasserleiter ein und erreichen auch bei großen Flurabständen aufgrund des praktisch nicht vorhandenen Rückhaltevermögens den gesättigten Bereich und ggf. die Sohlschicht. In den großen Karsthohlräumen kann sich die oft sehr tief und z.T.

beträchtlich lateral abgewanderte organische Flüssigkeit sammeln und über einen langen Zeitraum in Lösung gehen. Wegen der für einen Karstaquifer üblichen großen Abstandsgeschwindigkeiten können die eingetragenen Kontaminanten schon kurze Zeit nach ihrer Emission Trinkwassergewinnungsanlagen gefährden.

3 Von Daten über Informationen zu Wissen

Die stofflichen Eigenschaften der HKW und ihr daraus abzuleitendes standortspezifisches Verhalten im Untergrund sind Daten, deren Kenntnis Voraussetzung für die systematische Erkundung eines Schadensfalles ist. Nachfolgend setzt sich der Verfasser mit der modernen, computergestützten Verarbeitung dieser Daten zu wertvollen Informationen auseinander, die Grundlage für Expertenwissen sind. Dabei wird unter Vernachlässigung der Technik der wissensbasierten Informationsmodellierung besonderer Wert auf die Erläuterung des mehrstufigen Verfahrensprinzips gelegt, ohne allerdings im Rahmen dieses Beitrages erschöpfende Antwort geben zu können (Abb. 2).

Wesentlich ist, daß alle Daten in einem Pool so gesammelt, strukturiert und aggregiert werden, daß sie als unabhängige Module verfügbar sind. Dies erfordert die Implementierung einer relationalen Datenbank, ein weiterer Schritt ist die Realisierung einer Wissensbank.

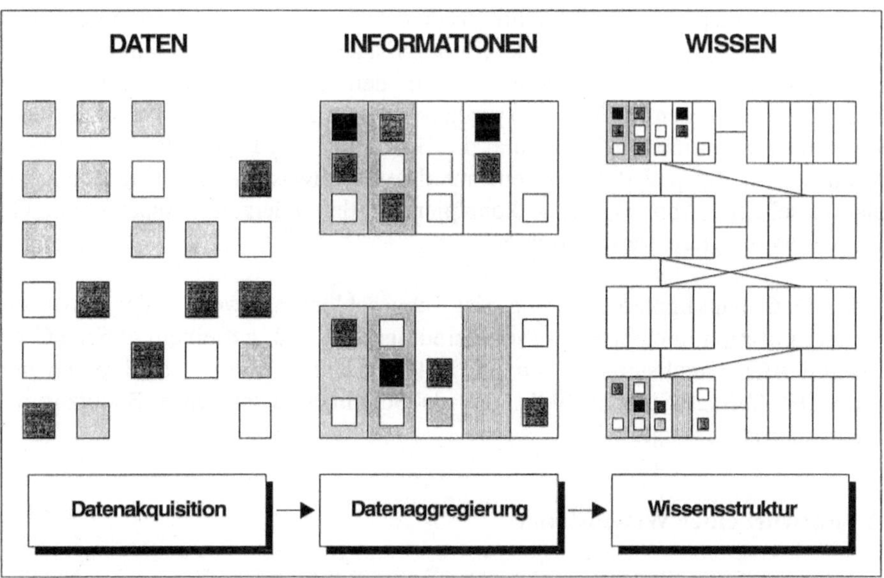

Abb. 2. Von Daten über Informationen zu Wissen. (Mod. nach Honert u. Toussaint 1993)

Unvollständig ausgefüllte Tabellenfelder entsprechen nicht den Konsistenz- und Integritätsbedingungen auf DB-Ebene, trotzdem wird aus Kostengründen zwischen „Muß-Daten“ und „Kann-Daten“ unterschieden. Die obligatorischen Daten sollen es erlauben, den Ablauf einer Grundwasserkontamination unter Einbeziehung der historischen Situation zu rekonstruieren. Die Inhalte der Tabellen müssen untereinander und ggf. mit Hilfstabellen verknüpfbar sein, damit miteinander gekoppelte Informationen zusammen abgerufen und dargestellt werden können. Um die Vollständigkeit der Informationsinhalte zu gewährleisten und sinnvolle Zuordnungen zu definieren, ist ein mehrstufiges Vorgehen erforderlich.

3.1 Erstellung einer Datenbank

Die im konzeptionellen Schema beschriebene logische Datenstruktur ist die erste Ebene der Architektur einer Datenbank. Im Rahmen einer Informationsanalyse werden Daten gezielt akquiriert sowie die Ordnung der Beziehungen zwischen Informationsteilen untersucht. Bezüglich des Inhaltes der Tabellen unterscheidet man zwischen zeitlich invarianten Stammdaten und zeitlich veränderlichen Meßwerten. Stammdaten sind nicht nur z.B. die Lage, Konfiguration oder Stärke einer Schadstoffquelle, die Rechts- und Hochwerte von Grundwassermeßstellen, deren technischer Ausbau sowie das jeweilige Bohrprofil, als in die Bearbeitung eines Schadensfalles einzubringende Quasistammdaten sind auch die Ergebnisse von Pumpversuchen, geohydraulischen Messungen wie WD-Tests, Markierungsversuchen und dergleichen zu bewerten.

Als Meßwerte werden nicht nur die Analysenbefunde von Boden-, Bodenluft- und Grundwasserproben oder quantitativ-hydrologische Daten wie Grundwasserstand oder Quellschüttung verstanden, sondern auch die Rahmenbedingungen aller Teilschritte von der Probenahme bis zu den Arbeiten im Labor. In der Systemanalyse werden Informationsbereiche nach einem logischen Schema benutzerspezifisch strukturiert. Ziel ist u.a. die Erstellung von Informationsstrukturdiagrammen. Ein Beispiel dafür ist ein auf das Grundwassermonitoring bezogenes Relationsschema (Abb. 3), das so konzipiert ist, daß jederzeit ortsspezifische Gegebenheiten integriert werden können.

Die Datenbankimplementierung ist abgeschlossen, wenn die physische Datenorganisation in einer Hard-/Softwareumgebung z.B. auf einem 486er PC mit dBase/ORACLE realisiert worden ist. Datenbankaufrufe erfolgen über die normierte DB-Abfrage-Sprache SQL, die als Schnittstelle zwischen Benutzer und Datenbanksystem fungiert.

3.2 Entwurf einer Wissensbank

Analog zur Informationsanalyse kann auch eine *Analyse des Wissens* durchgeführt werden. Die Wissensbank als wesentliche Komponente eines wissensbasierten

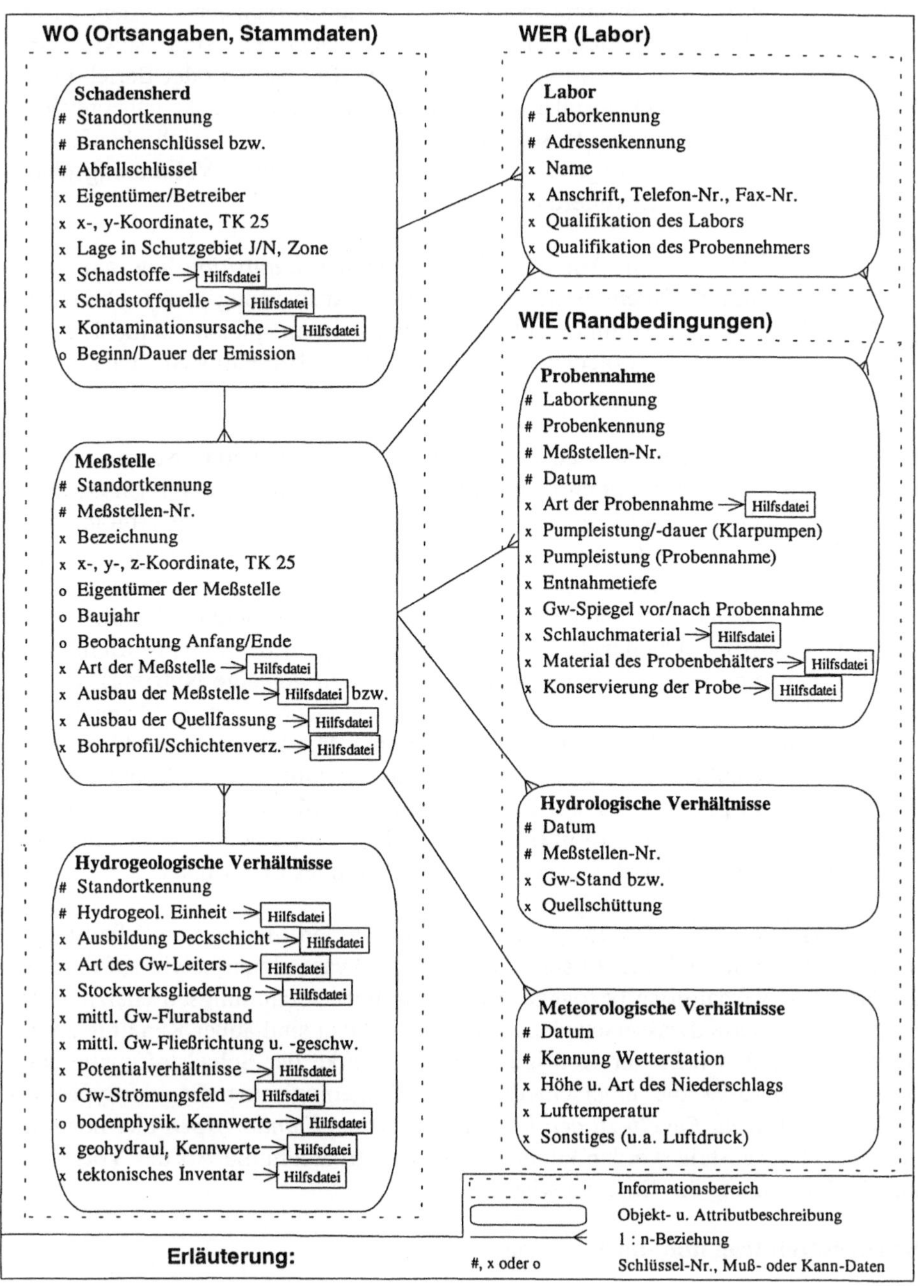

Abb. 3. Informationsstrukturdiagramm am Beispiel Grundwassermeßstelle - Probenahme, Beziehungen zwischen Stammdaten und Meßwerten

Systems ist allerdings noch nicht in letzter Konsequenz realisiert worden, da als Regeln viele komplexe Heuerismen zu berücksichtigen sind sowie eine Gewichtung der diversen Erfahrungen der Experten, Ergänzung oder Berichtigung von Daten mittels statistischer Verfahren, wahrscheinlichkeitstheoretische Überlegungen u.a.m. eine Rolle spielen. Ihr Entwurf vollzieht sich ebenfalls in mehreren Schritten, das Ergebnis wird in der Test- und Validierungsphase realisiert, ggf. wird eine Erweiterung des Modells erforderlich.

Der Schwerpunkt der am Anfang stehenden *Wissensakquisition* liegt auf Interviews, Diskussionen, Daten- bzw. Faktenanalyse, Auswertung von Fachbüchern und Einzelberichten; im Hinblick auf die Problemstellung spielen Ähnlichkeitsuntersuchungen sowie Szenariotechnik mit hydrogeologischen Fallbeispielen eine besonders wichtige Rolle.

Die *Konzeption* der Wissensdarstellung ist ein weiterer Schritt, wobei insbesondere folgende, möglichst einheitlich zu formalisierende Wissensbereiche Bedeutung haben: *Stoffdaten* (physikalische, chemische und biologische Eigenschaften, Toxizität, ggf. mit Literaturzitaten), *Referenzen* (Abfall-/Stoffkatalog, Background-Werte, Orientierungswerte, Regelwerke, Gesetzestexte u.a.), *Emissionsquelle* (Branchenzugehörigkeit des Verursachers, Konfiguration des Schadensherdes, Quellenstärke, vermutlicher Beginn des Schadstoffeintrages in den Untergrund u.a.), *Nutzung* (frühere, jetzige und geplante Nutzung), *Umgebungsabfrage* nach potentiellen Schadensherden wie Deponien oder Altstandorten, *Kontaminationspfad* (Luft, Boden, Wasser, Direktkontakt), *Monitoring* (Erkundungstechniken, Meßnetz, Art der Grundwasseraufschlüsse, Bohrprofil und Ausbauplan von Brunnen/Meßstellen, hydrologische Meßwerte u.a.), *Schadstoffverteilung im Untergrund* (Konzentration der HKW in Boden-, Bodenluft- und Grundwasserproben, Beprobungsverfahren, ausführendes Labor u.a.).

Als Beispiele einer *Wissensorganisation* wird auf den Eintrag von Schadstoffen in den Untergrund und ihre Ausbreitung im Grundwasserleiter sowie auf eine auf die örtlichen Verhältnisse bezogene Erkundung und Gefährdungsabschätzung des resultierenden Grundwasserschadens verwiesen. Dabei sind außer Kenntnissen der Stoffeigenschaften oder der Konfiguration und Stärke der Schadstoffquelle auch Informationen über die unterschiedlichen hydrogeologischen Standorttypen erforderlich. Obwohl *Regeln zu den hydrogeologischen Standorttypen* hier nur stark vereinfacht vorgestellt werden können, zeigen sie trotzdem die Art des Vorgehens und die Umsetzung des Expertenwissens.

Schadstoffeintrag und -ausbreitung

Typ 6:

- Flüssige und gelöste HKW werden in der ungesättigten Zone in verschiedene Richtungen umgelenkt, wenn linsenförmige, wenig permeable Lagen im Sickerraum vorhanden sind.

- Das Hauptgrundwasser kann wenig belastet sein, wenn schwebendes Grundwasser Kontaminanten zunächst aufhält und dadurch stärker belastet ist.
- Eine Wasserscheide im Hauptgrundwasser kann ihre Funktion als hydraulische Trennstromlinie verlieren, wenn ein schwebender Grundwasserleiter existiert.
- HKW können im liegenden Kluftgrundwasserleiter rascher transportiert werden als im hangenden Lockergestein, wenn hochdurchlässige Kluftsysteme vorhanden sind.

Typ 15:

- Der Eintrag von HKW in den Kluftgrundwasserleiter wird erleichtert, wenn außer einem geringen Residualvermögen auch das Grundwasser hoch ansteht.
- Der benachbarte Porengrundwasserleiter dürfte sekundär belastet sein, wenn der Beginn der Schadstoffemission längere Zeit zurückliegt (Einschwemmung von belastetem Feststoffmaterial und Übertritt von Kluftgrundwasser in die Talfüllung).
- Es besteht eine große Wahrscheinlichkeit, daß die gelösten HKW vom Fließgewässer aufgenommen werden, wenn der Schadensherd in seiner Nähe liegt, der Porengrundwasserleiter relativ homogen und geringmächtig ist sowie die Gewässersohle keine Kolmation aufweist.

Typ 20:

- HKW dringen in allen Phasen rasch in den Karstaquifer ein, wenn geringdurchlässige Deckschichten fehlen.
- Das Karstgrundwasser ist extrem kontaminationsanfällig, wenn wie üblich, praktisch kein Rückhaltevermögen für HKW vorhanden ist.
- Eine Trinkwassergewinnungsanlage ist schon kurz nach Beginn einer Schadstoffemission stark gefährdet, wenn wie allgemein üblich, die Abstandsgeschwindigkeiten im Karst groß sind.
- Mit einer extrem langen Sanierungsdauer ist zu rechnen, wenn sich Depots mit flüssigen HKW in Karsthohlräumen gebildet haben.
- Eine Überschneidung der Einzugsgebiete von Karstquellen ist anzunehmen, wenn auf einem Vertikalprofil übereinander liegende Entwässerungssysteme vielfach nicht hydraulisch miteinander kommunizieren.

Erkundungsstrategien

Typ 6:

- Fehlinterpretation von Boden- und Bodenluftmeßwerten, wenn hoch stehendes Grundwasser;
- Vorbehalte gegenüber Bodenluftverfahren, wenn Behinderung der

diffusiven Ausbreitung der gasförmigen HKW im Sickerraum;
- Bau tiefengestaffelter Mehrfachmeßstellen sinnvoll, wenn Entnahme horizontierter Grundwasserproben erforderlich;
- Einrichtung separater Grundwassermeßstellen, wenn Poren- und Kluftgrundwasserleiter vorliegen;
- Erkundungsmaßnahmen auch im Oberstrom eines Schadensherdes, wenn Ablenkung flüssiger HKW-Phase durch wenig permeable Horizonte nicht auszuschließen ist.

Typ 15:

- Parallele Erkundung von Kluft- und Porengrundwasserleiter, wenn länger zurückliegender Schadenseintritt;
- Priorität für direkte Untersuchung des Grundwassers, wenn bei Einsatz des Bodenluftverfahrens Störeinflüsse zu befürchten sind;
- aufwendige Erkundung auch des liegenden Grundwasserleiters erforderlich, wenn Verdacht auf Abwanderung von flüssiger HKW-Phase in größere Tiefen besteht (Aufwand jedoch nur lohnend, wenn Porengrundwasservorkommen wasserwirtschaftliche Bedeutung hat);
- Bau vollkommener Meßstellen, wenn der Porengrundwasserleiter geringmächtig ist; tiefenorientierte Positionierung der Filterstrecke, wenn kontaminiertes Kluftgrundwasser auch von unten in Lockergestein übertritt.

Typ 20:

- Suche eines Schadstoffherdes vom betroffenen Grundwasseraufschluß aus in der Regel ohne größere Aussicht auf Erfolg bzw. sehr aufwendig, wenn Karstgrundwasserleiter vorliegt;
- Empfehlung, lediglich Emissionsquelle(n) an der Erdoberfläche einzugrenzen und zu eliminieren, wenn Fassungsanlage kontaminiert ist;
- methodisch sinnvolle kombinierte Boden- und Bodenluftuntersuchungen problematisch, wenn bindige Deckschichten fehlen;
- Schluß auf Abflußwege des kontaminierten Karstgrundwassers, wenn Kartierung von Dolinenreihen, Markierungsversuche, geophysikalische Messungen u.a.durchgeführt worden sind;
- Verzicht auf den Neubau von Grundwassermeßstellen, wenn wie üblich, das Risiko einer Fehlbohrung im Karst groß ist;
- negativer HKW-Befund in beprobten Grundwasseraufschlüssen kein Beleg für das Fehlen von Schad-stoffen im näheren Umkreis, wenn es sich um einen Karstgrundwasserleiter handelt.

4 Schlußfolgerungen

Ein „intelligentes" Informationssystem kann einen Grundwasserspezialisten zwar nicht ersetzen, bietet aber wertvolle Hilfestellung bei einer gesteuerten Bearbeitung von Schadensfällen; auch eine teilweise Automatisierung von Routinearbeiten ist möglich. Erkundungsmaßnahmen können zwecks Verdichtung der resultierenden Erkenntnisse und bei ständigem Abgleich mit Spezialistenwissen so lange gesteuert und einem rekursiven Prozeß unterworfen werden, bis Ergebnisse erzielt worden sind, die in Übereinstimmung stehen mit dem Wissen von Erkundungsexperten. Als entscheidender Vorteil ist auch zu sehen, daß Erfahrungen aus ähnlich gelagerten Fällen leichter weitergegeben und genutzt werden können. Szenarien, die sich nicht nur auf die hydrogeologischen Verhältnisse beschränken müssen, sind hervorragend dafür geeignet, u.a. die Rahmenbedingungen von aktuell zu bearbeitenden und als abgeschlossen geltenden Schadensfällen miteinander zu vergleichen und aus früheren Erfahrungen zu profitieren.

Der Verfasser hat auch die Vorstellung, daß rechnergestützt bei unvollkommener oder unsicherer Datenlage unsinnige oder zumindest voreilige Schlußfolgerungen z.B. im Hinblick auf eine Grundwassersanierung blockiert werden können. Selbst wenn nur eine problemgerechte Strukturierung der Daten als Minimalziel erreicht werden sollte, wäre dieses Ergebnis bereits als positiv zu bezeichnen.

5 Literatur

Dörhöfer, G. (1987) Geologische Standorttypen für Deponien – ein Ansatz zur Definition der geologischen Barriere. Ber. Nat. Tag. Ing.-Geol. 6, 21-38, Aachen

Honert, R., Toussaint, B. (1993) Eintrag, Transport und Erkundung von Schadstoffen in einem Grundwasserleiter als Informationssystem – dargestellt für HKW an ausgewählten hydrogeologischen Standorten. Jahresbericht 1992 der Hessischen Landesanstalt für Umwelt, S. 58-82, Wiesbaden

Kolmer, J. R. (1992) Comparative analysis of pump & treat remedial systems. Kurzfassung eines Vortrages, gehalten anläßlich des AGWSE-Workshops Aquifer Restoration: Pump and Treat and the Alternatives, 30.9.-2.10.1992, Las Vegas, Nevada

Toussaint, B. (1990) Kritische Anmerkungen zur Plausibilität der Gehalte leichtflüchtiger Halogenkohlenwasserstoffe in beprobten Umweltmedien. Schr. Angew. Geol. 9, 93-112, Karlsruhe

Toussaint, B. (1991) Einfluß der Probenahmetechnik auf die Ergebnisse qualitativer Grundwasseruntersuchungen unter besonderer Berücksichtigung von Grundwasserschadensfällen durch leichtflüchtige halogenorganische Verbindungen. Umweltplanung, Arbeits- u. Umweltschutz 121, 158-180, Wiesbaden.

Die Problematik der „Grenzwertlisten“

Reinhard Röder

1 Wie kam es zu der weitverbreiteten Anwendung von „Grenzwertlisten“?

Der allgemeine Ruf nach Grenzwertlisten zur Beurteilung von Grundwasserschäden begann vor ca. 10 Jahren immer lauter zu werden, da zu diesem Zeitpunkt allmählich das Problem der CKW-Verunreinigungen in voller Breite erkannt wurde. Die zuständigen Verwaltungen sahen sich angesichts des Mangels an naturwissenschaftlichem Fachpersonal kaum in der Lage, diese Flut zu beherrschen. Was man sich seitens der Verwaltungsbeamten und insbesondere Juristen von den Naturwissenschaftlern wünschte, waren Listen mit möglichst „gerichtsfesten“ Grenzwerten, mit denen möglichst auch Nichtfachleute durch einfachen Vergleich mit vorliegenden Analysenwerten Entscheidungen zur Gefahrenbewertung und Sanierungsnotwendigkeit fällen könnten.

Gerade dies empfanden viele Fachleute jedoch als Horrorvision, sie warnten vor den Gefahren einer schematischen Anwendung solcher Konzentrationswertelisten und wiesen auf die Notwendigkeit einer einzelfallspezifischen Bewertung hin. Es zeigte sich aber, daß – allen Warnungen zum Trotz – sich die Altlastenbranche nicht davon abhalten ließ, ihre Fälle auf der Basis von Listen zu bewerten, und da keine maßgeschneiderten vorhanden waren, scheute man sich nicht, alle möglichen greifbaren Listen aus benachbarten Bereichen anzuwenden.

Dies führte bei den oben angesprochenen Fachleuten zu der Einsicht, daß es besser sei, wenn man die Listenanwendung schon nicht verhindern könne, eigene Leitfäden zur Gefährdungsabschätzung zu entwickeln. Das geschah daraufhin – dem föderativen Aufbau unseres Landes entsprechend – nach- und nebeneinander in den verschiedenen Bundesländern, um die jeweiligen regionalspezifischen Gegebenheiten berücksichtigen zu können.

In all diesen Papieren wurde vor der schematischen Anwendung der Konzentrationswerte gewarnt und auf die im Einzelfall zu berücksichtigenden weiteren Faktoren wie Stoffmenge, Bindungsform, hydrogeologische Verhältnisse usw. hingewiesen. Die schematische Anwendung der Listen wurde damit aber nicht verhindert – und hierin liegt wohl die Hauptproblematik der Grenzwertlisten. Doch bevor darauf näher eingegangen wird, sollen vorher die wesentlichen Begriffe und ihre Bedeutung bzw. Ableitung erläutert werden.

2 Was versteht man unter „Grenzwerten" (Schwellenwerten)?

Der Begriff „Grenzwert", besser wäre „Schwellenwert", wird in den verschiedensten Bereichen als Überbegriff für Konzentrationswerte gebraucht, deren Überschreitung eine – jeweils unterschiedlich definierte – Bedeutung hat und manchmal auch ein bestimmtes Handeln mit sich bringt. Es werden somit darunter nicht irgendwelche Werte, sondern Werte für chemische Substanzen – und zwar im Zusammenhang mit der möglichen Exposition von Schutzgütern, insbesondere des Menschen – verstanden; es ist also die Rede von Stoffkonzentrationswerten.

In der Humantoxikologie werden solche Werte für verschiedene Bereiche festgelegt, in denen der Mensch gegenüber Chemikalien exponiert sein kann. Da die Kriterien ihrer Festsetzung uneinheitlich sind, haben Überschreitungen jeweils eine unterschiedliche gesundheitliche Bedeutung und lösen unterschiedliche Reaktionen aus.

Im Grundwasser- und Bodenschutz sind solche Werte z.B. unter den Bezeichnungen Grenz-, Richt-, Orientierungs-, Prüf- und Referenzwerte geläufig. Zur Klarstellung sollen die wesentlichen Bezeichnungen genauer definiert werden:

- *Grenzwerte* sind rechtlich verbindliche Werte, die nicht überschritten werden dürfen. Die Überschreitung hat rechtliche und ökonomische Folgen (TrinkwV).
- *Richtwerte* sind von zuständigen Gremien festgelegte Werte, nach denen man sich gemäß der dahinter stehenden Konzeption zu richten hat. Sie sind nicht allgemein rechtsverbindlich, aber als Verfahrensgrundlage allgemein akzeptiert.
- *Orientierungswerte* sind rechtlich nicht verbindliche Werte, bei deren Überschreitung keine rechtlichen oder ökonomischen Konsequenzen zu ziehen sind. Sie stellen als Vergleichsmaßstab eine Hilfe bei der Beurteilung eines Verunreinigungsgrades, einer Belastung oder einer Sanierungsschwelle dar.
    - *Referenz- bzw. Hintergrundwerte* sind Orientierungswerte, die den geogenen Hintergrund, ggf. einschließlich der ubiquitären Grundbelastung, charakterisieren.
    - *Prüfwerte* sind Orientierungswerte, bei deren Unterschreitung der Gefahrenverdacht in der Regel als ausgeräumt gilt. Bei Überschreitung ist eine weitere Sachverhaltermittlung geboten.

- *Maßnahmen(schwellen)werte* sind Orientierungswerte, deren Überschreitung in der Regel weitere Maßnahmen, z.B. eine Sanierung (Dekontamination oder Sicherung), auslöst.
- *Sanierungszielwerte* sind Orientierungswerte, die einen Anhaltspunkt dafür geben, bis zu welcher Restkontamination bzw. -emission ein Schadensherd zu sanieren ist.

Allgemein rechtsverbindlich sind, wie oben erläutert, die Grenzwerte. Rechtsverbindlichen Charakter erhalten aber auch Richt- und Orientierungswerte, wenn sie im Zuge der Einzelfallbewertung in entsprechende Anordnungen und Bescheide der zuständigen Behörde aufgenommen werden.

Im folgenden werden alle vorgenannten Werte unter dem Begriff *Schwellenwerte*, der als Überbegriff besser geeignet ist als „Grenzwerte“, zusammengefaßt.

3 Wie werden Schwellenwerte festgelegt?

Bevor man sich mit der Art und Weise befaßt, wie Schwellenwerte festgelegt werden, sollte man sich ins Bewußtsein rufen, daß eine schädliche (unerwünschte) und eine erwünschte Dosis sehr nahe zusammenliegen können. So können z.B. lebenswichtige Vitamine bei Überdosierung toxisch wirken.

Aus dieser Erkenntnis wird des weiteren deutlich, daß nicht eine bestimmte Konzentration, sondern eine Stoffmenge, eine Dosis in Zusammenhang mit dem Faktor Zeit die Schadwirkung auslöst. Bei der Festlegung von toxikologisch begründeten Schwellenwerten wird immer die mögliche Exposition des Schutzgutes mit dem kontaminierten Kontaktmedium zugrundegelegt. Ausgehend von der Exposition wird auf die höchstzulässige Konzentration, den „Grenzwert“, im Kontaktmedium zurückgerechnet. Ein Grenzwert ist also immer in Zusammenhang mit der Exposition bzw. Dosis oder aufgenommenen Stoffmenge zu sehen. Schwellenwerte ohne diesen Bezug auf ein Schutzgut verlieren ihren Sinn.

In der Vergangenheit ist man in der Toxikologie bei der Schwellenwertfindung nach dem *Nachbesserungsprinzip* vorgegangen. Wird eine schädliche Wirkung bei Exposition mit einem Kontaktmedium festgestellt, so legt man eine zulässige Schwellenkonzentration für das Medium fest, unterhalb derer die schädliche Wirkung ausbleibt. Diese empirische Vorgehensweise ist kostengünstig und hat sich häufig – falls negative Folgen für das Schutzgut rechtzeitig erkannt und verhindert werden – durchaus bewährt. In dieser Weise wurde z.B. der Fluoridgrenzwert für Trinkwasser ermittelt.

Größere Sicherheit gewährt das *Schadensverhütungsprinzip*. Dabei sind für die Festlegung und die Qualität von Schwellenwerten Informationen über das Wirkprofil (chronisch und akut) einer Substanz von entscheidender Bedeutung. Die Festlegung erfolgt auf der Basis von ermittelten NOEL-Werten (**n**o **o**bserved **e**ffect **l**evel). Unter Einbeziehung von Sicherheitsfaktoren gelangt man zu den ADI- (**a**cceptable **d**aily **i**ntake) bzw. DTA- (**d**uldbare **t**ägliche **A**ufnahme) Werten. Auch diese Vorgehensweise hat einige Schwachpunkte:

- Es gibt keine NOEL-Werte für karzinogene und mutagene Stoffe (deshalb **t**echnische **R**icht**k**onzentrationen, TRK-Werte).
- Synergieeffekte bleiben unberücksichtigt.
- Die Übertragbarkeit von Tierversuchsergebnissen auf den Menschen ist fraglich.

Die Öffentlichkeit geht meist davon aus, daß Schwellenwerte rein wissenschaftlich festgesetzt werden. Das ist jedoch nicht der Fall. Die Wissenschaft liefert zwar in Form der Risikoabschätzung die erforderlichen gesundheitsrelevanten Grundlagen; die Abwägung zwischen Restrisiko und Nutzen, die den letzten Schritt der Schwellenwertfindung darstellt, fällt dagegen nicht mehr auf der toxikologischen, sondern auf der politischen Ebene. Das kann dazu führen, daß wissenschaftlich festgelegte Grenzwerte im Einzelfall nachträglich verschärft oder angehoben werden.

4 Welche Probleme gibt es bei der Festlegung von Schwellenwerten?

Die Festlegung von Schwellenwerten, insbesondere von Grenzwerten, erfolgt primär wirkungsorientiert auf der Basis toxikologischer und sonstiger naturwissenschaftlicher Erkenntnisse oder auch aufgrund von Konventionen. Dabei treten jedoch Probleme auf, die oft nur unvollständig zu beherrschen sind:

- Die analytische Überwachbarkeit muß gegeben sein, d.h., die Nachweisgrenzen, die Zugänglichkeit der Kontrollmedien, die einhaltbare Kontrollhäufigkeit usw. sind zu beachten (Bsp. BGA-Empfehlung zu Vinylchlorid im Trinkwasser).
- Die Festlegung von Sicherheitsfaktoren bzw. von Sicherheitsabständen zum toxischen Bereich muß z.T. auf der Basis von Schätzungen erfolgen.
- Die Datenlage zur akuten und chronischen Humantoxizität ist oft unvollständig; noch unvollständiger ist die Datenlage bei den ökotoxikologischen Auswirkungen.
- Die Festlegung eines Grenzwertes setzt die Definition z.B. eines „Durchschnittsmenschen" mit „Durchschnittsgewohnheiten" (Essen, Trinken, Aufenthalt im Freien usw.) und „Durchschnittsempfindlichkeit" voraus (wieviel Erde ißt ein durchschnittliches Krabbelkind?).
- Synergieeffekte verschiedener Stoffe sind wissenschaftlich praktisch nicht zu erforschen und bleiben damit unberücksichtigt.

– Die Bewertung nur anhand fester Grenzwertschwellen ergibt als Resultat eine Schwarz-Weiß-Welt, die der Realität nicht entspricht.

5 Schwellenwerte zur Beurteilung von Grundwasserschadensfällen

Grenzwerte im engeren Sinn zur Gefahrenbewertung von Altlasten und Schadensfällen gibt es nicht. In Ermangelung von eigenen Bewertungslisten wurden im Altlasten-/Schadensfallbereich häufig mehr oder weniger einschlägige Grenzwertlisten aus anderen Bereichen im übertragenen Sinn angewandt. So wurden im Auftrag des Landesamtes für Wasser und Abfall, Nordrhein-Westfalen, im Jahre 1989 (LWA-Materialien 1989b) ca. 60 Regelwerke aus den Bereichen Trinkwasser, Grundwasser, Oberflächenwasser, Boden, Luft, Lebens- und Futtermittel auf ihre Anwendbarkeit bei der Untersuchung und Beurteilung von Untergrundverunreinigungen überprüft und Empfehlungen zu deren Anwendung gegeben. In nachstehender Tabelle sind einige der untersuchten Listen genannt.

Tabelle 1. Regelwerke mit Schwellenwerten

für Wasser	für den Boden
- Trinkwasserverordnung v. 05.12.1990	- Klärschlammverordnung v.15.4.92
- EG-RiLi über die Qualität von Wasser für den menschl. Gebrauch v. 30.8.80	- Leidraad Bodemsanering, NL, 11/88
- WHO-Guidelines for drinking water quality	- LÖLF/NRWMindestuntersuchungsprogramm Kulturböden 01/1988
- EG-RiLi über die Qual. v. Oberflächenwasser für die Trinkwassergewinnung	- EG-RiLi für die Verwendung von Klärschlamm v. 12.06.1988
- EG-RiLi über den Schutz des Grundwassers v. 17.12.79	- TA Siedlungsabfall v. 14.5.93
- AbwasserVwV und Rahmen-AbwasserVwV	- TA Sonderabfall v. 12.3.1991
- DVGW-Arbeitsblatt W151, Juli 1975	- Richtwerte `80 f. Kulturböden v. A. Kloke, VDLUFA-Heft 1-3, 1980

Ganz besonderer Beliebtheit erfreut(e) sich der niederländische „Leidraad Bodemsanering", die sog. „Hollandliste", die 1985 herausgegeben und 1988 fortgeschrieben wurde (Niederländischer Leitfaden zur Bodensanierung 1988). Dies geschah sicher nicht ganz zu Unrecht, denn sie war die einzige der in Tabelle 1 aufgelisteten Regelungen, die eigens für die Bewertung von kontaminiertem Boden und Grundwasser und nicht für andere Zwecke erlassen wurde. Die deutschen Länder zogen dann in den folgenden Jahren nach und brachten eigene Leitfäden zur Bewertung von Boden- und Grundwasserverunreinigungen heraus, die sich häufig an der Hollandliste direkt orientierten. Es soll inzwischen in Deutschland 27 verschiedene Listen mit mehr oder weniger abweichenden Orientierungswerten geben. Alle Listen weisen aber ein weitgehend ähnliches Grundprinzip, das sogenannte 3-Bereiche-System auf, das auch der Hollandliste zugrunde liegt:

- Der *untere Bereich* („*Unbedenklichkeitsbereich*") liegt zwischen dem Referenz-, Hintergrund- oder Nullwert (A-Wert) und einem Prüfwert (Stufe-1-Wert, B-Wert usw.), der den Übergang können. Als Prüfwert für Grundwasser wird dabei – soweit vorhanden – in der Regel auf den Trinkwassergrenzwert zurückgegriffen.
- Wird der Prüfwert überschritten, so ist dies in der Regel als deutlicher Hinweis auf einen unerwünschten anthropogenen Stoffeintrag zu werten, der näher zu prüfen ist. Mit dem Überschreiten des Prüfwertes gelangt man somit in einen *mittleren Bereich* („*Bedenklichkeitsbereich*") der zwischen dem Prüfwert und einem Vielfachen des Prüfwertes, dem sog. Maßnahmenwert liegt.
- Mit Überschreiten des Maßnahmenwertes (Stufe-2-Wert, C-Wert, Sanierungsschwellenwert usw.) gelangt man in den *oberen Bereich* („*Gefahrenbereich*") .Es sind dann bei Bodenverunreinigungen auch Maßnahmen zum Grundwasserschutz zu erwägen, bzw. es ist bei entsprechend hohen Schadstoffkonzentrationen im Grundwasser die Sanierungserfordernis zu überprüfen.

Eine Übersicht der wesentlichen länderspezifischen Orientierungswerte ist denTabellen 2-8 im Anhang zu entnehmen.

Trotz der Vielzahl der Listen in den Bundesländern ist festzustellen, daß die Werte für die verschiedenen Grundwasser- und Bodenparameter nicht allzu sehr differieren. So orientieren sich die Grundwasserprüfwerte zur Erkennung einer anthropogenen Belastung z.B. durchweg an den Trinkwassergrenzwerten, die einmal als Maß für eine erkennbare Abweichung von den Hintergrundwerten anzusehen sind und zum andern Gesichtspunkte der Langzeittoxizität mit einfließen lassen. Bei den Bodenwerten wird häufig die Patenschaft der Hollandliste, ergänzt durch länderspezifische Erfahrungen, deutlich.

In den jeweiligen Hinweisen zur wasserwirtschaftlichen Anwendung der Orientierungswerte zur Gefährdungsabschätzung bei Schadensfällen und Altlasten kommen bei allen Länderregelungen die im Wasserhaushaltsgesetz (WHG) verankerten Prinzipien des ungeteilten Grundwasserschutzes zum Ausdruck. Dies bedeutet, daß die Gefahrenbewertung für das Grundwasser – dem als Rechtsgut gesetzlich verankerten hohen Rang entsprechend – rein schutzgutbezogen und unabhängig von Nutzungsaspekten zu erfolgen hat.

6 Die LAWA-Liste vom Oktober 1993

Um zu einer einheitlichen Bewertung von Grundwasserschäden in Deutschland zu kommen, hat die Länderarbeitsgemeinschaft Wasser (LAWA) im Jahre 1991 begonnen, die unterschiedlichen Länderregelungen zusammenzuführen – mit dem Ziel, eine bundeseinheitliche Liste mit Orientierungswerten zur Behandlung von Grundwasserschäden zu schaffen. In diese LAWA-Liste flossen die bisherigen Erfahrungen mit den Länderlisten ein. Zudem wurden bei der Festlegung der Prüf- und Maßnahmenwerte neuere Erkenntnisse der toxikologischen Bewertung von Grundwasserverunreinigungen der Landesanstalt für Umweltschutz Baden-Württemberg (v.d. Trenck et al. 1993) berücksichtigt. Die LAWA-Empfehlungen wurden im Oktober 1993 von der Umweltministerkonferenz verabschiedet. Sie werden demnächst unter dem Titel "Empfehlungen zur Erkundung, Bewertung und Sanierung von Grundwasserschäden" veröffentlicht.

Die LAWA-Empfehlungen enthalten – als Ausgangspunkt für die Einzelfallbewertung – drei Tabellen mit Orientierungswerten, d.h. zwei Tabellen mit Prüf- und Maßnahmenschwellenwerten zur Beurteilung von Grundwasserbelastungen und Bodeneluaten sowie eine Tabelle mit Orientierungswerten für organische Kontaminanten zur wasserwirtschaftlichen Beurteilung von Bodenkontaminationen (s. Anhang). Es wird deutlich darauf hingewiesen, daß die Orientierungswerte nicht starr und schematisch anzuwenden sind, da Konzentrationswerte allein nicht zur Bewertung einer Untergrundverunreinigung ausreichen.

Die Tabelle 2 enthält Prüfwerte für die Basisparameter der allgemeinen Grundwasseruntersuchung, wobei es sich dabei um Differenzwerte zum geogenen Hintergrund bzw. zwischen Vorfeld- und Abstrommeßstellen handelt. Der Vergleich von Analysenwerten mit den Prüfwerten soll Anhaltspunkte für das Vorliegen einer punktförmigen, anthropogenen Grundwasserbeeinträchtigung liefern, der ggf. mit weiteren Untersuchungen nachzugehen ist.

Die Tabelle 3 enthält Prüf- und Maßnahmenschwellenwerte für branchenspezifische Leitparameter in Grundwasserproben. Diese Orientierungswerte sind auch zur Bewertung von realen Bodeneluaten anwendbar. Einerseits als Kompromiß zwischen den bestehenden Länderregelungen, andererseits um deutlich zu machen, daß es sich (nur) um Orientierungswerte, die als Ausgangspunkt für eine Einzelfallbewertung dienen sollen, handelt, wurden keine einzelnen diskreten Schwellenwerte, sondern Wertebereiche angegeben. Man glaubt, dadurch besser auf die bestehende Spannbreite der einzelfallbezogenen Bewertung, bei der neben der Konzentration eines Stoffes gleichermaßen dessen Menge (bzw. Fracht) und Ausbreitungsverhalten sowie standortbezogene Faktoren zu berücksichtigen sind, hinzuweisen.

Werden die Maßnahmenschwellenwerte überschritten, so liegt – unabhängig von einer Nutzung – in der Regel ein Grundwasserschaden vor, der weitere Maßnahmen erforderlich macht.

Die Tabelle 4 enthält vorläufige Orientierungswerte für Stoffkonzentrationen an leichtflüchtigen und lipophilen organischen Kontaminanten in der Originalbodenprobe (in mg/kg). Für diese Stoffe stehen zur Zeit keine aussagekräftigen Analysenverfahren zur Abschätzung des im Untergrund mobilisierbaren Anteils zur Verfügung. Eine gemeinsame Arbeitsgruppe der Länderarbeitsgemeinschaften für Wasser, Abfall und Boden soll in der nächsten Zeit Empfehlungen zur Bewertung von Bodenverunreinigungen aus der Sicht des Grundwasserschutzes erarbeiten.

Die LAWA hat sich bei der Behandlung von Grundwasserschäden für eine Einzelfallbewertung, unterstützt durch Listen mit Orientierungswerten, entschieden. Man glaubt, damit gut auszukommen, da beim Grundwasserpfad – der Rechtslage entsprechend – nicht das Schutzgut Mensch, sondern das Schutzgut Grundwasser selbst zu betrachten ist. Eine Schädigung des Grundwassers läßt sich in der Regel in befriedigender Weise anhand von Listen erkennen. Ebenso kann die Gefährdung des Grundwassers durch Bodenkontaminationen meistens in ausreichender Weise mit geeigneten Eluatuntersuchungen unter Zuhilfenahme von Orientierungswertelisten abgeschätzt werden.

Schwieriger wird es, wenn man bei einer im Einzelfall nachgewiesenen Gefährdung des Grundwassers die erforderlichen Maßnahmen zur Gefahrenabwehr ermitteln will. Hier spielen, insbesondere bei der Festlegung der Sanierungsprioritäten und bei Kosten-Nutzen-Überlegungen, weitere Aspekte eine Rolle. So sind die Expositionsfaktoren, insbesondere die Funktion des Grundwasserpfades als Kontaktmedium zum Menschen, zu betrachten. Im Gegensatz zur Gefährdungsabschätzung, die beim Grundwasser nutzungsunabhängig ist, spielen bei der Prioritätenermittlung und der Sanierungsplanung (Prinzip der Verhältnismäßigkeit der Mittel) Nutzungsaspekte eine wesentliche Rolle.

7 Gibt es Alternativen zu den Listen?

Es mangelt nicht an Ansätzen, die routinemäßige Bewertung von Untergrundverunreinigungen auf eine mehr wissenschaftliche Basis zu stellen und die Randbedingungen des Einzelfalls mehr in eine normierte Gefährdungsabschätzung miteinzubeziehen. Dies betrifft aber hauptsächlich die auf den Menschen zielenden Gefährdungspfade. Die meisten der publizierten Verfahren (z.B. UMS, PRISAL, MAGMA; Eikmann u. Kloke 1991 und teilweise auch Kerndorff et al.) haben diesen anthropozentrischen Ansatz. Sie bewerten nicht oder nicht primär die Gefährdung des Grundwassers, sondern sehen das Grundwasser (nur) als Kontaktmedium für den Menschen.

Es ist klar, daß man bei dieser Betrachtungsweise nur dann eine Gefahr sieht, wenn der Mensch mit dem Grundwasser in Berührung kommt, z.B. wenn eine Nutzung als Trink- oder Brauchwasser erfolgt.

Dies wird aber den gesetzlichen Vorgaben des Grundwasserschutzes nicht gerecht. Eine Grundwasserbelastung und eine Gefährdung ist aus wasserwirtschaftlicher Sicht zunächst unabhängig von einer etwaigen Nutzung zu beurteilen. Erst bei der Festlegung von Sanierungsprioritäten und den angemessenen Maßnahmen zur Sanierung oder Gefahrenabwehr können Nutzungsaspekte einfließen. Insofern sieht die Wasserwirtschaft derzeit keine Alternativen zu der mit Orientierungswerten unterstützten Einzelfallbewertung.

8 Zusammenfassung und Ausblick

Die Wasserwirtschaftsverwaltung kann (derzeit) ohne Orientierungswerte als Vorgaben zur Bewertung von Grundwasserschäden und -gefährdungen nicht auskommen. Sie bilden die Ausgangsbasis für eine standortspezifische Einzelfallbewertung und tragen als landesweite – und künftig bundesweite – einheitliche Entscheidungsbasis dazu bei, behördliche Stellungnahmen kalkulierbar und nachvollziehbar zu machen. Auch dem Entwurf des Bundesbodenschutzgesetzes ist zu entnehmen, daß für die Gefahrenbewertung von Altlasten bundeseinheitliche Orientierungswerte in Form von nachgesetzlichen Regelungen vorgesehen sind.

Wesentliche Voraussetzung für den Erfolg von Orientierungswertelisten ist die entsprechende Vorgabe der Untersuchungsbedingungen (Probenahme und Analytik) und die Sicherstellung eines hohen Qualitätsstandards der chemischen Untersuchungslabors. Dem wurde bislang zu wenig Bedeutung beigemessen. Notwendig ist die alsbaldige bundesweite Umsetzung der Kriterien zur analytischen Qualitätssicherung (AQS), wie sie die LAWA formuliert hat, gekoppelt mit einem Zulassungsverfahren für Labors und Gutachter.

Orientierungswertebereiche mit Anwendung von Biotests – wie von der LAWA empfohlen – unter Einbeziehung einer medienübergreifenden Abwägung sind besser als starre Grenzwerte. Sie lassen Platz für vernünftige einzelfallbezogene Abwägungen und ein stufenweises Vorgehen, bei dem die jeweiligen Anforderungen an die tatsächlich im konkreten Fall erzielbaren Fortschritte angepaßt werden können. Bei diesem Vorgehen können und müssen neben der Stoffkonzentration in die Abwägung eingehen:

- andere stoffbezogene Größen (Bindungsform, Menge, Fracht usw.),
- Standortfaktoren (Hydrogeologie, Hydrologie, Nutzung usw.) und
- die zeitliche Dimension (Schadensalter, gestuftes Vorgehen, Zwischenlösung).

Zu beachten ist, daß Orientierungswerte meist nicht auf unumstößlichen wissenschaftlichen Erkenntnissen beruhen und daher auch nicht dem Anspruch genügen können, in allen Fällen und auf ewige Zeit ihre Gültigkeit zu haben. Sie beruhen vielmehr in der Regel auf Konventionen und Kompromissen, sind also eher zufällig ausgewählt, haben große Unsicherheitsfaktoren und unterliegen einem zeitlichen Wandel. Dies sollte den Anwender ermuntern, im begründeten Fall bei einer Einzelfallbewertung durchaus auch „nach oben" abzuweichen, also höhere Konzentrationen zuzulassen, als den Listenwerten entspricht, wenn günstige hydrogeologische Bedingungen oder weitgehend immobile Schadstoffe vorliegen. So lassen die Orientierungswerte Spielraum für angemessenes Handeln, setzen aber hierfür Fachkompetenz, Erfahrung und auch etwas Mut voraus.

Normierte, angeblich schutzgut- und nutzungsorientierte, rechnergestützte Bewertungsverfahren sind derzeit noch nicht ausgereift. Sie stellen daher (noch?) keine brauchbare Alternative zu den Wertelisten, gekoppelt mit einer sachkundigen Einzelfallbewertung, dar. Sie bergen zudem – noch mehr als die Wertelisten – die Gefahr einer sachunkundigen, schematischen Anwendung als „Black box" in sich: Man braucht sie nur mit Analysenwerten zu „füttern", und es werden fertige Lösungen „ausgespuckt". Auch würden sie stärker als Orientierungswerte zu einem ausufernden Vereinheitlichungsstreben, zu übermäßiger Regelungsdichte auf vielleicht falschem Niveau und fachunkundiger, anonymisierter Verantwortlichkeit führen. Der vermeintliche Zeitgewinn bei der Entscheidungsfindung würde diese Nachteile nicht aufwiegen.

Literatur

Bayer. Landesamt für Wasserwirtschaft (LfW) (1989) Rundschreiben zur Behandlung von Grundwasserverunreinigungen durch LHKW. München

Bayer. Landesamt für Wasserwirtschaft (LfW) (1991) Hinweise zur wasserwirtschaftlichen Bewertung von Untersuchungsbefunden über Grundwasser- und Bodenbelastungen. Slg-LfW München

Bayer. Staatsministerien des Innern und für Landesentwicklung und Umweltfragen (BStMI und BStMLU) (1990) Altlasten-Leitfaden für die Behandlung von Altablagerungen und kontaminierten Standorten in Bayern. München

Bracke, R., Bensen, L., Doetsch, P., Kötter. L. (1994) Systematik zur Prioritätenermittlung bei der Sanierung von Altlasten – PRISAL. In: Sanierung kontaminierter Standorte, FGU Berlin

Bundesverband Deutscher Geologen e.V. (BDG) (1990) Höchstmengenwerte für Schadstoffe in Boden, Grundwasser und Luft. Schriftenreihe des BDG, H. 5, Bonn

Doetsch, P., Simmleit, N. et al. (1994) Expositionsabschätzung und -beurteilung von Altlastverdachtsflächen mit dem UMS-Verfahren. In: Sanierung kontaminierter Standorte, FGU Berlin

Eikmann, T., Kloke, A. (1991) Nutzungs- und schutzgutbezogene Orientierungswerte für (Schad-) Stoffe in Böden. In: Rosenkranz, Einsele, Harreß (Hrsg.): Handbuch Bodenschutz, 3590, 1-19, Berlin

Eikmann, T., Kloke, A. (1992) Ableitungskriterien für nutzungs- und schutzgutbezogene Orientierungswerte für (Schad-)Stoffe in Böden. Müll u. Abfall 11/92, 789-805

Evers, U., Viereck-Götte, L. (1993) Ableitung von wissenschaftlich begründeten nutzungs- und schutzgutbezogenen Prüfwerten für Bodenverunreinigungen. Studie erstellt im Auftrag des Bayer. StMLU und der AG Prüfwerte des LAGA-Ausschusses "Altlasten", Gelsenkirchen

GSF – Gesellschaft für Strahlen und Umweltforschung (1989) Dicke Luft in Innenräumen. Magazin Mensch und Umwelt, 5. Ausgabe,(2/89), München

Hofmann, O. (1993) Festlegung von Grenzwerten und deren Bewertung. Neue DELIWA-Zeitschrift Heft 3/93, S. 92-98

Hoppe, C. (1994) Modell zur Abschätzung der Gefährdung durch Altlasten (MAGMA). In: Sanierung kontaminierter Standorte, FGU Berlin

Kerndorff, H. et al. (1993) Bewertung der Grundwassergefährdung durch Altablagerungen. WaBoLu-Hefte Nr. 1/93, Berlin

Kerndorff, H. et al. (1994) Bewertung der Grundwassergefährdung von Altablagerungen – Standardisierte Methoden und Maßstäbe. In: Kongreß Grundwassersanierung, IWF Berlin

Länderarbeitsgemeinschaft Abfall (LAGA) (1991) Erfassung, Gefährdungsabschätzung und Sanierung von Altlasten. Mtlgn. der LAGA 15, Bd. 35, E. Schmidt-Verlag, Berlin

Länderarbeitsgemeinschaft Wasser (LAWA) (1993) Empfehlungen für die Erkundung, Bewertung und Behandlung von Grundwasserschäden – mit Verweisen auf die bestehenden Länderregelungen zur Behandlung von Grundwasserschäden

Landesamt für Wasser und Abfall (LWA) NRW (1989a) Materialien zur Ermittlung und Sanierung von Altlasten; Untersuchungen über ein Konzept zur Ermittlung von Grundwassergefährdungen durch Altablagerungen und Altstandorte. LWA-Materialien Bd. 1, Düsseldorf

Landesamt für Wasser und Abfall (LWA) NRW (1989b) Materialien zur Ermittlung und Sanierung von Altlasten; Anwendbarkeit von Richt- und Grenzwerten. LWA-Materialien Bd. 2, Düsseldorf

Landesamt für Wasser und Abfall (LWA) NRW (1992) Materialien zur Ermittlung und Sanierung von Altlasten; Mobilisierung von Schwermetallen in Porenwässern von belasteten Böden und Deponien; Entwicklung eines aussagekräftigen Elutionsverfahrens. LWA-Materialien Bd. 6, Düsseldorf

Ministerien für Umwelt sowie für Arbeit, Gesundheit und Sozialordnung B-W (1993) Gemeinsame Verwaltungsvorschrift über Orientierungswerte für die Bearbeitung von Altlasten und Schadensfällen. Gemeinsames Amtsblatt des Landes B-W Nr. 33, S. 1115-1123 (30.11.1993)

Niederländischer Leitfaden zur Bodensanierung (Leidraad Bodemsanering) (1988) Sdu uitgeverij, 's-Gravenhage

Pudill, R. (1992) Die Grenzwertproblematik im Umweltbereich. LaborPraxis 16, Vogel-Verlag

Umweltmagazin Special (1990) Grenzwerte – Seminar für Umwelt und Gesundheitspolitiker zur Grenzwertproblematik am 12./13.01.1990 in Deidesheim. UmweltMagazin Heft 7/90, Vogel Verlag Würzburg

Von der Trenck, K.T., Ruf, J. (1994) Grundlagen der konzentrationsbezogenen Bewertung anhand von Risiko-Kennlinien. In: Kongreß Grundwassersanierung, IWF Berlin

Von der Trenck, K.T. et al. (1993) Zusammenführung von Altlastenbewertung und Sanierungszielfindung. Z. Umweltchem. Ökotox. 5 (3) 135-144, ecomed-Verlag Landsberg

Anhang: Tabellen 2-8

Tabelle 2. Prüfwerte der LAWA für Basisparameter zur Vor- und Hauptuntersuchung von Grundwasser

Parameter	Einheit	Mindeständerung im Vergleich zum Oberstrom (Differenzwert)	Voruntersuchung[7]
Färbung (visuell) [1]		Verfärbung	+
Trübung (visuell) [1]		Eintrübung	+
Geruch (qualitativ) [1]		deutlicher Fremdgeruch	+
Temperatur (t) [1] [2]		deutliche Änderung	+
Leitfähigkeit (bei 20 °C) [1]	µS/cm	+ 200 [3]	+
pH-Wert (bei t) [1]		± 0,3 bis 1,0 [4]	+
Calcitlösekapazität ($CaCO_3$)	mg/l	deutliche Änderung	
Säurekapazität bis pH 4,3 ($K_{S\ 4,3}$)	mmol/l	± 1 [3]	+
Basekapazität bis pH 8,2 ($K_{B\ 8,2}$)	mmol/l	± 0,5	+
Sauerstoff, gelöst (O_2) [1]	mg/l	- 3	+
Calcium (Ca^{2+})	mg/l	+ 20 [3]	+
Magnesium (Mg^{2+})	mg/l	+ 10 [3]	+
Natrium (Na^+)	mg/l	+ 20 [3]	
Kalium (K^+)	mg/l	+ 10 [3]	
Mangan, gesamt (Mn)	mg/l	deutliche Änderung	
Eisen, gesamt (Fe)	mg/l	deutliche Änderung	
Ammonium (NH_4^+)	mg/l	+ 0,3 [5]	+
Chlorid (Cl^-)	mg/l	+ 30 [3]	+
Sulfat (SO_4^{2-})	mg/l	± 30 [6][3]	+
Nitrat (NO_3^-)	mg/l	± 10	+
Nitrit (NO_2^-)	mg/l	+ 0,3	
Phosphat, ortho (PO_4^{3-})	mg/l	+ 0,2	
Kieselsäure (SiO_2)	mg/l	+ 10	
Oxidierbarkeit (Permanganatindex) (O_2)	mg/l	+ 3 [5]	+
Gel. organisch geb. Kohlenstoff (DOC)	mg/l	+ 4 [5]	+
Spektr. Absorptionskoeffizient 436 nm	m^{-1}	+ 5	
Spektr. Absorptionskoeffizient 254 nm	m^{-1}	+ 5	
Leichtflüchtige Halogenkohlenwasserstoffe (LHKW, gesamt)	µg/l	+ 5 [5]	+
Adsorbierbare org. geb. Halogene (AOX)	µg/l	+ 20 [5]	+
Bor (B)	mg/l	+ 0,1	+
Biotest (Daphnien- oder Leuchtbakterientest)		Toxische Wirkung im unverdünnten Grundwasser	
Koloniezahl	1/ml	deutliche Änderung	

1) Bestimmung bei der Probenahme vor Ort
2) Bei Grundwassertemperaturänderungen sind ggf. die Einflüsse von Bauwerksgründungen und Oberflächenwasserinfiltration zu berücksichtigen.
3) In einigen Grundwasserleitern liegt aufgrund der geogenen Grundbelastung die natürliche Schwankungsbreite in der o.a. Größenordnung
4) pH-Änderungen sind im Zusammenhang mit dem Pufferungsvermögen des Wassers zu bewerten
5) Bei höherer Vorbelastung: + 25 %
6) Bewertung einer Konzentrationsabnahme nur unter der Voraussetzung, daß auch eine Denitrifikation stattgefunden hat
7) Im Rahmen der Voruntersuchung ist primär auf die mit + gekennzeichneten Parameter zu untersuchen.

Tabelle 3. Prüf- und Maßnahmenschwellenwerte der LAWA für einige Leitparameter der Hauptuntersuchung von Grundwasser

Parameter	Einheit	Prüfwert	Maßnahmenschwellenwert
Antimon (Sb)	µg/l	2 - 10	20 - 60
Arsen (As)	µg/l	2 - 10	20 - 60
Barium (Ba)	µg/l	100 - 200	400 - 600
Blei (Pb)	µg/l	10 - 40	80 - 200
Cadmium (Cd)	µg/l	1 - 5	10 - 20
Chrom, gesamt (Cr)	µg/l	10 - 50	100 - 250
Chrom VI (Cr)	µg/l	5 - 20	30 - 40
Kobalt (Co)	µg/l	20 - 50	100 - 250
Kupfer (Cu)	µg/l	20 - 50	100 - 250
Molybdän (Mo)	µg/l	20 - 50	100 - 250
Nickel (Ni)	µg/l	15 - 50	100 - 250
Quecksilber (Hg)	µg/l	0,5 - 1	2 - 5
Selen (Se)	µg/l	5 - 10	20 - 60
Zink (Zn)	µg/l	100 - 300	500 - 2000
Zinn (Sn)	µg/l	10 - 40	80 - 200
Cyanid, gesamt (CN^-)	µg/l	30 - 50	100 - 250
Cyanid, frei (CN^-)	µg/l	5 - 10	20 - 50
Fluorid (F^-)	µg/l	500 - 1500	2000 - 3000
PAK, gesamt [1)]	µg/l	0,1 - 0,2	0,4 - 2
- Naphthalin als Einzelstoff	µg/l	1 - 2	4 - 10
LHKW, gesamt [2)]	µg/l	2 - 10	20 - 50
- Σ LHKW, karzinogen [3)]	µg/l	1 - 3	5 - 15
PBSM, gesamt [4)]	µg/l	0,1 - 0,5	1 - 3
PCB, gesamt [5)]	µg/l	0,1 - 0,5	1 - 3
Kohlenwasserstoffe [6)] (außer Aromaten)	µg/l	100 - 200	400 - 1000
BTX-Aromaten, gesamt [7)]	µg/l	10 - 30	50 - 120
- Benzol als Einzelstoff	µg/l	1 - 3	5 - 10
Phenole, wasserdampfflüchtig	µg/l	10 - 20	30 - 100
Chlorphenole, gesamt [8)]	µg/l	0,5 - 1	2 - 5
Chlorbenzole, gesamt [8)]	µg/l	0,5 - 1	2 - 5

1) PAK, gesamt: Summe der polycyclischen aromatischen Kohlenwasserstoffe, in der Regel Summe von 16 Einzelsubstanzen nach der Liste der US Environmental Protection Agency (EPA) ohne Naphthalin; ggf. unter Berücksichtigung weiterer relevanter Einzelstoffe (z.B. Methylnaphthaline)
2) LHKW, gesamt: Leichtflüchtige Halogenkohlenwasserstoffe, d.h. Summe der halogenierten C_1- und C_2-Kohlenwasserstoffe
3) Σ LHKW, karzinogen: besondere Festlegung für die Summe der erwiesenermaßen karzinogenen LHKW Tetrachlormethan (CCl_4), Chlorethen (Vinylchlorid C_2H_3Cl) und 1,2-Dichlorethan
4) PBSM, gesamt: Organisch-chemische Stoffe zur Pflanzenbehandlung und Schädlingsbekämpfung einschließlich ihrer toxischen Hauptabbauprodukte
5) PCB, gesamt: Summe der polychlorierten Biphenyle; in der Regel Bestimmung über die 6 Kongeneren nach Ballschmiter gemäß Altöl-VO (DIN 51527), ggf. unter Berücksichtigung weiterer relevanter Einzelstoffe (DIN-Entwurf 38407-F3)
6) Bestimmung mittels IR-Spektroskopie nach DIN 38409-H18
7) BTX-Aromaten, gesamt: Leichtflüchtige aromatische Kohlenwasserstoffe (Benzol, Toluol, Xylole, Ethylbenzol, Styrol, Cumol etc.); besondere Festlegung für Benzol
8) Wenn ein PBSM (z.B. PCP, HCB) oder ein Abbauprodukt eines PBSM vorliegt, dann gelten die o.a. Prüf- bzw. Maßnahmenschwellenwerte für PBSM

Tabelle 4. Orientierungswerte der LAWA für Bodenbelastungen[9)]

Parameter	Einheit	Prüfwert	Maßnahmenschwellenwert
PAK, gesamt 1)	mg/kg	2 - 10	10 - 100
- Naphthalin als Einzelstoff	mg/kg	1 - 2	5
LHKW, gesamt 2)	mg/kg	1 - 5	5 - 25
- Σ LHKW, karzinogen 3)	mg/kg	0,1 - 1	0,1 - 5
LHKW, gesamt 2) - in der Bodenluft 8)	mg/m^3	5 - 10	50
PCB, gesamt 5)	mg/kg	0,1 - 1	1 - 10
Kohlenwasserstoffe 6) (außer Aromaten)	mg/kg	300 - 1000	1000 - 5000
BTX-Aromaten, gesamt 7)8)	mg/kg	2 - 10	10 - 30
- Benzol als Einzelstoff	mg/kg	0,1 - 0,5	0,5 - 3
Phenole, wasserdampfflüchtig	mg/kg	1 - 10	10 - 25
Chlorphenole, gesamt	mg/kg	1 - 5	5 - 10
Chlorbenzole, gesamt	mg/kg	1 - 5	5 - 10

Fußnoten 1) bis 7) siehe Tabelle 2

8) Die Orientierungswerte für LHKW in der Bodenluft können mit Einschränkung auch für die Beurteilung von Belastungen mit leichtflüchtigen BTX-Aromaten herangezogen werden.

9) Es sind nur Orientierungswerte für leichtflüchtige und lipophile organische Stoffe genannt. Die Tabelle gibt hilfsweise als Übergangslösung zusätzlich Hinweise zur Bewertung. Sie gilt, bis wissenschaftlich fundierte Gesamtgehalte oder einheitliche, aussagekräftige Elutionsverfahren für diese Stoffe vorgelegt werden.

Tabelle 5. Grundwasser – Prüfwerte – Orientierungswerte einzelner Bundesländer, der LAWA und der Niederlande (NL) für Leitparameter bei Grundwasserschäden (Stand 27.12.1993)

Parameter (in µg/l)	B/Bbg.	He	SH	BW	HH	NS	BY	LAWA	NL(alt)
Antimon (Sb)	-	10	10	-	-	-	10	2-10	-
Arsen (As)	(40)[1]	10	10	0,5-10	-	10	10	2-10	30
Barium (Ba)	-	-	-	-	-	-	100	100-200	100
Blei (Pb)	40	40	40	1-10	-	10	40	10-40	50
Cadmium (Cd)	5	5	2,5	0,1-4	-	5	5	1-5	2,5
Chrom, gesamt (Cr)	50	50	50	0,5-5	-	10	50	10-50	50
Chrom VI (Cr)	20	-	-	-	-	-	-	5-20	-
Kobalt (Co)	50	-	-	-	-	-	50	20-50	50
Kupfer (Cu)	40	50	50	-	-	-	50	20-50	50
Molybdän (Mo)	-	-	-	-	-	-	20	20-50	20
Nickel (Ni)	50	50	50	1-15	-	50	50	15-50	50
Quecksilber (Hg)	1	1	0,5	0,1-0,5	-	1	1	0,5-1	0,5
Selen (Se)	-	-	-	-	-	-	10	5-10	-
Zink (Zn)	1000	200	200	20-2500	-	1000	200	100-300	200
Zinn (Sn)	40	-	-	-	-	10	30	10-40	30
Cyanid, gesamt (CN^-)	(50)[2]	50	50	5-30	-	10	50	30-50	50
Cyanid, frei (CN^-)	5	-	5	-	-	-	-	5-10	30
Fluorid (F^-)	1500	-	1200	-	-	500	1500	500-1500	1200
PAK, gesamt (EPA)	5	-	5	0,1[4]	-	0,2	0,2	0,1-0,2	10
- Naphthalin	0,2	0,2	0,2	-	-	-	(0,2)	1-2	7
LHKW, gesamt	(25)[1]	10	10	1	-	10	10	2-10	15
- Σ LHKW, karzinogen (CCl_4, C_2H_3Cl, 1,2-Dichlorethan)	-	-	-	1	-	-	-	1-3	-
PBSM, gesamt	0,5	-	0,5	n.n.(0,1)[5]	-	0,5	0,5	0,1-0,5	0,5[6]
PCB, gesamt	0,5	0,5	0,5	n.n.(0,05)	-	0,5	0,5	0,1-0,5	0,2
KW (außer Aromaten)	500	100	100	100	-	-	200	100-200	200[7]
BTX-Aromaten, gesamt	20	30	30	10	-	10	30	10-30	30
- Benzol	5	1	1	n.n.(1)	-	5	10	1-3	1
Phenole, H_2O-dampffl.	10	(10)[3]	15	20	-	-	15	10-20	15
Chlorphenole, gesamt	1	-	0,5	n.n.(0,1)	-	1	0,5	0,5-1	0,5
Chlorbenzole, gesamt	0,5	-	1	n.n.(0,1)	-	1	1	0,5-1	1

1) alter TrinkwV-Grenzwert
2) komplexes CN^-
3) bezieht sich auf Chlorphenolanteil des Phenolindex
4) ohne Naphthalin
5) ohne PCP und HCH; für diese Stoffe siehe Prüfwerte für PBSM
6) 0,5 µg/l für org. Chlorpestizide und 1 µg/l für Nicht-Chlorpestizide
7) für Mineralöl

Tabelle 6. Grundwasser – Maßnahmenwerte – Orientierungswerte einzelner Bundesländer, der LAWA und der Niederlande (NL) für Leitparameter bei Grundwasserschäden (Stand 27.12.1993)

Parameter (in µg/l)	B/Bbg.	He	SH	BW	HH	NS	BY	LAWA	NL(neu)
Antimon (Sb)	-	50	-	-	-	-	40	20-60	-
Arsen (As)	60-80	50	100	30	-	-	40	20-60	40
Barium (Ba)	-	-	-	-	-	-	500	400-600	600
Blei (Pb)	60-150	200	200	100	-	-	160	80-200	50
Cadmium (Cd)	10-15	25	10	10	-	-	20	10-20	6
Chrom, gesamt (Cr)	100-200	250	200	200	-	50	200	100-250	15
Chrom VI (Cr)	30-40	-	-	30	-	-	-	30-40	-
Kobalt (Co)	150-200	-	-	-	-	-	200	100-250	90
Kupfer (Cu)	60-150	250	200	1000	-	-	200	100-250	35
Molybdän (Mo)	-	-	-	-	-	-	100	100-250	185
Nickel (Ni)	75-100	250	200	200	-	-	200	100-250	40
Quecksilber (Hg)	2-3	5	2	2	-	-	4	2-5	0,3
Selen (Se)	-	-	-	40	-	-	40	20-60	-
Zink (Zn)	1500-2000	1000	1000	6000	-	-	800	500-2000	300
Zinn (Sn)	100-150	-	-	50	-	-	150	80-200	-
Cyanid, gesamt (CN^-)	100-200	250	200	100	-	-	200	100-250	8000
Cyanid, frei (CN^-)	10-50	-	-	-	-	-	-	20-50	8000
Fluorid (F^-)	3000-4000	-	4000	2000	-	1500	6000	2000-3000	-
PAK, gesamt (EPA)	10-20	-	20	0,8[1)]	5-20[4)]	-	2	0,4-2	-
- Naphthalin	-	1	2	-	-	-	-	4-10	75
LHKW, gesamt	40-80	50	25-100	50	10-50[4)]	25	40	20-50	-
- Σ LHKW, karzinogen	-	-	-	10	-	-	-	5-15	-
(CCl_4, C_2H_3Cl,						-			
1,2-Dichlorethan)						-			
PBSM, gesamt	2-3	-	-	1[2)]	-	-	2	1-3	-
PCB, gesamt	1-1,5	2	1	0,5	-	-	2	1-3	0,03
KW (außer Aromaten)	1000-2000	500	150-200	300	100-400	200	600	400-1000	-
BTX- Aromaten, gesamt	40-80	150	100	50	10-50[4)]	20	100	50-120	-
- Benzol	10-20	5	5	5	1-5[4)]	-	40	5-10	1300
Phenole, H_2O-dampffl.	20-50	(5)[3)]	50	100	-	-	50	30-100	3800
Chlorphenole, gesamt	2-5	-	2	-	-	-	2	2-5	-
Chlorbenzole, gesamt	2-3	-	5	-	-	2	5	2-5	-

1) ohne Naphthalin
2) ohne PCP und HCH
3) bezieht sich auf Chlorphenolanteil des Phenolindex (mit He zu klären!)?
4) Entwurf

Tabelle 7. Boden – Prüfwerte – Orientierungswerte einzelner Bundesländer, der LAWA und der Niederlande (NL) für Leitparameter bei Grundwasserschäden (Stand 27.12.1993)

Parameter (mg/kg)	B/Bbg.	He	SH	BW	HH	NS	BY	LAWA	NL(alt)
Antimon (Sb)	-	30	-	-	-	-	-	(10-50)	-
Arsen (As)	7-10	30	30	6-40	50	-	30	(10-40)	30
Barium (Ba)	-	-	-	-	-	-	400	(200-500)	400
Blei (Pb)	100	100	300	25-80	300	-	150	(100-300)	150
Cadmium (Cd)	1,5-2	1	5	0,2-5	5	-	5	(1-5)	5
Chrom, gesamt (Cr)	100-150	100	200	20-200	200	-	250	(100-250)	250
Chrom VI (Cr)	5	-	25	1-2	-	-	-	(2-5)	-
Kobalt (Co)	100	-	-	-	-	-	50	(50-200)	50
Kupfer (Cu)	100-200	60	300	10-90	300	-	100	(100-300)	100
Molybdän (Mo)	-	-	-	-	-	-	40	(40-300)	40
Nickel (Ni)	50-200	50	200	15-100	200	-	100	(50-200)	100
Quecksilber (Hg)	0,5	1	2	0,05-3	5	-	2	(1-5)	2
Selen (Se)	-	-	-	1-10	-	-	-	(10-50)	-
Zink (Zn)	300-500	200	500	35-150	1000	-	500	(200-1000)	500
Zinn (Sn)	100-(300)	-	-	4-50	-	-	50	(50-100)	50
Cyanid, gesamt (CN^-)	25	50	50	n.n-100	-	-	50	(25-100)	50
Cyanid, frei (CN^-)	1	10	-	-	-	-	-	(1-5)	10
Fluorid (F^-)	100-500	-	-	250-750	-	-	400	(100-500)	400
PAK, gesamt (EPA)	1-10	-	10	1-2[1]	-	-	2	2-10	20
- Naphthalin	-	-	-	0,05-1	-	-	-	1-2	5
LHKW, gesamt	1-5	10	-	n.n.-0,2	-	1	1-10	1-5	7
- Σ LHKW, karzinogen (CCl_4, C_2H_3Cl, 1,2-Dichlorethan)	-	-	-	n.n.-0,00025	-	-	-	0,1-1	-
PBSM, gesamt	-	-	-	0,03-20[2]	-	-	-	(1-20)	1[4]
PCB, gesamt	1	1	1	0,05-0,1	-	1	1	0,1-1	1
KW (außer Aromaten)	300	500	500	100-400	-	100	1000	300-1000	1000[5]
BTX-Aromaten, gesamt	2-5	7	-	n.n.-2	-	10	1-10	2-10	7
- Benzol	0,5	0,5	-	n.n.-0,02	-	-	-	0,1-0,5	0,5
Phenole, H_2O-dampffl.	10	10	10	0,02-0,2	-	-	1	1-10	1
Chlorphenole, gesamt	5	-	-	-	-	-	1	1-5	1
Chlorbenzole, gesamt	1	-	-	-	-	-	2	1-5	2
Sonstige Einzelstoffe WGK 1	500	-	-	-	-	-	-	-	-
Sonstige Einzelstoffe WGK 2	200	-	-	-	-	-	-	-	-
Sonstige Einzelstoffe WGK 3	50	-	-	-	-	-	-	-	-

1) ohne Naphthalin
2) ohne PCP und HCH
3) analog zu Arsen
4) 1 µg/l für org. Chlorpestizide und 2 µg/l für Nicht-Chlorpestizide
5) für Mineralöl

Tabelle 8. Boden – Maßnahmenwerte – Orientierungswerte einzelner Bundesländer, der LAWA und der Niederlande (NL) für Leitparameter bei Grundwasserschäden (Stand 27.12.1993)

Parameter (mg/kg)	B/Bbg.	He	SH	BW	HH	NS	BY	LAWA	NL(neu)
Antimon (Sb)	-	-	-	-	-	-	-	(50-150)	-
Arsen (As)	20-40	-	-	120	-	-	50	(40-120)	55
Barium (Ba)	-	-	-	-	-	-	2000	(1000-2000)	650
Blei (Pb)	500-600	-	-	400	-	-	600	(300-600)	530
Cadmium (Cd)	10-20	-	-	15	-	-	20	(5-20)	12
Chrom, gesamt (Cr)	400-800	-	-	600	-	-	800	(250-800)	380
Chrom VI (Cr VI)	-	-	-	6	-	-	-	(5-10)	-
Kobalt (Co)	200-300	-	-	-	-	-	300	(200-300)	120
Kupfer (Cu)	500-600	-	-	500	-	-	500	(300-500)	190
Molybdän (Mo)	-	-	-	-	-	-	200	(300-500)	40
Nickel (Ni)	250-300	-	-	500	-	-	500	(200-500)	210
Quecksilber (Hg)	-	-	-	10	-	-	10	(5-20)	10
Selen (Se)	-	-	-	40	-	-	-	(50-150)	-
Zink (Zn)	2000-3000	-	-	3000	-	-	3000	(1000-3000)	720
Zinn (Sn)	300-1000	-	-	300	-	-	300	(300-500)	-
Cyanid, gesamt (CN^-)	50-100	-	-	500	-	-	500	(100-500)	12
Cyanid, frei (CN^-)	5-10	-	-	-	-	-	-	(5-10)	12
Fluorid (F^-)	1000-2000	-	-	750	-	-	2000	(1000-2000)	-
PAK, gesamt (EPA)	50-100	-	-	10[1)]	20-200[3)]	-	20	10-100	-
- Naphthalin	-	-	-	5	-	-	-	5	40
LHKW, gesamt	25-50	-	-	1	2,5-30[3)]	-	-	5-25	-
- Σ LHKW, karzinogen (CCl_4, C_2H_3Cl, 1,2-Dichlorethan)	-	-	-	0,0025	-	-	-	0,1-5	-
PBSM, gesamt	1-2	-	5	5[2)]	-	-	-	(2-20)	-
PCB, gesamt	3-5	1	-	1	-	-	10	1-10	10
KW (außer Aromaten)	3000-5000	500	-	1000	500-5000	1000	5000	1000-5000	-
BTX-Aromaten, gesamt	15-25	7	-	10	2,5-30[3)]	-	-	10-30	-
- Benzol	3-5	0,5	-	0,1	0,5-2[3)]	-	-	0,5-3	50
Phenole, H_2O-dampffl.	25-50	1	-	1	-	-	10	10-25	40
Chlorphenole, gesamt	10-20	-	-	-	-	-	10	5-10	-
Chlorbenzole, gesamt	3-5	-	-	-	-	-	20	5-10	-
Sonstige Einzelstoffe WGK 1	1500-5000	-	-	-	-	-	-	-	-
Sonstige Einzelstoffe WGK 2	500-1500	-	-	-	-	-	-	-	-
Sonstige Einzelstoffe WGK 3	200-500	-	-	-	-	-	-	-	-

1) ohne Naphthalin
2) ohne PCP und HCH
3) Entwurf
4) 10 µg/l für org. Chlorpestizide und 20 µg/l für Nicht-Chlorpestizide
5) für Mineralöl

Grundwasserqualitätsziele zwischen Anspruch und Wirklichkeit

Markus Ottenbreit, Rainer Scheibke, Heike Schwandt, Kai Uwe Totsche

1 Anspruch

In den letzten Jahren wurde eine Vielzahl von Prozeduren zur Erfassung, Beurteilung und Behandlung von Grundwasserschadensfällen entwickelt, die eine Vielzahl an Grenz-, Richt-, Orientierungs- und Prüfwerten enthalten (s. z. B. Bamberg u. Huhn 1994). In der Diskussion dieser Konzepte kommen allerdings manchmal prinzipielle Überlegungen zu kurz, welche Vorgänge einen Grundwasserschaden darstellen können und auf welchem Modell von den Funktionen des Grundwassers sie beurteilt werden sollen.

Wir wollen aufgehängt an dem Begriff „Grundwasserqualitätsziel“ abseits der konkreten und berechtigten Methoden- und Grenzwertdiskussion der Frage nachgehen, welche Vorstellungen bezüglich der Qualität des Grundwassers bestehen, welche Realitäten diesen Vorstellungen entgegenstehen und welche Strategien zur Lösung dieses Konfliktes denkbar wären.

1.1 Das Qualitätsziel

Der Begriff Qualität bezeichnet in diesem Kontext eine bestimmte Eigenschaft eines Systems, hier des Grundwassers bzw. des Grundwasserkörpers. Qualität als Eigenschaft ist jedoch nicht eine unmittelbar zugängliche und quantitativ meßbare Größe, sie ist vielmehr nur mittelbar über die Bewertung und Beurteilung eines Chors komplementärer Kategorien zugänglich. Qualitätskategorien für Grundwasser und Grundwasserkörper, die geeignet sind, adäquate Qualitätsziele zu formulieren, sind beispielsweise:

- die Inhaltsstoffe,
- physikalische und chemische Prozesse,
- der geoökologische Kontext.

Dementsprechend kann es bei der Entwicklung von Qualitätszielen nicht nur um die bloße Formulierung von Materialeigenschaften gehen, es müssen vielmehr umfassende Anforderungen an den Gegenstand, im vorliegenden Fall also das Grundwasser, formuliert werden. Qualitätsziele können sich folglich nicht nur in einer einzuhaltenden Konzentration für eine Substanz äußern, sie müssen auch Maßnahmen und Vorgehensweisen bestimmen.

Darüber hinaus muß bei der Formulierung von Qualitätszielen die zeitliche Betrachtung einfließen: So werden im allgemeinen Qualitätsziele im Rahmen von präventiven Betrachtungen von denen einer kurativen Herangehensweise unterschieden sein.

1.2 Der rechtliche Rahmen

Vorstellungen bezüglich der Qualität des Grundwassers formulieren neben dem Gesetzgeber auf Bundes- und Landesebene auch die Fachbehörden des Bundes und der Länder sowie die fachtechnischen Verbände. Im Wasserhaushaltsgesetz wird in § 1a folgender Grundsatz festgeschrieben:

Die Gewässer sind als Bestandteil des Naturhaushaltes so zu bewirtschaften, daß sie dem Wohl der Allgemeinheit und im Einklang mit ihm auch dem Nutzen einzelner dienen und daß jede vermeidbare Beeinträchtigung unterbleibt.

Es wird also festgestellt, daß es sich bei den Gewässern und damit auch beim Grundwasser um Bestandteile des Naturhaushaltes handelt, nicht nur um einen „Trinkwasserbehälter". Die Frage, wie Beeinträchtigungen zu definieren und in welchen Fällen sie vermeidbar sind, wird konkreter in der Landesgesetzgebung behandelt.

Im Entwurf des Thüringer Wassergesetzes wird in § 30 („vorbeugender Gewässerschutz") bzw. in der Begründung dieses Paragraphen formuliert:

Um Gefahren für die Gewässer zu vermeiden, dürfen wassergefährdende Stoffe für land- und forstwirtschaftliche Zwecke sowie zur Bodenverbesserung nur in dem Umfang auf den Boden auf- und in den Boden eingebracht werden, daß davon ausgegangen werden kann, daß sie von den Pflanzen aufgenommen, im Boden unschädlich umgewandelt oder festgelegt werden können. Weitergehende Bestimmungen anderer Rechtsvorschriften bleiben unberührt. (Begründung: Der vorbeugende Gewässerschutz gewinnt immer mehr an Bedeutung. Die Bestimmung dient dem Schutz der natürlichen Gewässerfunktionen ohne daß das Gewässer für bestimmte Zwecke, beispielsweise für die öffentliche Wasserversorgung, bereits genutzt oder zur Nutzung vorgesehen ist.)

Für reparierende Maßnahmen wird in § 87 (Sanierung von Gewässer- und Bodenverunreinigungen) ergänzt:

Die für Gewässerverunreinigungen Verantwortlichen haben die erforderlichen Maßnahmen zur Schadensermittlung und Schadensbegrenzung und zur Beseitigung von Verunreinigungen durchzuführen. Das gleiche gilt für Bodenverunreinigungen, die eine nachhaltige Gewässerverunreinigung oder Beeinträchtigung von Bodeneigenschaften besorgen lassen. Mit der Sanierung ist sicherzustellen, daß Gefahren beseitigt werden, die eine schädliche Verunreinigung der Gewässer oder eine sonstige nachteilige Veränderung ihrer Eigenschaften bewirken können.

Es wird deutlich, daß auch ohne das Vorliegen einer anthropogenen Nutzung präventiver Grundwasserschutz zu betreiben ist. Selbst bei bereits eingetretenen Verunreinigungen reicht eine nachteilige Veränderung unter Umständen aus, es muß also kein „Schaden" eingetreten sein.

1.3 Der geogene Hintergrund

Die stofflichen Eigenschaften von Grundwässern sind zuerst geogen bedingt und weisen damit natürlich bedingte Variabilitäten auf.

Im Extremfall kann daher ein vom Menschen unbeeinflußtes Grundwasser Eigenschaften aufweisen, die, alleine beurteilt nach Prüfwerten, auf eine nachteilige anthropogene Veränderung des Grundwassers hinweisen würden. Beispielsweise beträgt der TOC-Gehalt, nach DVWK (1993) ein guter Indikator für eine organische „Belastung" des Grundwassers, in Grundwässern unter Braunkohleflözen statt der allgemein üblichen 0,1-0,2 mg/l bis zu 860 mg/l (Otto 1989). Qualitätsziele für das Grundwasser müssen also immer in Relation zu der natürlichen Befindlichkeit des Grundwassers diskutiert und festgelegt werden.

1.4 Die Funktionen des Grundwassers

Im Spannungsfeld zwischen Nutzungsansprüchen des Menschen und naturräumlichen Aufgaben lassen sich die Funktionen des Grundwassers wie folgt klassifizieren:

- Die wichtigste direkte anthropogene Nutzungsform des Grundwassers stellt die Trink- und Brauchwassergewinnung dar. Als potentielles Transfermedium muß das Grundwasser aber auch bei Nutzungsformen des Bodens sowie der Oberflächengewässer Beachtung finden.
- Das Grundwasser kann bezüglich des gesamten Naturhaushaltes nicht nur als lebloser Transferpfad betrachtet werden. Vielmehr muß es aufgrund der vielfältigen biotischen und abiotischen Prozesse als Ökosystem betracht werden, das im Rahmen des Gesamtsystems wesentliche Funktionen wahrnimmt (DVWK 1988).

- Neben diesen Funktionen verdient das Grundwasser aber auch Beachtung aufgrund seines teilweise sehr hohen Alters aus Gründen des „Denkmalschutzes“ beziehungsweise aufgrund einer räumlichen Vielfältigkeit (WWD Saale-Werra 1989) aus Gründen des „Landschaftsschutzes“.

2 Wirklichkeit

Gegen den im Wasserhaushaltsgesetz gebotenen Schutz des Grundwassers wird laufend verstoßen. Das liegt nicht zuletzt daran, daß Schutzkonzepte, sofern sie existieren, meist an eine direkte anthropogene Nutzung gebunden und deshalb räumlich, stofflich oder bezüglich der Grenzkonzentration stark eingeschränkt sind (Kroll u. Mull 1989). Die mangelnde Sensibilisierung der Öffentlichkeit für Verstöße gegen den gebotenen Schutz mag auch darin begründet sein, daß ein kontaminiertes Grundwasser in seiner Medienwirksamkeit mit der bildhaften Darstellung leidender Säugetiere nicht Schritt halten kann. Wir wollen in folgenden das Spektrum der bestehenden Verstöße aufzeigen.

2.1 Punktförmige, linienhafte und flächige Beeinträchtigungen

Momentan vermutet man deutlich mehr als 100 000 Altlastenverdachtsflächen auf dem Gebiet der Bundesrepublik (Kerndorff et al. 1993). Diese Altstandorte und Altablagerungen weisen ein breites Spektrum bezüglich ihres Gefährdungspotentiales sowie bezüglich ihrer Exposition zum Grundwasser auf. Ohne Zweifel befinden sich aber eine beträchtliche Anzahl an punktförmigen Schadstoffquellen für das Grundwasser darunter. Außerdem sind auch die rezenten Betriebsstandorte und Deponien in diesem Kontext sowohl bezüglich des Betriebes als auch im Zusammenhang mit Störfällen nicht von jedem Verdacht freizusprechen.

Bei den linienhaften Beeinträchtigungen sind zuvorderst die Verkehrswege, in besonderem Maße die der Kraftfahrzeuge, zu nennen. Es ist damit zu rechnen, daß zumindest abschnittsweise die Emissionen von Schadstoffen eine Beeinträchtigung des Grundwassers darstellen (Reutter u. Reutter 1992). Diese „Seitenstreifenaltlast“ gewinnt durch die Freisetzung von Mineralölen im Zusammenhang mit Verkehrsunfällen zusätzlich an Bedeutung.

Der Eintrag von Nitrat und Pestiziden aus der Landwirtschaft mögen als Musterbeispiele für eine flächenhafte Beeinträchtigung des Grundwassers dienen. Cord-Landwehr und Schwerdtfeger (1990) stellten in oberflächennahen Förderbrunnen einen Anstieg der Nitratkonzentrationen um das Fünffache in dem Zeitraum von 1978 bis 1986 fest. Schnepf (1990) konnte bei einem Vergleich der

Jahre 1977 und 1987 diese Nitratzunahme auch im Trinkwasser belegen. Die Belastung von Rohwasser aus Trinkwasserförderbrunnen mit Pflanzenbehandlungs- und Schädlingsbekämpfungsmitteln liegt nach Untersuchungen häufiger über dem Grenzwert der Trinkwasserverordnung von 1989 (Leuchs et al. 1990).

2.2 Quantitative und qualitative Beeinträchtigungen

Die in Anschnitt 2.1 geschilderten Prozesse waren Beispiele für qualitative Beeinträchtigungen, da diese Vorgänge zunächst auf eine Änderung des Stoffbestandes im Grundwasser zielen. Daneben müssen aber auch quantitative Beeinträchtigungen Berücksichtigung finden, deren Effekt sich zunächst nicht auf den Stoffbestand auswirkt.

Gobal führen die anthropogenen Klimaänderungen zu einschneidenden Änderungen im Wasserhaushalt (Beran 1991). Auch Versiegelung und Nutzungsänderung in den Einzugsgebieten greifen in den natürlichen Wasserhaushalt ein (Kroll u. Mull 1989, Schnepf 1990).

Großflächige Grundwasserabsenkungen durch bergbauliche Maßnahmen oder durch Übernutzung haben augenfällige Veränderungen ganzer Ökosysteme zur Folge (Freeze u. Cherry 1979). Eine Besonderheit stellt die Nutzung von Tiefengrundwasser dar. Da solches Grundwasser ein Alter von mehreren 10 000 Jahren besitzen kann und dann entsprechend geringe Neubildungsraten aufweist, besteht die große Gefahr einer nicht nachhaltigen Nutzung. Hinzu tritt die indirekte qualitative Beeinträchtigung, da sich durch eine Übernutzung die Neubildungsraten für das Tiefengrundwasser stark erhöhen und somit eventuell vorhandene Kontaminationen in tiefere Schichten gelangen können (DVWK 1987).

2.3 Direkte, räumlich-indirekte und funktional-indirekte Beeinträchtigungen

Eine direkte Beeinträchtigung des Grundwassers, beispielsweise durch die Havarie eines Tanklastzuges in einem Karstgebiet, ist nur selten zu beobachten. In den meisten Fällen wird die Beeinträchtigung räumlich-indirekt erfolgen, da auf dem Weg von der Emissionsquelle zum Grundwasser zuerst Transfermedien wie Athmosphäre oder Boden durchlaufen werden. Deren Filter-, Puffer- und Transformationsfunktionen müssen berücksichtigt werden (Voigt 1990).

Eventuelle Transformationen in den Transfermedien können auch zu funktional-indirekten Beeinträchtigungen führen. So wird über saure Niederschläge und Depositionen die Mobilität von Metallen und anderen Stoffen im Boden erhöht, die dann in das Grundwasser ausgewaschen werden (DVWK 1993). Eine

Aluminiumfreisetzung (Johnson et al. 1981) und ein Transport von Aluminiumionen bis in das Grundwasser (Driscoll et al. 1985, Cronan u. Schofield 1979) konnten beobachtet werden. Solche Befunde unterstreichen die Notwendigkeit, Grundwasserbeeinträchtigungen ökosystemar zu untersuchen.

3 Maßstäbe

Die Beurteilung der in Abschnitt 2 beschriebenen Beeinträchtigungen bezüglich der in Kapitel 1 umrissenen Qualitätsziele bedarf eines Maßstabes. Der zu wählende Maßstab muß zum einen auf die beeinträchtigte Funktion abgestimmt sein und zum anderen Rücksicht darauf nehmen, ob es sich um eine reale oder fiktive Beeinträchtigung handelt.

3.1 Funktionale Beurteilung

Die Bewertung einer Beeinträchtigung bezüglich einer bestimmten Funktion muß standort- und stoffspezifisch erfolgen. Sie kann sich also nicht an einer allgemeinen „Grenzwertliste" orientieren.

3.1.1 Anthropogene Nutzung

Da die sensibelste anthropogene Nutzung die Trinkwassergewinnung darstellt, liegt es nahe, die Beurteilung der Beeinträchtigung an die entspechenden Grenzwerte zu koppeln. So schlägt Matthes (1973) folgende Festlegung vor:

> Anthropogen verunreinigtes Grundwasser ist Grundwasser, dessen Gehalt an gelösten und ungelösten Bestandteilen durch direkte oder indirekte Einwirkungen des Menschen höher ist als die maximal zulässigen Konzentrationen oder Grenzwerte, die in nationalen oder internationalen Richtlinien für Trinkwasser festgelegt sind.

Dieses starre, funktions- und standortunspezifische Konzept mißachtet aber die Transferfunktionen des Grundwassers.

Beispielsweise können Nitrat, aber auch Kohlenwasserstoffe durch mikrobielle Vorgänge im Grundwasserleiter abgebaut werden (Kroll u. Mull 1989), so daß eine Grenzwertüberschreitung an einer Stelle im Einzugsgebiet noch nicht automatisch eine Beeinträchtigung der Trinkwassergewinnung darstellt. Solche Prozesse können nur berücksichtigt werden, wenn der gesamte Belastungspfad Grundwasser – Trinkwasser – Mensch betrachtet und die resultierende Immission auf den Menschen einer toxikologischen Beurteilung unterzogen wird (Lühr et al. 1991, DFG 1990).

3.1.2 Landschafts- und Denkmalschutz

Da bezüglich des Landschafts- und Denkmalcharakters des Grundwassers die Konstitution an sich die zu betrachtende Funktion darstellt, stellt sie zugleich auch die Meßlatte für eventuelle Beeinträchtigungen dar.

Konkret liegt bezüglich des Schutzes von Grundwasserlandschaften die Forderung nahe, daß die Beeinträchtigung keine wesentliche Änderung im Stoffhaushalt des Grundwassers bewirken darf. Der Begriff „wesentlich" könnte hier statistisch über die natürlich zu beobachtende Variationsbreite definiert werden. Bezüglich des Denkmalschutzes tritt die noch abstraktere Kategorie des „Alters" hinzu.

Hier könnte man fordern, daß durch den anthropogenen Eingriff sich die natürlichen Grundwasserströme und damit Neubildungsrate und Alter des Wassers im oben beschriebenen Sinne nur unwesentlich ändern dürfen.

Kroll und Mull (1989) errechnen modellhaft für ein nitratarmes Grundwasser in einem landwirtschaftlichen Gebiet eine zulässige flächengemittelte Eintragsrate von 10 g Nitrat/(m^2*Jahr). Sie ergibt sich aus einer mittleren Neubildungsrate von 0,2 m/Jahr und einer Grenzkonzentration im Grundwasser von 50 g/m^3. Ein solches Vorgehen ist nach Ansicht der Autoren nicht statthaft, da hier die Differenz zwischen den Grenzwerten der Trinkwasserverordnung und den natürlichen Nitratkonzentrationen als „Kontaminationsreserve" genutzt wird (Kerndorff et al. 1993). Nach obiger Definition läge hier ein Verstoß gegen den Schutz der „Grundwasserlandschaft" vor.

3.1.3 Ökosystem

Grundwasser stellt einen Lebensraum mit unterschiedlich ausgeprägten Floren, Faunen und geologischen Randbedingungen dar. Dabei kann die Fauna im Grundwasser als Indikator für die Qualität des Grundwassers eingesetzt werden (DVWK 1988). In neueren Forschungen werden sogar unterschiedliche Bakteriengesellschaften in Aquifersystemen unterschieden (Kölbel-Boelke u. Nehrkorn 1992).

Zielgröße für die Beurteilung von Beeinträchtigungen muß in diesem Falle die Stabilität des gesamten Ökosystemes sein. Hier darf nicht vernachlässigt werden, daß „Stabilität" nur in bestimmten Grenzen existiert, chaotisches Verhalten kann generell nicht ausgeschlossen werden.

„Stabilität" entzieht sich einer direkten Beurteilung, so daß hier Hilfsgrößen herangezogen werden müssen.

In Anlehnung an die Qualitätsziele für Oberflächengewässer könnte als tolerable Grenze die kleinste Konzentration eines Stoffes festgelegt werden, bei der eine Beeinflussung einer Spezies des Ökosystemes zu beobachten war. Dieser Ansatz birgt aber große methodische Probleme in sich (Caspers et al. 1993). Außerdem muß ein ökosystemarer Ansatz weiter die räumliche Beeinträchtigung des Gesamtsystems (Lebensraumfunktion), den zeitlichen Aspekt der Ökosystemdynamik (Areal- und Artendynamik, Kinetik der biologischen und physikalisch-chemischen Vorgänge) sowie die Beziehungen und Wechselwirkungen zwischen den Kompartimenten und den Individuen des Ökosystems enthalten (Jorgensen und Johnsen 1989).

Auch die Pufferfunktion des Ökosystemes gegenüber einer Beeinflussung könnte beobachtet werden, um Aufschlüsse über eine zumutbare Belastung zu erlangen. Analog zu dem Ansatz beim „Denkmalschutz" wäre auch die Größenordnung aller durch die Beeinträchtigung ausgelösten Prozesse im Vergleich zu den natürlich auftretenden Variabilitäten ein Parameter, durch den das Ausmaß der Beeinflussung abgschätzt werden kann.

3.2 Zeitliche Beurteilung

Neben der Funktion eines Grundwassers spielt auch der zeitliche Aspekt eine wichtige Rolle bei der Beurteilung einer Beeinträchtigung. Betrachtet man im Rahmen der Prävention einen fiktiven Schaden, so wird meine Beurteilung sich von dem Fall unterscheiden, wo im Rahmen des reparierenden Umweltschutzes die Beeinträchtigung bereits eingetreten ist (Kerndorff et al. 1993).

3.2.1 Prävention

Typische Präventionsmittel stellen Reglementierungen, Nutzungsänderungen und Überwachungsprogramme dar. So können als Sofortmaßnahmen für Trinkwasserförderbrunnen Anwendungsverbote für bestimmte Stoffe ausgesprochen werden (Leuchs et al. 1990). Nutzungsänderungen wie Aufforstung, Brache, andere Fruchtfolge, Güllelagerung im Winterhalbjahr wären Strategien für eine Prävention von Nitratschäden (Cord-Landwehr u. Schwerdtfeger 1990). Betreibern von Anlagen, in denen mit wassergefährdenden Stoffen umgegangen wird, könnten Maßnahmen zur Gewässer- und Bodenbeobachtung auferlegt werden (Lübbe-Wolf u. Dümmer 1990). Der Prävention sind aber auch Grenzen gesetzt.

Eine Nullimmission kann bei vielen Stoffen nicht erzielt werden (Vierhuff 1988). Ein typisches Beispiel stellt hier die ubiquitäre Grundbelastung des Wassers mit leichtflüchtigen chlorierten Kohlenwasserstoffen dar. Auf die Probleme des Luft- und Klimaschutzes, denen in diesem Zusammenhang große Bedeutung zukommt, sei hier nur am Rande verwiesen.

3.2.2 Reparatur

Die „Nullbelastung“ als Maximalsanierungsziel beispielsweise bei Pflanzenschutzmitteln, also ein vollständiger Austausch des belasteten Grundwassers und der an der festen Matrix des Grundwasserleiters haftenden Schadstoffe, wird zwar vorgeschlagen (Leuchs et al. 1990), aber im allgemeinen nicht nur aus Kostengründen nicht zu realisieren sein. Vernünftiger im Rahmen des reparierenden Umweltschutzes ist der Zugang über den „highest acceptable level“, wie er von Kloke und Lühr (1988) oder auch Kerndorff et al. (1993) vorgeschlagen wird.

Hier darf aber der (stoffmengenorientierte) Emissionsschutz beispielsweise für Kontaminationen des Bodens nicht völlig außer acht gelassen werden. Sonst sind beispielsweise durch geeignete Wahl der Abstände der Beobachtungsbrunnen von der Schadstelle die (konzentrationsbezogenen) „highest acceptable levels“ bezüglich des Immissionsschutzes des Grundwassers in jedem Falle erreichbar.

3.2.3 Implikationen

Abbildung 1 verdeutlicht die Unterschiede und Relationen zwischen dem präventiven Grundwasserschutz und der reparierenden Grundwassersanierung. Systeme, die Beeinträchtigungen unter dem Niveau des Schutzzieles aufweisen (A), werden in der Regel kein (zusätzliches) vorbeugendes Handeln erfordern. Erst bei einer Zunahme der Beeinträchtigung müssen spätestens beim Erreichen des Schutzzieles (B) präventive Maßnahmen eingeleitet werden. Sind diese Aktivitäten erfolgreich, so wird sich das System bezüglich seiner Qualität zumindest nicht weiter verschlechtern (C1), so daß weitergehende Maßnahmen nicht erforderlich sind.

Sollten die Beeinträchtigungen aber weiter zunehmen oder bezüglich einer Altlast bereits Beeinträchtigungen über dem Schutzziel vorliegen (C2-C5), so muß ein zeitlich abgestuftes Prüfverfahren eingeleitet werden. In diesem wird entschieden, ob ein System beispielsweise lediglich in einem Kataster verbleibt (D1), näher erkundet (D2) oder zusätzlich überwacht wird (D3) oder ob ein Sanierungsbedarf besteht (D4).

Die Sanierung muß, um als erfolgreich zu gelten, zum einen eine Reduktion der Beeinträchtigung des Systems auf das Niveau des Sanierungszieles zur Folge haben (E). Außerdem muß die Nachhaltigkeit der Maßnahme garantiert sein, es darf zu keiner erneuten Zunahme der Beeinträchtigung kommen (F). Erst dann kann die Behandlung als abgeschlossen gelten.

Die Zunahme der Grenzkonzentrationen vom Schutzziel über das Sanierungsziel bis zu den Prüf- und Eingreifwerten ist primär thermodynamisch begründet. Irreversibilitäten bzw. Entropiezunahmen bei „Verschmutzungsvorgängen“ erzwingen diese Reihung. Diese Ursache hat auch zum Ergebnis, daß – zumindest qualitativ – bei Maßnahmen zur ‘Grundwasserreparatur’ zwischen ökonomischer und ökologischer Kosten-Nutzen-Analyse kein qualitativer Unterschied besteht (Abb. 2).

Der volkswirtschaftliche und ökologische Nutzen aus der Beseitigung von Umweltschäden wird bei einer Reduktion der Belastung zunächst rasch anwachsen.

Bei weiterer Reduktion der Belastung wird dieser Zuwachs aber immer geringer ausfallen, bis er schließlich nahezu verschwindet. Umgekehrt verhält es sich mit den negativen Auswirkungen, die mit einer „Sanierungsmaßnahme" verbunden sind. Ökonomisch sind hier vor allem die Kosten anzuführen, aus ökologischer Sicht stehen die durch die Sanierung neu „produzierten" Umweltschäden und Belastungen an erster Stelle. Insgesamt ergibt sich daraus ein eindeutiges Wirkungsoptimum, bei dem der „Nettonutzen" als Summe der positiven und negativen Auswirkungen maximal ist.

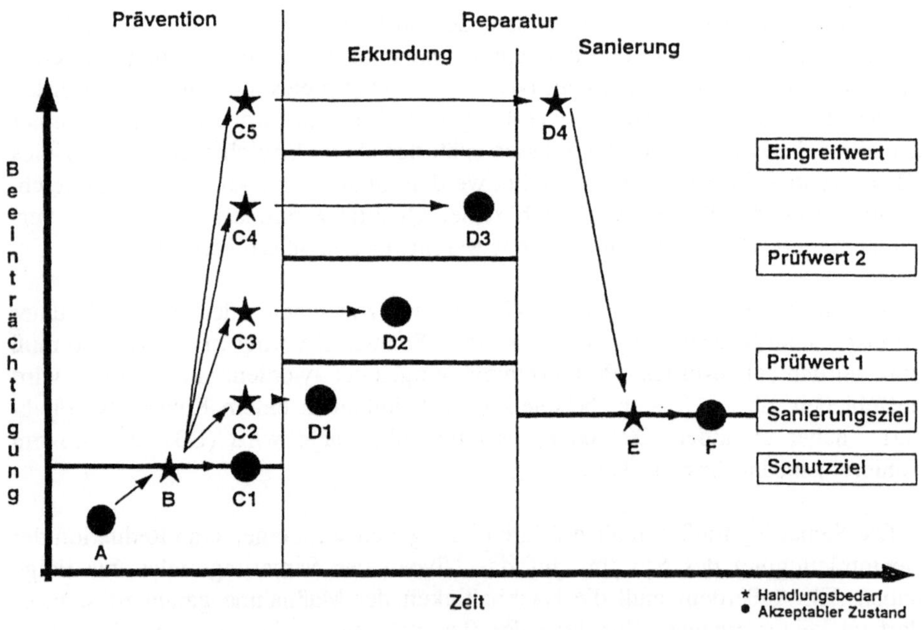

Abb. 1. Schutz-, Prüf-, Eingreif- und Zielwerte

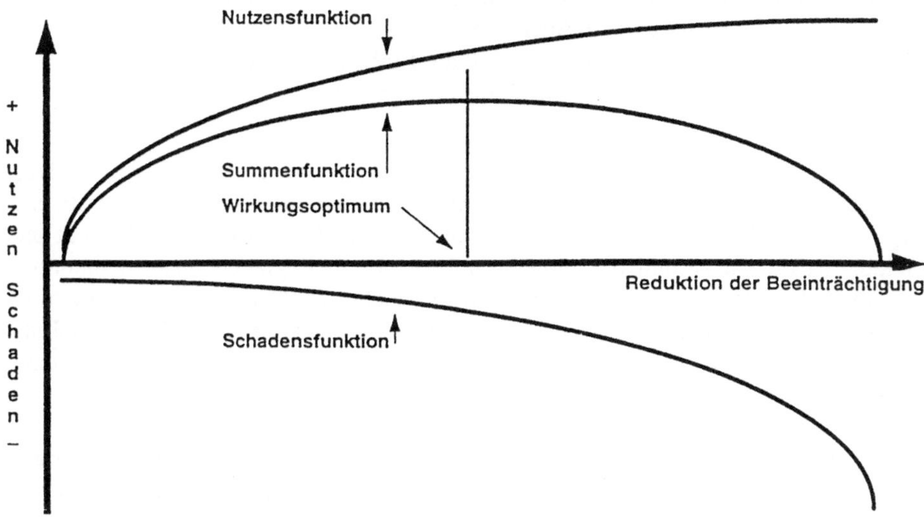

Abb. 2. Sanierungsziel und Wirkungsoptimum

4 Zusammenfassung

Zusammenfassend sei festgehalten, daß nach Ansicht der Autoren nicht nur die anthropogenen Nutzungen im Zusammenhang mit der Formulierung von Grundwasserqualitätszielen der Beachtung bedürfen. Man könnte folgendermaßen formulieren:

- Generell ist die Beeinträchtigung der Grundwasserfunktionen durch anthropogenes Wirken zu minimieren.
- Bezüglich natürlich vorkommender Substanzen darf das Grundwasser nicht mit mehr stofflichen Konzentrationen belastet werden, als es der Schwankungsbreite für jeden Stoff in dem jeweiligen unbelasteten Grundwasser entspricht; zusätzlich dürfen die Ökosystemfunktionen des Grundwassers nicht nachhaltig gestört werden.
- Bezüglich natürlich nicht vorkommender Substanzen darf die sensibelste relevante anthropogene Nutzung nicht gefährdet sein; zusätzlich dürfen die Ökosystemfunktionen des Grundwassers nicht nachhaltig gestört werden.
- Die Prozeßgrößenordnungen einer eventuellen anthropogenen Nutzung des

Grundwassers dürfen die Schwankungsbreite der entsprechenden natürlich ablaufenden Prozesse nicht überschreiten.
- Durch vorsorgende Maßnahmen muß die Einhaltung (Erreichung) dieser Qualitätsziele im Regel- und im Störfall abgesichert werden.

Die Bewertung, ob eine Beeinträchtigung gegen die genannten Grundsätze verstößt, ist funktional vorzunehmen. Sie wird standort- und stoffspezifische Ergebnisse erbringen. Solche Bewertungen sind sehr komplex. Daher besteht die Gefahr, daß sie aufgrund der hohen Zahl an „Freiheitsgraden“ nahezu beliebig werden oder daß sie weniger wissenschaftliche Sichtweisen repräsentieren, sondern vielmehr Ergebnis einer Güterabwägung sind (Wieviel Umweltschutz können wir uns leisten?) und den gesellschaftlichen Diskussionsstand widerspiegeln.

Wir plädieren dennoch für eine (natürlich möglichst unbeeinflußte und akkurate) Bewertung von Beeinträchtigungen im oben beschriebenen Sinne. Es ist anzunehmen, daß die finanziellen Ressourcen nicht ausreichen werden, um die sich daraus ableitenden Maßnahmen in absehbarer Zeit durchzuführen. Der Bewertungsprozeß liefert aber die nötigen Informationen mit, um eine (möglichst „gesamtgesellschaftliche“) Prioritätenliste zu erarbeiten, so daß die vorhandenen Ressourcen möglichst „effektvoll“ eingesetzt werden können. Es darf nicht sein, daß zur Beruhigung des Gewissens Bewertungsverfahren unter dem Aspekt entwickelt werden, daß sie zu einem dem finanziellen Wollen oder Können angepaßten Handlungsbedarf führen.

Literatur

Bamberg, H.F., Huhn, W.(1994) Prüfwerte für kontaminierte Böden und Grundwässer und ihre Bedeutung bei der Altlastengefährdungseinschätzung. Wasser & Boden 46, S. 10-14

Beran, M. (1991) The climate system and hydrological cycle. In: Corell, D.W., Anderson, P.A. (Eds.) Global environmental change. NATO ASI Series I Vol. 1, Springer, Berlin, pp. 57-82

Caspers, N., Hartmann, P., Kanne, R., Knopp, G. (1993) Bund-Länder-Arbeitskreis „Qualitätsziele“ – Problematik des Konzeptes bei der Festlegung von Zielvorgaben für Oberflächengewässer. Z. Umweltchem. Ökotox., 5, S. 265-270

Cord-Landwehr K., Schwerdtfeger, G. (1990) Nitratbelastung im Grundwasser am Beispiel des Wasserwerks Holdorf. Wasser & Boden, 42, S. 216-220

Cronan, C.S., Schofield, C.L. (1979) Aluminium leaching response to acid precipitation: effect on high-elevation watersheds in the Northeast. Science, 204, pp. 305-306

DFG (1990) Pflanzenschutzmittel im Trinkwasser: Analytik, toxikologische Beurteilung und Strategien zur Minimierung des Eintrages. Mitteilung XVI der Kommission für Pflanzenschutz-, Pflanzenbehandlungs- und Vorratsschutzmittel, VCH, Weinheim, 82 S.

Driscoll, C.T., van Breemen, N., Mulder, J. (1985) Aluminium chemistry in a forested Podosol. Soil Sci. Soc. Am. J., 49, pp. 437-444

DVWK (Hrsg.) (1987) Erkundung tiefer Grundwasser-Zirkulationssysteme. DVWK-Schriften 81, Verlag Parey, Hamburg, 223 S.

DVWK (Hrsg.) (1988) Bedeutung biologischer Vorgänge für die Beschaffenheit des Grundwassers. DVWK-Schriften 80, Verlag Parey, Hamburg, 322 S.

DVWK (Hrsg.) (1993) Stoffeintrag und Grundwasserbewirtschaftung. DVWK-Schriften 104, Verlag Parey, Hamburg, 275 S.

Freeze, R.A., Cherry, J.A. (1979) Groundwater. Prentice-Hall, Englewood Cliffs, New Jersey, 604 pp.

Johnson, M.N., Driscoll, C.T., Eaton, J.S., Likenes, G.E., McDowell, W.H. (1981) „Acid rain", dissolved aluminium and chemical weathering at the Hubbard Brook experimental forest, New Hampshire. Geochimica et Cosmochimica Acta, 45, pp, 1421-1437

Jorgensen, S.E., Johnsen, I. (1989) Principles of environmental science and technology. Elsevier, Amsterdam

Kerndorff, H.,Schleyer, R., Dieter, H.H. (1993) Bewertung der Grundwassergefährdung von Altablagerungen. WaBoLu-Hefte 1/1993, Institut für Wasser-, Boden- und Lufthygiene des Bundesgesundheitsamtes, Berlin, 145 S

Kloke, A., Lühr, H.P. (1988) Vorschläge zur Konkretisierung von Sanierungszielen bei Boden- und Grundwasserkontaminationen. In: Institut für wassergefährdende Stoffe an der TU Berlin (Hrsg.) 1. Boden- / Grundwasserforum Berlin, IWS-Schriftenreihe Band 3, Erich Schmidt Verlag, Berlin, S. 175-184

Kölbel-Boelke, J., Nehrkorn, A. (1992) Heterotrophic bacterial communities in the Bocholt aquifer system. In: Matthes, G., Frimmel, F., Hirsch, P., Schulz, H. D., Usdowski, H.-E. (Eds.) Progress in Hydrogeochemistry, Springer-Verlag, Berlin, pp. 378-390

Kroll, H.-G., Mull, R. (1989) Schadstoffausbreitung im Grundwasserleiter. Wasser & Boden, 41, S. 733-736

Leuchs, W., Niessner, M., van Berk, W., Skark, C., Obermann, P. (1990) Vorkommen von Pflanzenbehandlungs- und Schädlingsbekämfungsmitteln in Grundwässern Nordrhein-Westfalens und Folgerungen für Sanierungskonzepte. Wasser & Boden, 42, 131-137

Lübbe-Wolff, G., Dümmer, M., 1990) Grundwasserschutz durch Grundwasserbeobachtung. Wasser & Boden, 42, S. 610-613

Lühr, H.P., Hefer, B., Scholz, R.W. (1991) Das Donator-Akzeptor-Modell. In: Institut für wassergefährdende Stoffe an der TU Berlin (Hrsg.) Ableitung von Sanierungswerten für kontaminierte Böden, IWS-Schriftenreihe Band 13, Erich-Schmidt-Verlag, Berlin, S. 17-54

Matthes, G. (1973) Lehrbuch der Hydrologie. 2. Die Beschaffenheit des Grundwassers, Verlag Bornträger, Berlin, 324 S.

Otto, R., (1989) Lösungsmechanismen von Huminstoffen im Grundwasser – Ein Beispiel aus dem tieferen Untergrund von Berlin (West). Wasser & Boden 41, S. 214-216

Reutter, O., Reutter, U. (1992) Seitenstreifen-Altlasten – Risiken und lokale Lösungsansätze. In: Franzius, V., Stegmann, R., Wolf, K., Brandt, E.(Hrsg.) Handbuch der Altlastensanierung, R.v.Decker's Verlag, Heidelberg

Schnepf, R.(1990) Grundwasserschutz in Baden-Württemberg. In: Forschungs- und Entwicklungsinstitut für Industrie- und Siedlungswasserwirtschaft sowie Abfallwirtschaft e.V. (Hrsg.) Schutz und Aufbereitung von Grundwasser. Trinkwasserkolloqium am 22.2.1990, Stuttgarter Berichte zur Siedlungswasserwirtschaft Bd. 110, R.Oldenbourg, München, S. 7-22

Vierhuff, H. (1988) Die Situation der Grundwasserbeschaffenheit in der Bundesrepublik Deutschland. In: Institut für wassergefährdende Stoffe an der TU Berlin (Hrsg.) 1. Boden- / Grundwasserforum Berlin, IWS-Schriftenreihe Band 3, Erich Schmidt Verlag, Berlin, S. 25-38

Voigt, H.J. (1990) Hydrogeochemie. Springer, Berlin, 310 S.

Wasserwirtschaftdirektion Saale-Werra Forschungsbereich Erfurt (Hrsg.) (1989) Das Grundwasser – Einfluß der landwirtschaftlichen Produktion. Erfurt, 122 S.

Rechtsgrundlagen zur Bewältigung multikausaler Grundwasserschäden

Wolfgang Habel

In unseren dicht besiedelten Ballungsräumen ist es heute eher Regel als Ausnahme, daß sich sanierungsbedürftige Grundwasserschäden als multikausale Erscheinungen darstellen. Kontaminationsherde unterschiedlichster Art verursachen Schadstoffeinträge in das Grundwasser. Die entstehenden Kontaminationsfahnen überlappen, die Schadstoffe vermischen sich. Steht dann die Sanierung des Grundwassers an, findet sich eine verwirrende Gemengelage, die schon aus naturwissenschaftlich-technischer Sicht Kopfschmerzen bereitet. Schwieriger noch ist eine derartige Situation rechtlich aufzuarbeiten.

Das verwaltungsrechtliche Instrumentarium mit dem wir Grundwasserschadensfälle juristisch zu bewältigen haben, wurde nämlich zunächst ausschließlich anhand monokausaler Geschehensabläufe entwickelt: Jemand läßt wassergefährdende Stoffe im Erdreich versickern. Diese gelangen nach einiger Zeit in das jungfräulich reine Grundwasser und verursachen die nach Ausmaß und Ursache leicht feststellbare Kontaminationsfahne. Verantwortlich für die Abwehr der hierdurch ausgelösten Gefahren ist der Verursacher, polizeirechtlich Handlungsstörer oder Verhaltensstörer genannt.

Für den Fall, daß der Verursacher nicht feststellbar oder aus sonstigen Gründen nicht greifbar oder seine Inanspruchnahme aus praktischen Erwägungen heraus untunlich ist, entwickelte sich die Haftung des sog. Zustandsstörers. Der Besitzer des Grundstücks, von dem die Kontamination ausgeht, ist als solcher auch ohne selbst einen Verursachungsbeitrag geleistet zu haben, alternativ zu dem Verursacher für die Gefahrenabwehr verantwortlich.

Das Problem der richtigen Auswahl zwischen Handlungsstörer und Zustandsstörer ist, wie sicher allgemein bekannt, eine seit langem diskutierte Frage. Der Versuch, allgemeingültige Regeln zu entwickeln, die dieses Problem einer anhand objektiver Kriterien überprüfbaren Lösung zugänglich machten, wird meist schon im Ansatz durch den Hinweis auf das Ermessen der Behörde erstickt. In der Rechtsprechung finden sich daher auch nur sehr wenige rudimentäre Aussagen zu diesem Problem. Richtschnur für die Ermessensentscheidung soll der Gesichtspunkt der schnellen und wirksamen Gefahrenbeseitigung sein (vgl. etwa OVG Münster, DVBl. 1971, 828). Andererseits ist in der jüngeren Rechtsprechung eine gewisse Tendenz zur bevorzugten Inanspruchnahme des Handlungsstörers vor dem

Zustandsstörer zu beobachten (vgl. etwa BayVGH DVBl. 1986, 1283). Andererseits soll der Zustandsstörer vor dem Handlungsstörer herangezogen werden können, wenn eine Heranziehung des Handlungsstörers wegen Beweisproblemen rechtlich schwieriger ist (VGH BW DÖV 1986, 249).

Bleibt die Auswahl eines von mehreren Störern somit weitgehend dem Zufall überlassen, kommt der Frage eines Ausgleichs zwischen dem in Anspruch genommenen Störer und dem eher zufällig verschont gebliebenen Störer größte Bedeutung zu. Dennoch ist auch diese Frage bisher weitgehend ungelöst. Der naheliegende Versuch, das Problem durch eine analoge Anwendung des zivilrechtlichen Ausgleichsanspruchs zwischen Gesamtschuldnern zu bewältigen, ist gescheitert. Der Bundesgerichtshof hat in einer bereits über 10 Jahre alten Entscheidung festgestellt, daß mangels einer gesamtschuldnerischen Stellung mehrerer Störer zueinander ein derartiger Ausgleichsanspruch nicht gegeben ist (BGH NJW 1981, 2457).

Damit muß zunächst einmal davon ausgegangen werden, daß es einen generellen Ausgleichsanspruch zwischen mehreren Störern nicht gibt. Denkbar ist lediglich, im Einzelfall über spezielle zivilrechtliche Ansprüche einen Regreß zu realisieren.

Es ist somit bereits bei monokausalen Schadensfällen ein erhebliches Defizit in der rechtlichen Bewältigung zu konstatieren, sobald zwei oder mehr Störer als Verantwortliche in Frage kommen (so auch Dombert, Altlastensanierung in der Rechtspraxis, Berlin 1990, S. 61). Erst recht aber gilt dies für Grundwasserschäden mit mehreren Schadensursachen und daher regelmäßig auch mehreren Handlungsstörern und Zustandsstörern.

Dies sei exemplarisch an einem kleinen Beispiel aufgezeigt, bei dem die Schwierigkeiten der rechtlichen Bewältigung deutlich werden und die Unzulänglichkeiten der geltenden Rechtssituation hervortreten. Im Anschluß daran werde ich einige Denkanstöße aufgreifen, um der Problematik näher zu kommen.

Im Grundwasserabstrom eines Gewerbegebietes findet sich eine sanierungsbedürftige Konzentration verschiedener Schadstoffe. Die weitere Untersuchung ergibt Kontaminationsherde auf mehreren Grundstücken, von denen zunächst unterschiedliche Schadstoffahnen ausgehen, die sich jedoch schnell überlappen und vermischen.

Rechtlich unproblematisch ist die Inanspruchnahme der Handlungsstörer oder der Grundstückseigentümer als Zustandsstörer im Hinblick auf die Beseitigung der Kontaminationsquellen auf den betroffenen Grundstücken. Hier kann jeder unabhängig von dem anderen auf seinem Grundstück sanieren.

Für die darüber hinaus erforderliche Grundwassersanierung versagen indes die bisher bekannten Instrumente des Verwaltungsrechts. Die Störerhaftung geht grundsätzlich von der Inanspruchnahme eines Störers aus. Die Behörde kann nach weitgehend freiem Ermessen bestimmen, welchen von mehreren Störern sie heranzieht. Diesem bleibt ein Ausgleichsanspruch gegenüber den nicht herangezogenen anderen Störern in der Regel versagt.

Zwar kann die Behörde grundsätzlich von ihrem Auswahlermessen auch in der Form Gebrauch machen, daß sie mehrere oder auch alle Störer heranzieht (Götz, Allgemeines Polizei- und Ordnungsrecht, 11. Aufl., Göttingen 1993, S. 122; Papier UTR 1, S. 79). In der Praxis wird dies jedoch eher die Ausnahme bleiben (so auch Kloepfer UTR 1, S. 47).

Die Störerverantwortlichkeit besteht primär in der Pflicht zur Beseitigung der Störung und erst sekundär in der Pflicht zur Kostentragung nach erfolgter Störungsbeseitigung. Auf der Ebene der Primärpflicht zur Störungsbeseitigung, d.h. der Durchführung der erforderlichen Sanierung, wird die gleichzeitige Heranziehung mehrerer Störer einer zügigen und effektiven Realisierung oft wenig förderlich sein. Auch dies ist bei der Ermessensentscheidung zu berücksichtigen.

Nicht selten wird die Behörde sich daher nur an einen von mehreren Störern halten, von dem sie nach polizeirechtlichen Grundsätzen die gesamte Gefahren- bzw. Schadensbeseitigung fordern kann (Kloepfer, aaO). Für den Inanspruchgenommenen liegt das Problem darin, daß er zumindest zunächst, oftmals aber auch endgültig auf dem gesamten Schaden sitzenbleibt. Ein Ausgleichsanspruch, wie er beispielsweise zwischen Gesamtschuldnern besteht, wird von der Rechtsprechung abgelehnt. Endgültig zufallsbestimmt wird das Ergebnis, wenn der von der Behörde Inanspruchgenommene Zustandsstörer ist, der sich bei dem Versuch, gegenüber dem Verursacher, dem früheren Pächter seines Grundstücks, Regreß zu nehmen, mit der 6monatigen Verjährungsfrist des Pachtrechts konfrontiert sieht, seinerseits aber ohne zeitliche Begrenzung einstandspflichtig ist.

Gehen wir in unserem Beispielsfall nunmehr davon aus, daß die Behörde sich für einen von mehreren Störern entschieden hat und diesen verpflichtet, eine Grundwassersanierung durchzuführen. Um das entnommene und gereinigte Grundwasser zurück- oder einleiten zu können, bedarf es jedoch der Entfernung weiterer nicht von dem Störer stammender Schadstoffe. Diese sind von den anderen beteiligten Grundstücken eingebracht worden. Bei diesem Szenario kann sich in der Praxis leicht die Situation ergeben, daß der Reinigungsaufwand für die nicht von dem Sanierungspflichtigen sondern von Dritten eingebrachten Stoffe weitaus höher ist als der Reinigungsaufwand im Hinblick auf die dem Sanierungspflichtigen zuzurechnenden Verunreinigungen.

Sind die Vorverunreiniger nicht festzustellen oder aber beispielsweise durch Konkurs weggefallen, bleibt der von der Behörde Inanspruchgenommene auf dem Gesamtschaden sitzen. Gleiches kann übrigens auch bei Altschäden passieren, wenn der Vorverunreiniger zwar feststellbar ist, ein Regreß seitens des Sanierungspflichtigen aber nur über § 22 WHG möglich wäre und im konkreten Fall daran scheitert, daß die Verunreinigung bereits vor Inkrafttreten des WHG stattgefunden hat.

Da das WHG in den alten Bundesländern bereits seit 1976 gilt, dürfte dieser Fallgestaltung hier zunehmend geringere Bedeutung zukommen. Anders stellt sich dies in den neuen Bundesländern dar. Hier ist das WHG erst zum 01.07.1990 in Kraft getreten und das bis dahin allein geltende Wasserrecht der DDR kannte keinen dem § 22 WHG entsprechenden zivilrechtlichen Schadensersatzanspruch.

Schon diese wenigen Überlegungen anhand des Grundmodells einer multikausalen Grundwasserkontamination dürften gezeigt haben, daß unser geltendes Recht sich mit der Bewältigung solcher Konstellationen schwer tut. Erst recht gilt dies natürlich für die zuweilen trickreichen Varianten dieses Grundmodells, die uns die Praxis immer wieder beschert.

Nehmen wir beispielsweise folgendes Szenario an: Die festgestellte Grundwasserkontamination beruht auf dem Versickern gleichartiger Schadstoffe auf drei verschiedenen benachbarten Grundstücken. Dabei ist jedoch der Schadstoffeintrag auf jedem der betrachteten Grundstücke für sich allein betrachtet zu gering, um eine sanierungsbedürftige Konzentration von Schadstoffen im Grundwasser zu bewirken. Erst der von allen drei Grundstücken gemeinsam bewirkte Schadstoffeintrag führt in der Kumulation zum Überschreiten der Sanierungsgrenzwerte.

Wen will man in dieser Konstellation als Störer betrachten?

Ein anderer Fall: Die behördlich angeordnete Sanierung einer Grundwasserkontamination erfordert das Abpumpen größerer Mengen Grundwassers. Durch den hierdurch entstehenden Absenktrichter wird die Schadstoffahne einer benachbarten Grundwasserkontamination verbreitert. Damit wird die zu einem späteren Zeitpunkt durchzuführende Sanierung der benachbarten Kontamination erschwert und verteuert.

Kann von dem Sanierungspflichtigen der benachbarten Kontamination dieser erhöhte Aufwand verlangt werden, der nicht durch seine eigene Verursachung, sondern durch die Sanierungsarbeiten der zuerst erwähnten Grundwasserkontamination entstanden ist?

Der Katalog möglicher Szenarien wird hiermit beschlossen. Es ist wohl deutlich geworden, daß es sich hierbei nicht um konstruierte Fälle handelt, sondern um Fallgestaltungen, wie sie aus der Alltagspraxis zur Genüge bekannt sind. Ferner ist wohl deutlich geworden, daß die überkommene polizeirechtliche Störerhaftung, die noch immer das wichtigste Instrument zur Bewältigung von Grundwasserschadensfällen darstellt, hier nur unzureichende Antworten gibt.

Unbefriedigend ist insbesondere die Gefahr der ausufernden Haftung eines von mehreren Störern. In der jüngeren untergerichtlichen Rechtsprechung finden sich Ansätze zur Bewältigung dieser Problematik. Zitiert sei eine Entscheidung des OVG Hamburg: „Sind zwei verschiedene Personen zeitlich nacheinander und unabhängig voneinander für die Verunreinigung eines Bodens verantwortlich, so kann jeder für sich nur insoweit zur Sanierung herangezogen werden, als sich nachweisen läßt, in welchem Umfang jeweils jeder verantwortlich ist (NVwZ 1990, 788)." Ist dieser Nachweis nicht zu erbringen, soll dies zu Lasten der Behörde gehen.

Demgegenüber hat allerdings der VGH Baden-Württemberg in einer Entscheidung festgestellt: „Steht fest, daß mehrere Betriebe als Verursacher einer Grundwasserverunreinigung in Betracht kommen und ist eine Zuordnung der einzelnen Verursachungsbeiträge nicht möglich, so ist eine gesamtschuldnerische Inanspruchnahme möglich" (VBlBW 1991,30). Hier wird der Behörde also keine Nachweispflicht auferlegt, sondern das Risiko wird auf die Verursacher verlagert. Immerhin will der VGH Baden-Württemberg hier eine gesamtschuldnerische Haftung begründen, womit möglicherweise doch wieder das Tor zu einem Ausgleichsanspruch unter Gesamtschuldnern aufgestoßen wird.

Erste legislatorische Ansätze zur Bewältigung des Lastenausgleichsproblems finden sich in den Abfallentsorgungs- und Altlastensanierungsgesetzen der Bundesländer Hessen und Thüringen. In § 21 des hessischen Gesetzes ist zunächst der Kreis der Sanierungsverantwortlichen festgelegt, wobei dieser über den Kreis der polizeirechtlichen Störer hinausgeht. Sodann wird der auch aus dem Polizeirecht bekannte Grundsatz wiederholt, daß die zuständige Behörde die Auswahl unter mehreren Verantwortlichen nach pflichtgemäßem Ermessen trifft. Weiter heißt es: „Sie kann auch mehrere Sanierungsverantwortliche heranziehen und die Kosten anteilmäßig geltend machen".

Schließlich ist festgeschrieben, daß mehrere Sanierungsverantwortliche untereinander einen Ausgleichsanspruch haben. Dabei soll die Verpflichtung zum Ersatz untereinander von den Umständen abhängen, „inwieweit der Schaden vorwiegend von dem einen oder anderen verursacht worden ist".

Hier findet sich erstmals eine substantielle Regelung des Problems. § 21 Hessisches Abfall- und Altlastengesetz normiert nicht nur die Möglichkeit anteiliger Inanspruchnahme und das Bestehen eines generellen Ausgleichsanspruches zwischen mehreren Verantwortlichen, sondern gibt mit dem Hinweis auf den Umfang der einzelnen Verursachungsbeiträge auch einen Maßstab zur Verteilung der Last.

Obwohl noch sehr rudimentär, könnten sich diese Regelungen doch als Legitimation und als Orientierung für die Rechtsprechung erweisen. Deren Aufgabe liegt nun darin, diese Regelungen allmählich zu verdichten.

Leider hat das Beispiel Hessens und Thüringens bisher noch nicht Schule gemacht. In den anderen Bundesländern fehlen entsprechende Regelungen weiterhin. Um eine einheitliche Rechtsprechung zu diesen Fragen entwickeln zu können, wären jedoch gleichartige gesetzliche Regelungen in allen Bundesländern wünschenswert. Nur so kann die Rechtsprechung zu in sich stimmigen Lösungen kommen.

Betriebliches Altlastenmanagement

Hans-Jürgen Reichardt

1 Einleitung

Zum Thema Altlastensanierung in Deutschland sei zu Beginn dieser Abhandlung auf zwei Thesen von Wicke (1992) verwiesen, die für das „betriebliche Altlastenmanagement" uneingeschränkt Geltung haben:

> „Wir müssen weg von der teilweise vorhandenen Altlastenhysterie! Wer eine allumfassende Altlastensanierung verlangt, überfordert nicht nur die öffentlichen Haushalte und treibt viele Unternehmen in den finanziellen Ruin (Beleihungsfähigkeit der Grundstücke = Null), sondern erweist auch der Umwelt einen Bärendienst!"

> „Die Altlastenhysterie, aus der auch die Forderung nach möglichst sofortiger Sanierung objektiv nachrangiger Altlasten resultiert, führt dazu, daß öffentliche und private Gelder im Umweltschutz vergleichsweise unwirksam eingesetzt werden. Nicht das tatsächliche Vorhandensein besonders giftiger Substanzen im Boden als solches kann und darf das Hauptkriterium von Sanierungspflichten sein, sondern die effektive Gesundheits- und Trinkwassergefährdung."

In der Tat wird dem Grenznutzen des für Umweltschutzmaßnahmen eingesetzten Kapitals entschieden zu wenig Bedeutung beigemessen. Dies gilt besonders in der Bundesrepublik, die bereits einen der höchsten Umweltstandards hat.

Betriebliches Altlastenmanagement gewinnt um so mehr an Bedeutung, je aufwendiger und kostenträchtiger Sanierungstechnologien aufgrund der umweltpolitischen Vorgaben werden und je mehr die Sanierungsabläufe in das Betriebsgeschehen eingreifen. Betriebliches Altlastenmanagement heißt deshalb Kostenminimierung und Optimierung des Altlastenprojektes.

Dieser Beitrag ergänzt die bekannten naturwissenschaftlich-technischen Vorgehensweisen um die betriebswirtschaftlichen Aspekte bei einer betrieblichen Altlastensanierung. Dabei werden verschiedene Bereiche, z. B. aus der Finanzierung und Bilanzierung angerissen, die im Rahmen eines betrieblichen Altlastenmanagements auf ihre Realisierbarkeit und ihren Nutzen für die Unternehmung geprüft werden sollten. Mit der Besprechung dieser betriebswirtschaftlichen Instrumente soll nicht die Aussage verbunden sein, diese Instrumente seien in jedem Fall und für jede Unternehmung sinnvoll. Effektives Management heißt aber Auswahl und Bewertung möglichst vieler relevanter Informationen. Dazu gehört hier auch die Implementierung betriebswirtschaftlicher Arbeitsweisen.

Die Altlastenproblematik wurde aktuell, als in den 70er Jahren in Grundwässern und Böden Schadstoffe nachgewiesen wurden.

Die Ursachenforschung zeigte, daß kommunale Mülldeponien und industrielle Produktionsanlagen Ausgangspunkte für die Verunreinigungen waren.

Für die Beurteilung von Kontaminationen im Hinblick auf ihre Sanierungsbedürftigkeit ist die „Gefahr für die öffentliche Sicherheit" und damit eine Sanierungsverpflichtung für den Betrieb maßgebendes Kriterium. Dabei ist nicht nur die absolute Belastung in quantifizierbaren Schadeinheiten von Bedeutung, sondern auch die ubiquitäre und natürliche Belastung am betrachteten Standort. Ein Beispiel soll dies verdeutlichen:

Eine radioaktive Belastung eines Ackerbodens in der Umgebung von Offenbach wäre außergewöhnlich und würde umfangreiche Erkundungs- und Sanierungsmaßnahmen nach sich ziehen. Dieselbe Belastung in Menzenschwand im Südschwarzwald müßte als naturgegeben hingenommen werden.

Erkundungs- und Sanierungsmaßnahmen haben sich also an der ubiquitären und natürlichen Belastung und der geplanten Nachfolgenutzung zu orientieren. Grenzwerte, wie sie in der Hollandliste oder im neu entstehenden Bundesbodenschutzgesetz enthalten sind, müssen standortbezogen angepaßt werden. Die einer Sanierung zugrunde gelegten Werte sind in jedem Fall ausschlaggebend für die Erkundungs- und Sanierungskosten.

2 Betriebliches Altlastenmanagement

2.1 Verantwortlichkeiten

Das Ziel eines betrieblichen Altlastenmanagements muß die Kostenminimierung für die erforderlichen Maßnahmen sein. In der Betriebspraxis steht am Beginn eines Altlastenprojektes fast immer die Frage nach der Verantwortlichkeit im Vordergrund. Häufig ist damit die Hoffnung verbunden, für die finanziellen Belastungen der Erkundungs- und Sanierungsmaßnahmen nicht aufkommen zu müssen. Verantwortlich und haftbar ist entweder der Handlungsstörer (Verursacher) oder der Zustandsstörer (Eigentümer des Grundstückes). Es liegt im Auswahlermessen der Behörden, wer in Anspruch genommen wird. Das öffentliche Recht greift schnell auf den von der Behörde Ausgewählten durch, der in der Regel keine realisierbare Möglichkeit hat, sich zu enthaften. Ansprüche muß er häufig auf dem zivilen Rechtsweg von früheren Verursachern oder Eigentümern in langwierigen Prozessen einzuklagen versuchen.

2.2 Betriebswirtschaftliche Instrumente

Die Chancen, der finanziellen Verantwortung bzw. Belastung einer Sanierungsmaßnahme entgehen zu können, sind für die Unternehmen also äußerst gering. Dies muß erkannt und akzeptiert werden.

Das Management einer Unternehmung sollte deshalb einen Altlastenfall in Form einer Projektgruppe organisatorisch so zu bewältigen versuchen, daß das „notwendige Übel" kostenminimal abgewickelt werden kann.

Dabei sind für den Betrieb Fragen zu klären, die nicht nur den naturwissenschaftlich-technischen Ablauf betreffen, sondern die insbesondere betriebswirtschaftliche Aspekte berücksichtigen sollten. Wesentliche Fragen sind:

- Wie wird richtig ausgeschrieben (Preisvergleich)?
- Welche Sanierungstechnologie wird unter Kostengesichtspunkten bevorzugt?
- Welches Investitionsrechnungsverfahren kommt zum Ansatz bei der Technologieauswahl?
- Welche Finanzierung ist die Günstigste?
- Welche bilanztechnischen Möglichkeiten sind denkbar und wie werden sie genutzt?

2.2.1 Ausschreibung / Preisvergleich

Das Verfahren sollte eine ausreichend genaue Kalkulationsgrundlage für den Auftraggeber ermöglichen. Dabei kann sich das Unternehmen an die Verfahren bei öffentlichen Ausschreibungen anlehnen und die VOB sowie die HOAI als Grundlage für einen detaillierten Preisvergleich benutzen. Ingenieurleistungen, Bauleistungen, Geräte, chemische Analysen etc. müssen für Erkundung und Sanierung vom Auftraggeber hinreichend genau aufgeschlüsselt und vom potentiellen Auftragnehmer in jeder Position angeboten werden. Ziel des Verfahrens muß die Preistransparenz in allen für Erkundung und Sanierung relevanten Einzelpositionen sein. Die betriebliche Praxis zeigt leider, daß durch ungenügende Ausschreibung/Preisvergleich Erkundungs- und Sanierungsleistungen zu teuer eingekauft werden. Fehlende oder ungenaue Leistungspositionen führen zu erheblichen Nachforderungen.

Grundsätzlich empfiehlt es sich dabei, ein strikte Trennung von Erkundungs- und Sanierungsmaßnahmen vorzunehmen.

Erkundung: Die Kontaminationssituation ist vor Beginn des Verfahrens meist unbekannt. Für eine Ausschreibung/Preisvergleich bietet sich eine Unterteilung in Projektphasen an. Im allgemeinen wird die Berücksichtigung zweier Phasen ausreichend sein, wobei die zweite Phase der genaueren Abgrenzung von Schadensbereichen und der weiteren Erkundung von Unsicherheitsfaktoren dient.

Sanierung: Verlangen die Ergebnisse der Erkundung eine Sanierung, folgt die Ausarbeitung eines Sanierungskonzeptes. Dieses sollte stets von einem unabhängigen Ingenieurbüro durchgeführt werden, das nicht mit dem ausführenden Sanierungsunternehmen verbunden ist. Mit der Erstellung des Sanierungskonzeptes kann auch ein anderes Büro beauftragt werden, das keinen Anteil an den zuvor durchgeführten Erkundungsmaßnahmen hatte. Die Ausarbeitung des Sanierungskonzeptes erfordert reine Ingenieurleistungen.

Mit zunehmender Annäherung an einen konkreten Sanierungsweg wird sich möglicherweise der Kreis der leistungsfähigen Anbieter einschränken. Bei hochentwickelten und speziellen Sanierungstechnologien kann unter Umständen keine wettbewerbsneutrale Ausschreibung/Preisvergleich mehr möglich sein.

2.2.2 Sanierungstechnologie und Investitionsrechnung

Jedes betriebliche Vorhaben läßt sich mit Hilfe von Rechnungsverfahren mit alternativ zur Verfügung stehenden Investitionsobjekten unter Kosten- oder Renditegesichtspunkten vergleichen. Auch ein Sanierungsvorhaben erfolgt nahezu immer vor dem Hintergrund einer konkreten Entscheidungssituation. Dabei geht es um die Wahl zwischen mehreren Sanierungs- oder Technologiealternativen. Bei der Planung kann dabei nicht von sicheren Prognosen über zukünftige Kosten ausgegangen werden. Einige Gründe für die Unsicherheiten seien hier genannt:

- Verteuerung von Inputfaktoren (Roh- und Betriebsstoffe, Löhne),
- Verteuerungen der Finanzierungsmittel durch Zinssteigerungen,
- Änderungen der gesetzlichen Grundlagen während des Sanierungszeitraumes,
- technische Probleme (unerwartet hohe Reparaturanfälligkeit von Aggregaten und Anlagenteilen).

Die Betriebswirtschaft unterscheidet statische und dynamische Investitionsrechnungsverfahren. Vorzuziehen sind grundsätzlich die dynamischen Verfahren, da sie die Investition über den gesamten Nutzungszeitraum beurteilen können. Ein Altlastensanierungsvorhaben unterscheidet sich prinzipiell nicht von anderen betrieblichen Vorhaben, die mit betriebswirtschaftlichen Instrumenten optimiert werden. Dennoch ist in der betrieblichen Praxis eine kaufmännische Vorgehensweise bei Altlastenfällen eher die Ausnahme. Unter dem Gesichtspunkt der Kostenminimierung als Ziel des betrieblichen Altlastenmanagements ist der

Einsatz dieser Rechnungsverfahren aber auch hier zu fordern. Vereinfacht dargestellt sind die Voraussetzungen dafür:

- Anschaffungskosten müssen bekannt sein,
- Prognose des Sanierungszeitraumes,
- Prognose sämtlicher Kosten,
- Abzinsung aller Zahlungsreihen (Kosten) auf den Sanierungsbeginn,
- Einbringen dieser Daten in ein Investitionsrechnungsverfahren und Bewertung der Ergebnisse.

Das Ergebnis des Investitionsrechnungsverfahrens (z.B. Kapitalwertmethode, Methode des internen Zinsfußes) gibt einen Anhalt für den Einsatz der betriebswirtschaftlich wünschenswerten Sanierungstechnologie. Die Problematik und damit zugleich die Begründung für den wenig verbreiteten Einsatz dieser Instrumente ist die Schwierigkeit der Prognose für die genannten Parameter.

2.2.3 Finanzierung

Betriebliches Altlastenmanagement bedeutet auch, für das notwendige Sanierungsverfahren die optimale Finanzierungsform zu finden. Dabei kann ein Unternehmen weder auf zinsverbilligte Darlehen noch auf nennenswerte Subventionen zurückgreifen. Unter Finanzierungsgesichtspunkten sind deshalb zu überprüfen: Finanzierung aus Gewinn, aus Darlehen, aus Rückstellungen und aus Cash-flow.

2.2.3.1 Leasing

Dabei wird entscheidend sein, ob die Sanierungstechnologie über Kauf, Finanzkauf oder Leasing zur Verfügung gestellt wird. In der betrieblichen Praxis ist fast ausschließlich der Kauf der Sanierungsanlagen üblich. Andere Verfahren, insbesondere Leasing, werden bei der Entscheidung leider kaum durchgerechnet. Dabei kann Leasing eine Fülle von betriebswirtschaftlichen Vorteilen bieten. Betriebliches Altlastenmanagement heißt, auch hier Vor- und Nachteile zu erfassen, unter den gegebenen betrieblichen Verhältnissen zu bewerten und in die Entscheidungsfindung für das Sanierungsprojekt einzubringen.

Beim Leasing handelt es sich um eine besondere Vertragsform der Vermietung und Verpachtung von Investitions- und Konsumgütern. Das Leasingobjekt wird entweder von einer speziellen Leasinggesellschaft vom Hersteller gekauft und dann dem Leasingnehmer übergeben (indirektes Leasing) oder direkt vom Produzenten verpachtet (Herstellerleasing). Verbreitet und für den Sanierungsbereich geeignet ist das indirekte Leasing.

Eine Leasingfinanzierung scheidet aus rein rechnerischer Sicht oft aus, gerade auch bei Sanierungsvorhaben. Was die Leasingfinanzierung aber interessant machen kann, sind oft Gründe, die mit der relativ schwachen Eigenkapitalquote mancher Unternehmen zusammenhängen. Bei einer durchschnittlichen

Kapitalquote von 18,3 % (Monatsberichte der Deutschen Bundesbank 1991) können Unternehmen darauf angewiesen sein, ihren Kreditspielraum für die Finanzierung zukünftiger Investitionen zu erhalten. Gerade hierfür leistet die Leasingfinanzierung einen besonderen Beitrag, weil die Bilanz keine Verlängerung erfährt und somit die Eigenkapitalquote konstant bleibt.

Die nachfolgende Übersicht stellt die wesentlichen Vor- und Nachteile der Leasingfinanzierung gegenüber.

- Vorteile:
  - Keine Belastung des vorhandenen Kreditspielraumes;
  - im Vergleich zur Eigenfinanzierung keine hohe Liquiditätsbelastung zum Zeitpunkt der Investitionsvornahme;
  - bei entsprechender vertraglicher Vereinbarung Umtauschmöglichkeit des Leasinggegenstandes, Ausschaltung des Überalterungsrisikos;
  - bei „Full-service-Vereinbarung" werden anfallende Reparaturkosten vom Leasinggeber übernommen; diese Kosten sind allerdings in der Leasingrate enthalten;
  - sichere Kalkulationsgrundlage, da gleichbleibende Kosten.
- Nachteile:
  - Wegen des Zins- und Verwaltungskostenanteils, der in den Leasingraten enthalten ist, kommt es zu hohen Liquiditätsabflüssen während der Grundmietzeit;
  - Unkündbarkeit des Leasingvertrages während der Gruundmietzeit bewirkt eine geringere betriebliche Anpassungsfähigkeit;
  - hohe Fixkostenbelastung während der Grundmietzeit;
  - kein Eigentumserwerb während der Grundmietzeit;
  - bei rückläufiger Ertragslage kein Anpassung der Leasingrate möglich.

Der Gesetzgeber hat in mehreren Erlassen Leasingvorschriften verfügt. Die komplexe Materie kann im Rahmen dieser Abhandlung nur angerissen werden. Die Auseinandersetzung mit Leasing im Zusammenhang mit Sanierungsvorhaben ist im Rahmen eines betrieblichen Altlastenmanagements aber unabdingbar. Das Einbringen der Vor- und Nachteile dieses Finanzierungsinstrumentes in die Entscheidungsfindung ist ein weiterer Schritt in Richtung auf eine optimale Sanierungsabwicklung.

2.2.3.2 Rückstellungen

Die Bildung von Rückstellungen ist nach dem HGB für bestimmte Situationen vorgeschrieben. Sie sollen dazu dienen, die Schulden eines Unternehmens richtig und vollständig darzustellen. Rückstellungen sind also Schulden, die dem Grunde nach bestehen, deren Höhe und Zeitpunkt der Inanspruchnahme aber ungewiß sind. Für diese ungewissen Verbindlichkeiten ist ein Betrag zurückzustellen. Der nach vernünftiger kaufmännischer Beurteilung notwendige Betrag ist zu schätzen. Im Sinne eines betrieblichen Altlastenmanagements ist entscheidend, daß

Rückstellungen steuermindernd wirken. Dies gilt es unter den zeitlichen Aspekten einer Sanierung gezielt einzusetzen oder zumindest bei den betriebswirtschaftlichen Entscheidungen mitzuberücksichtigen.

Finanzierung aus Rückstellungen ist auch bei Altlastensanierungen grundsätzlich möglich. Problematisch wird es sein, den Finanzbehörden möglichst zeitnah am Sanierungsbeginn die öffentlich-rechtliche Verpflichtung und damit das Entstehen einer Schuld nachzuweisen sowie die Höhe der Rückstellungsbildung zu begründen. Die Rückstellungsbildung ist überhaupt die einzige Möglichkeit, bei Altlastensanierungen einen „Zuschuß“, hier in Form einer steuerlichen Wirkung, zu erhalten. Dabei ist eine entsprechende Ertragslage natürlich Voraussetzung.

An die Bildung von steuerlich wirkenden Rückstellungen sind strenge Bedingungen geknüpft. Rückstellungen in der Steuerbilanz für die Sanierung von Altlasten und allgemeinen Umweltschäden werden regelmäßig von den Finanzbehörden und offensichtlich auch von den Finanzgerichten nicht anerkannt, wenn keine Sanierungsanordnung vorliegt. Dies gilt selbst dann, wenn der Nachweis für vorhandene Bodenkontaminationen und für den zur Schadensbeseitigung notwendigen Aufwand geführt werden kann.

Nutzbar ist das Finanzierungsinstrument Rückstellungen bei Altlastsanierungen nur dann, wenn das Unternehmen durch die Kontamination eine Schuld, also eine Verpflichtung gegenüber einem Dritten, hat. Diese Verbindlichkeit kann ihre Grundlage auch im öffentlichen Recht haben. Sie kann sich unmittelbar aus einem Gesetz oder einer Verordnung ableiten. Eine Rückstellungspflicht ergibt sich nach der steuerlichen Rechtsprechung immer dann, wenn

- der Inhalt der Verpflichtung und der Zeitpunkt ihrer Inanspruchnahme hinreichend genau konkretisiert ist,
- an die Verletzung der Verpflichtung Sanktionen geknüpft sind.

Eine öffentlich-rechtliche Verpflichtung ist regelmäßig dann hinreichend genau konkretisiert, wenn ein Verwaltungsakt (z.B. Sanierungsanordnung) vorliegt.

Für eine Berücksichtigung dieses Instrumentes ist außerdem der Zeitpunkt der Rückstellungsbildung von Bedeutung. Von Interesse ist der frühestmögliche Zeitpunkt für die Bildung. Grundsätzlich können folgende Zeitpunkte für die Bilanzierung einer Rückstellung bei Altlastensanierungen unterschieden werden:

- Der Betrieb erkennt, daß eine Altlast vorliegt, für die er in Anspruch genommen werden könnte.
- Die zuständige Behörde stellt Ermittlungen an, um festzustellen, ob eine sanierungsbedürftige Altlast vorliegt.

- Die Behörde teilt dem Betrieb mit, daß sie beabsichtigt, ihn in Anspruch zunehmen.
- Gegen den Betrieb wird ein Verwaltungsakt erlassen.

Aus betrieblicher Sicht ist eine möglichst frühe Kenntnis der bilanziell nutzbaren Informationen wichtig. Im Rahmen eines betrieblichen Altlastenmanagements bedeutet dies gegenüber den Finanzbehörden den möglichst frühzeitigen Nachweis, daß eine Verpflichtung vorliegt, und in welcher Höhe mit einer Inanspruchnahme zu rechnen ist. Die herkömmlichen Verfahren erlauben in der Regel erst nach der Erstellung des Sanierungskonzeptes eine hinreichend genaue Beurteilung der Gesamtkosten. Vom Erkennen einer Altlast, also dem Zeitpunkt, zu dem eine Rückstellung bereits möglich wäre, und dem Vorliegen hinreichend genauer Kostendaten können Monate und Jahre vergehen, in denen bereits Kosten für den Betrieb anfallen, eine Nutzung der Rückstellung jedoch unterbleiben muß.

Für eine Beschleunigung kann hier das Verfahren einer Altlastenschätzung alternativ herangezogen werden. Dabei handelt es sich um ein beprobungsloses Verfahren, das unter zeitlichen Aspekten den Vorteil hat, bereits ca. 1,5 Jahre früher als die klassische Arbeitsmethode erste verwertbare Informationen zur Bilanzierung zu liefern. Zu den Details dieses auch von den Finanzbehörden akzeptierten Verfahrens ist auf die angegebene Literatur verwiesen. Betriebliches Altlastenmanagement heißt hier wiederum, alle verfügbaren Instrumente zur Optimierung des Verfahrens und zur Minimierung der Kosten zu prüfen und unter der gegebenen betrieblichen Situation zu bewerten.

Bei Berücksichtigung aller hier genannten Kostenminimierungspotentiale und Ausnutzung aller Finanzierungsmöglichkeiten können nach Erfahrungen aus der Beratungspraxis die vom Betrieb zu tragenden Sanierungskosten um bis zu 30 % gesenkt werden.

Betriebliches Altlastenmanagement heißt deshalb:

- Problem erkennen,
- Konsequenzen bewerten,
- Rahmenbedingungen selbst gestalten,
- Notwendiges „Übel“ kostenminimal lösen.

Literatur

Bäcker, R. (1990) Altlastenrückstellungen in der Steuerbilanz. In: Der Betriebs-Berater, S. 2225 ff.

Bollow, T. (1991) Ausschreibungen bei der Altlastenerkundung und -sanierung. In: Wasser, Luft und Boden, 7-8, S. 60 ff.

Demberg, G. (1993) Liquid durch Leasing. In: UmweltMagazin, 8, S. 40 ff.

Eilers, S. (1994) Rückstellungen für Altlasten und Umweltschutzverpflichtungen im Steuerrecht. In: Blick durch die Wirtschaft vom 24.03.1994.

Faatz, U., Seiffe, E. (1993) Die Altlastenschätzung als Instrument bei der Bilanzierung kontaminierter Grundstücke. In: Der Betriebs-Berater, S. 2485 ff.

Klooß, R.-D. (1991) Risikominimierung durch rechtsgestaltende Maßnahmen vor einem Grundstückserwerb? Möglichkeiten durch Vertragsgestaltung. In: Handelskammer Hamburg (Hrsg.): Grundstücke mit Altlasten und ihre Rechtsprobleme, Hamburg

Kupsch, P. (1992) Bilanzierung von Umweltlasten in der Handelsbilanz. In: Der Betriebs-Berater, S. 2320 ff.

Sander, H. (1991) Wer muß das bezahlen?. In: UmweltMagazin, 10, S. 60 ff.

Wicke, L. (1992) Altlastensanierung in Deutschland. In: Oldenburgische Wirtschaft 1,Oldenburg

Quellen

Bundesfinanzhof: Umweltschutzrückstellung, Urteil vom 19.10.1993- VIII R 14/92.

Bundesminister der Finanzen: Ertragssteuerliche Behandlung von Leasing-Verträgen über bewegliche Wirtschaftsgüter. 19.4.1971-IV B/2-S 2170-31/71.

Umweltministerium Baden-Württemberg: Dritte Verwaltungsvorschrift des Umweltministeriums zum Bodenschutzgesetz über die Ermittlung und Einstufung von Gehalten anorganischer Schadstoffe im Boden. GABl vom 29. September 1993.

Grundwassermodelle als Werkzeug zur Qualitätssicherung des Grundwassers

Joseph Lindner

1 Allgemeines

Numerische Grundwassermodelle zur Berechnung der Grundwasserströmungen und der Ausbreitung von Stoffen stellen den Stand der Technik bei der Qualitätssicherung des Grundwassers dar. Bei Grundwassermodellen unterscheidet man zwischen:

- Strömungsmodellen, die das Potentialfeld des Grundwasserleiters und damit die Grundwasserströmung berechnen, und
- Transportmodellen, die auf einem Strömungsmodell basieren und die Ausbreitung von Stoffen im Untergrund simulieren.

Die Grundwasserströmungsmodelle sind zum derzeitigen Zeitpunkt nur Werkzeuge in der Hand des damit vertrauten Hydrogeologen und stellen keine eigenständige Anwendung dar. Deswegen sollen Strömungsmodelle auch nur als Werkzeug behandelt und eingesetzt werden. Die Ergebnisse der Strömungsmodelle bedürfen daher immer einer kritischen, fachkundigen Beurteilung durch den damit vertrauten Hydrogeologen.

Dahingegen bedürfen die Ergebnisse von Transportmodellen keiner weiteren Interpretation und können heutzutage bereits in der Praxis von darin geschulten „Laien" (z.B. bei der gewässertechnischen Aufsicht) eingesetzt werden, wenn das zugrundeliegende Strömungsmodell vorliegt. Sie stellen eine verläßliche und sofort verfügbare Entscheidungshilfe zur Beurteilung des Handlungsbedarfs dar.

2 Methodische Möglichkeiten von Grundwassermodellen

Numerische Grundwassermodelle, die Strömungs- und Transportvorgänge auf Computern wirklichkeitsnah simulieren können, werden heutzutage insbesondere für umfassende Standort- und Situationsbeurteilungen eingesetzt. Erst der Einsatz solcher Methoden erlaubt eine vollquantitative Betrachtung der Fließvorgänge im Grundwasser und auch prognostische Aussagen z.B. über die Ausbreitung von Schadstoffen.

An dieser Stelle soll beispielhaft aufgezeigt werden, was ein Hydrogeologe mit herkömmlichen hydrogeologischen Methoden ohne Modelle nicht leisten kann bzw. welche Vorteile er durch den Einsatz des „Werkzeuges" Computermodell hat.

2.1 Beispiel 1: Erstellung eines Isohypsenplanes

Bei hydrogelogischen Fragestellungen liegen meist nur punktförmige Informationen über das zu beurteilende Gebiet vor (Bohraufschlüsse, Quellen etc.). Trotzdem muß der Hydrogeologe eine flächendeckende Aussage machen, d.h., er ist gezwungen zu interpolieren und zu extrapolieren. Nur mit Hilfe von Grundwassermodellen können diese Interpolationen voll datenkonsistent erfolgen.

Der Hydrogeologe interpoliert mit herkömmlichen hydrogeologischen Methoden zwischen bekannten Grundwasseraufschlüssen nur linear. Wenn eine Grundwasseroberfläche gewölbt ist, ist eine lineare Interpolation aber fehlerbehaftet. Auch ein mit herkömmlichen hydrogeologischen Methoden erstellter Grundwasserisohypsenplan ist oft nicht konsistent und für Betrachtungen des Stofftransportes nur bedingt geeignet. Mit Hilfe eines in sich konsistenten Computermodelles können diese Fehler vermieden werden (s. Abb. 1).

2.2 Beispiel 2: Prognose der Stoffausbreitung im Grundwasser

Der Hydrogeologe kann mit herkömmlichen hydrogeologischen Methoden nur den konvektiven Stofftransport betrachten, was bei den in der Regel in natürlichen Grundwasserleitern vorliegenden nichtlinearen Strömungsverhältnissen zu großen Ungenauigkeiten führt. Eine realistische Prognose der Stoffausbreitung unter Berücksichtigung auch der dispersiven Komponente kann dann nur von einem Computermodell angegeben werden (s. Abb. 2).

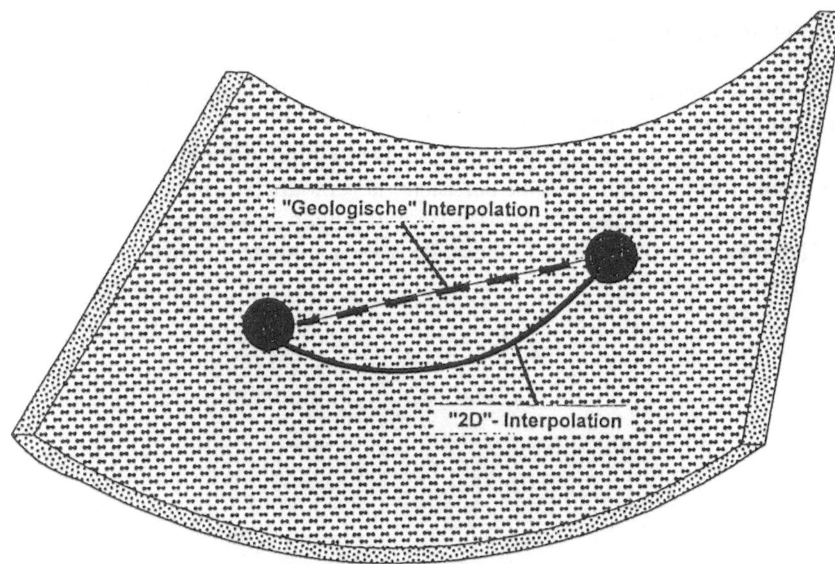

Abb. 1. Unterschied zwischen linearer Interpolation mit herkömmlichen hydrogeologischen Methoden und der Interpolation eines Grundwassermodells

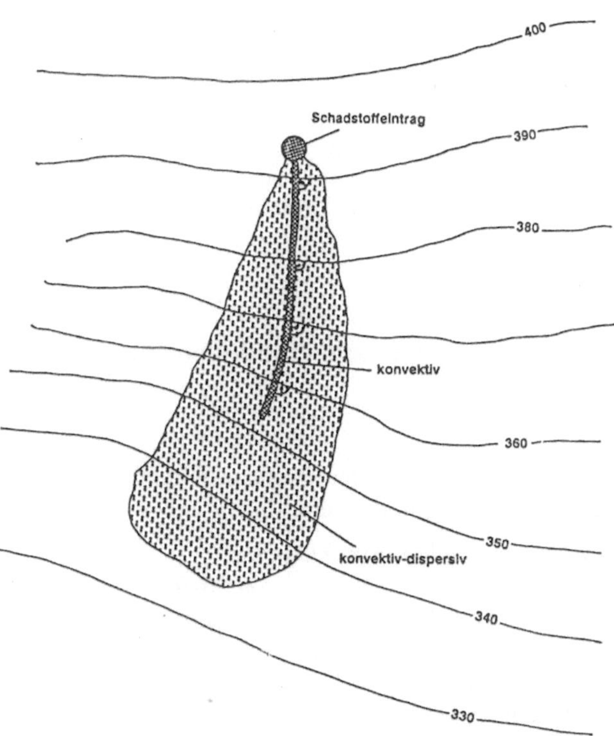

Abb. 2. Unterschied zwischen rein konvektivem und konvektiv-dispersivem Stofftransport im Grundwasser

2.3 Beispiel 3: Worst-case-Betrachtung

Der Hydrogeologe kann im Rahmen einer geroderten Stoffausbreitungsprognose mit herkömmlichen hydrogeologischen Methoden in der Regel nur den wahrscheinlichsten Ausbreitungsfall angeben. Das Computermodell ist dagegen aufgrund seiner Prognosefähigkeit in der Lage, alle möglichen Fälle aufzuzeigen. Der praktische Nutzen solcher Worst-case-Betrachtungen ist sehr groß, da dadurch oft erhebliche Kosten durch sonst benötigte Geländeuntersuchungen eingespart werden können (s. Abb. 3).

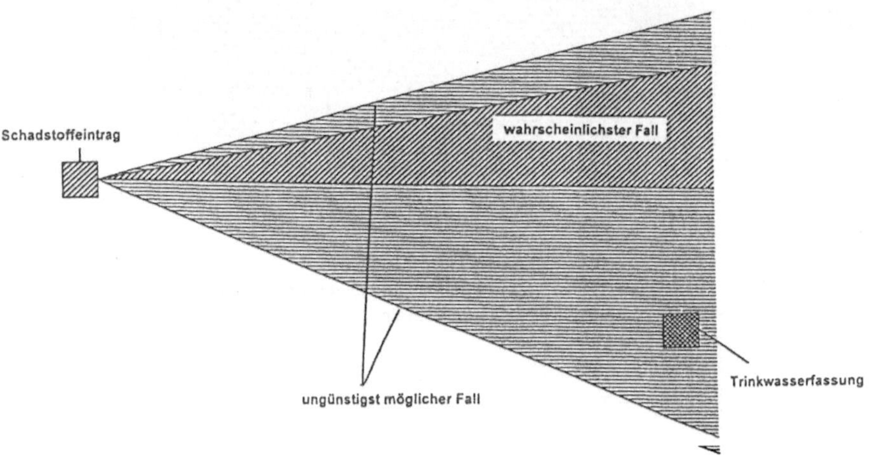

Abb. 3. Unterschied zwischen wahrscheinlichstem Fall (berechnet nach herkömmlichen hydrogeologischen Methoden) und ungünstigst möglichem Fall (berechnet mit Hilfe eines numerischen Grundwassermodells) einer Stoffausbreitung im Grundwasser

3 Einsatzmöglichkeiten von Grundwassermodellen im Grundwasserschutz

Grundwassermodelle können für die vielfältigsten Problemstellungen eingesetzt werden. Typische Einsatzgebiete für Computermodelle sind:

- ***Risikoanalysen für Trinkwassergewinnungsanlagen:***
  Trinkwassergewinnungsanlagen werden zum einen von ortsfesten Risiken bedroht (z.B. landwirtschaftlichen oder industriellen Betrieben). Ein Hauptgefährdungspotential bilden aber vor allem die mobilen Risiken (z.B. Gefahrguttransporte). Mit Grundwassermodellen können diese Risiken quantifiziert und entsprechende Sicherungsmaßnahmen prophylaktisch ergriffen werden.

- ***Risikobeurteilung und Sanierung von Altlasten/Deponien:***
Allein in Deutschland geht von vielen Tausenden von Altlasten eine unterschiedlich starke Bedrohung für das Grundwasser aus. Aus Kosten- und Kapazitätsgründen muß die Sanierung der Altlasten unter Prioritätensetzung nach dem Gefährdungspotential zeitlich gestaffelt erfolgen. Grundwassermodelle können hier das Gefährdungspotential quantifizieren und das jeweils günstigste Sanierungsverfahren berechnen; z.B. kann auch die Frage beantwortet werden, wie ein Schadstoff möglichst schnell und gleichzeitig möglichst kostengünstig aus dem Untergrund entfernt werden kann.
- ***Trinkwassererschließungen:***
Bei Trinkwassererschließungen wird der jeweilige Brunnenstandort oftmals empirisch festgelegt. Dadurch kann nicht ausgeschlossen werden, daß durch eine nicht optimale Standortwahl die Brunnenergiebigkeit deutlich kleiner ausfällt, als dies bei einem optimalen Standort der Fall wäre. Durch den Einsatz von Grundwassermodellen kann der Standort sowohl hinsichtlich der Brunnenergiebigkeit als auch hinsichtlich des Schutzes vor eindringenden Schadstoffen optimiert werden.
- ***Unfälle:***
Durch Unfälle und unsachgemäßes Verhalten können Schadstoffe in das Grundwasser gelangen. Mit Hilfe von Computermodellen können die Auswirkungen einer solchen Kontamination vollquantitativ erfaßt und entsprechende Handlungsvorschläge zur Absicherung und Sanierung unterbreitet werden.
- ***Prognoserechnungen:***
Bei der hydrogeologischen Beurteilung von Standorten wird derzeit meist nur der Ist-Zustand betrachtet. Zukünftig mögliche Änderungen im Grundwasserkörper, z.B. infolge von auch nur kleinen Klimaänderungen oder Nutzungsänderungen, werden dabei oft nicht berücksichtigt. Durch den Einsatz mathematisch-numerischer Modelle können solche zukünftig möglichen Änderungen quantifiziert werden. Somit kann z.B. dem Gedanken der Langzeitsicherheit umfassend Rechnung getragen werden.
- ***Störfallbetrachtungen für Deponiestandorte:***
Dadurch kann der Deponiestandort bereits im Planungsstadium auch im Hinblick auf mögliche Barriereversagen optimal ausgesucht und abgesichert werden (s. Abb. 4).

Diese numerischen Computermodelle repräsentieren in der Hand des verantwortlichen Hydrogeologen den Stand der Technik bei der Qualitätssicherung des Grundwassers und bieten hier bei entsprechender Sorgfalt die derzeit beste und transparenteste Entscheidungsgrundlage.

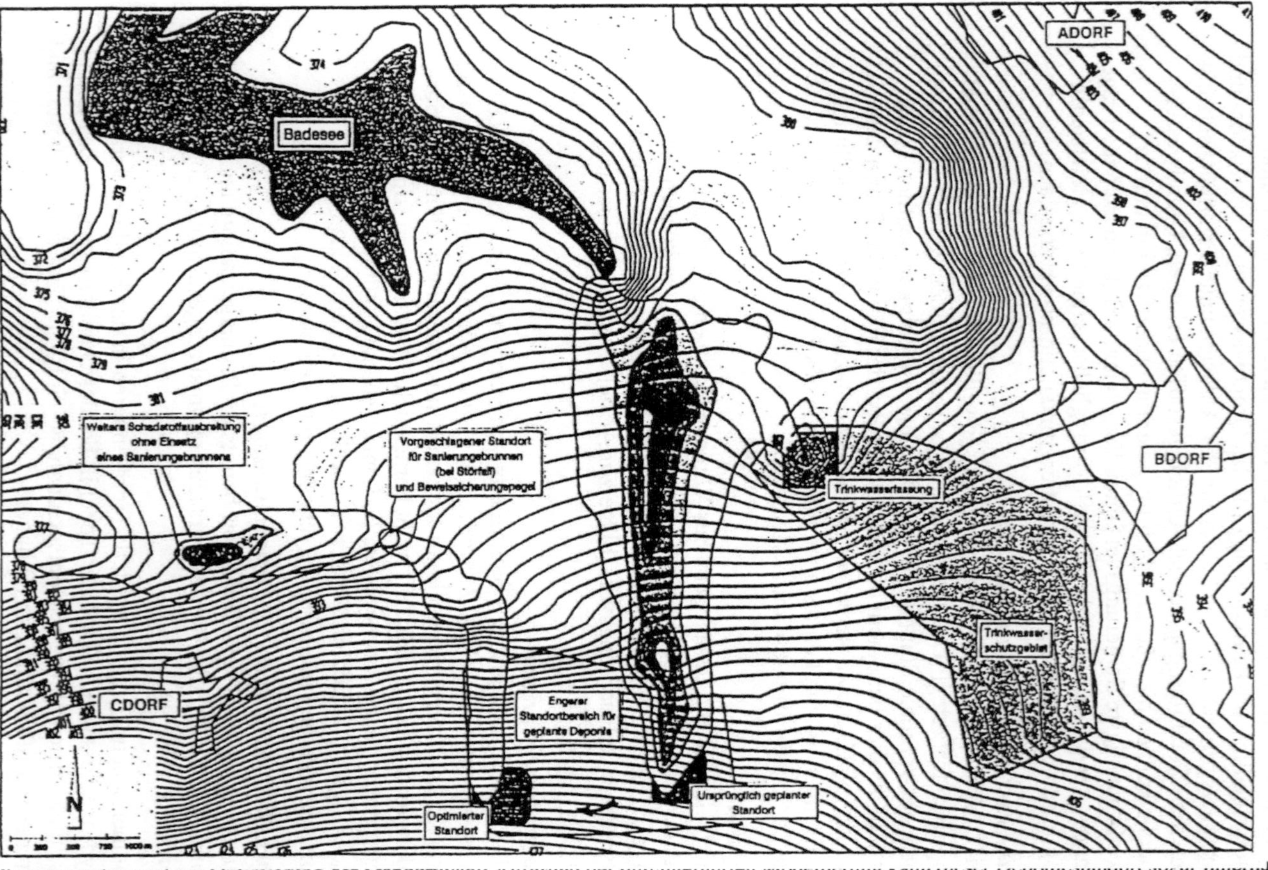

Abb. 4. Planungsinstrument zur Optimierung der Standortwahl: Aufgrund der durchgeführten Modellierung kann dieser Deponiestandort sogar innerhalb des näheren Standortbereichs so optimiert werden, daß eine Gefährdung der Umwelt nach menschlichem Ermessen quasi ausgeschlossen werden kann

3.1 Vorgehen beim Einsatz von Grundwassermodellen

Der Einsatz von Simulationsmodellen im Grundwasserschutz ist derzeit zwar Stand der Technik bei der Qualitätssicherung des Grundwassers, aber in der Praxis noch nicht selbstverständlich. Trotz der enorm gestiegenen Anzahl an Problemstellungen, insbesondere im Bereich der Altlasten und der Landwirtschaft, werden z.B. in Bayern nach unserer Schätzung derzeit nur ca. 2-3 Grundwassermodelle pro Jahr erstellt, obwohl eindeutig nachgewiesen werden kann, daß der Einsatz solcher Modelle wirtschaftlich geboten wäre. Ein Grund für den geringen Einsatz ist, daß hydrogeologische Probleme derzeit meist in Form eines betont schrittweisen Vorgehens angegangen werden, was zwar den Vorteil eines billigen Einstiegs in das Problem bietet, aber leider meist exponentiell steigende Kosten für die einzelnen Untersuchungsschritte zur Folge hat. Der Einsatz eines Computermodells erfordert hingegen zwar relativ hohe Einstiegskosten, die Problemlösung insgesamt ist aber wesentlich preiswerter. Diese relativ hohen Einstiegskosten schrecken Auftraggeber und Fachbehörden trotz der kostenmäßigen und qualitativen Vorteile der Grundwassermodellierung oft noch ab.

Wenn man die Vorteile von Grundwassermodellen optimal ausschöpfen möchte, ist beim Einsatz dieses Werkzeuges im Rahmen der hydrogeologischen Beurteilung ein teilweise völlig anderes Vorgehen geboten, als wenn bei der hydrogelogischen Beurteilung auf ein Grundwassermodell verzichtet wird.

3.2 Sensitivitätsanalysen

Die größte Effizienz mit Grundwassermodellen kann dann erzielt werden, wenn sie von Anfang eines Projektes an eingesetzt werden. Durch sogenannte Sensitivitätsanalysen kann ein Grundwassermodell aufzeigen, wie hoch bei der vorliegenden Datenbasis die Trennschärfe der Aussage ist und in welchen Bereichen des zu untersuchenden Gebietes die größten Datenunschärfen vorliegen und wo damit der größte Untersuchungsbedarf besteht. Die Analyseergebnisse des Modells bestimmen so in einem iterativen Verfahren die jeweils nächsten Untersuchungsschritte. Dieses Verfahren orientiert sich an der Fragestellung und wird kontrolliert durch die Trennschärfe der Aussage. Dadurch werden zum einen unnötige Untersuchungen vermieden, zum anderen aber auch eventuelle Forderungen nach weiterreichenden Arbeiten stichhaltig begründet.

In günstigen Fällen können durch Sensitivitätsanalysen umfangreiche, geplante Untersuchungen eingespart werden, wenn durch diese Analysen nachgewiesen worden ist, daß die geplanten Untersuchungen die Trennschärfe der Aussage nicht beeinflussen. Als Beispiel seien hier Arbeiten für die ehemals geplante Wiederaufarbeitungsanlage für Kernbrennstäbe in Wackersdorf (WAW) angeführt (s. Abb. 5).

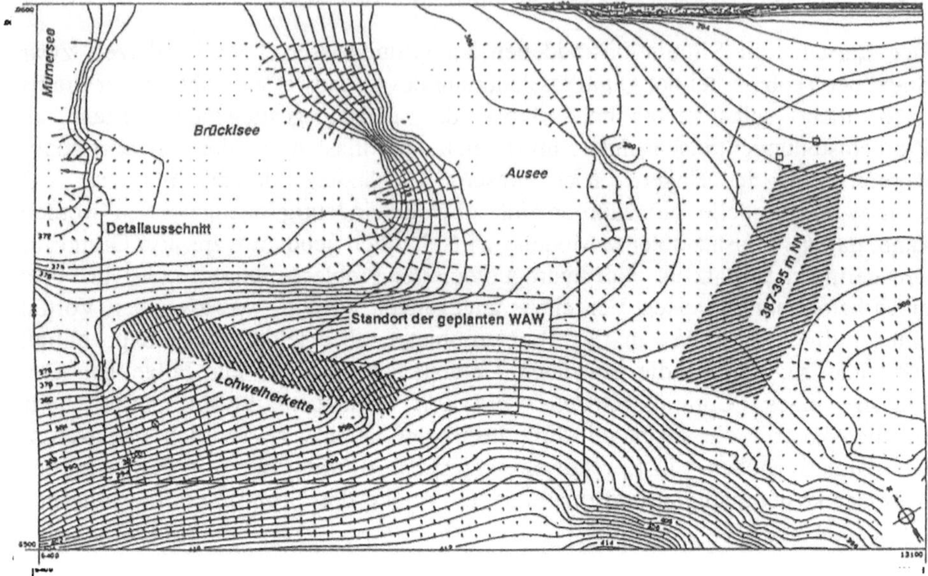

Grundwasseroberfläche für einen prognostischen Endzustand nach Wiederauffüllung der Tagebaue mit Fließvektoren. ////// = Schwankungsbereich der Wasserscheiden nach den Ergebnissen der Sensitivitätsanalysen.

Abb. 5. Fallbeispiel für modellimmanente Fehlerrechnung WAW

Der Grundwasserkörper im Bereich der ehemals geplanten WAW befindet sich infolge früher Sümpfungsmaßnahmen in nahegelegenen Braunkohletagebauen in einem instationären Zustand. Für die hydrogeologische Standortbeurteilung reichte es nicht aus, den Ist-Zustand zu beschreiben, es mußte eine Prognose des wieder stationären Endzustandes nach Beendigung der Wiederauffüllung der Tagebaue erstellt werden. Die Fehlerbreite und die Trennschärfe der Prognose wurde im Rahmen von Sensitivitätsanalysen mit Hilfe einer „Worst-case-Betrachtung" quantifiziert.

Die Prognoserechnungen zeigten, daß sich östlich und südlich der ehemals geplanten WAW Wasserscheiden befinden werden, die eine unterstellte Schadstoffausbreitung aus der Anlage auf die Grundwasserparzelle westlich und nördlich dieser Wasserscheiden beschränkt. Die anschließende Fehlerrechnung belegte, daß die Wasserscheide östlich der Anlage unter allen denkbaren Randbedingungen als nahezu ortsfest anzusehen ist und die Anlage immer in der westlich davon befindlichen Grundwasserparzelle liegt. Umfangreiche Arbeiten zur Untersuchung des Bereichs östlich dieser in Nord-Süd-Richtung verlaufenden Hauptwasserscheide konnten damit unterbleiben.

3.3 Konsistenzprüfungen

Die wichtigste Aufgabe von Grundwassermodellen ist am Anfang immer die Überprüfung der Konsistenz der vorhandenen Datenbasis. Sehr oft basieren mathematische Grundwassermodelle nämlich auf einer Datenbasis sehr heterogener Zusammensetzung und Qualität. So wird z.B. oft die Gesteinsdurchlässigkeit als hinreichend genau bestimmt angesehen, wenn die Größenordnung der Durchlässigkeit bekannt war. Auch heute noch gilt eine Bestimmungsgenauigkeit um den Faktor 2 in der Wasserwirtschaft in der Regel als völlig ausreichend. Dieser Faktor 2 bedeutet aber, daß ein Schadstoff sich doppelt so schnell oder langsam, wie aufgrund der Datenungenauigkeit fälschlicherweise berechnet wurde, bewegen kann.

Die Qualität der vorhandenen, meist sehr alten Daten reicht für moderne Stofftransportmodellierungen oft bei weitem nicht aus. Hier muß ein intelligentes Grundwassermodell eingesetzt werden, das eine Konsistenzprüfung der Daten vornehmen und dem bearbeitenden Hydrogeologen Hinweise geben kann, in welchen Teilen des Untersuchungsgebietes noch Untersuchungsbedarf besteht. Dadurch läßt sich die Qualität der Beurteilung deutlich steigern, und gleichzeitig kann Zeit und Geld gespart werden.

Anhand eines Praxisbeispieles soll im folgenden illustriert werden, wie Konsistenzfehler durch den Einsatz eines intelligenten mathematischen Grundwassermodells erkannt werden können. Die Problemstellung war, für eine im Umfeld einer Deponie gefundene Grundwasserkontamination den Fließweg zurückzuverfolgen und die oberstromig, vermutlich in der Deponie liegende Schadstoffquelle zu finden. Bezüglich der Gesteinsdurchlässigkeiten lagen Daten vor. Für die ermittelten Durchlässigkeitswerte war auch eine einfache Plausibilitätskontrolle entsprechend den üblichen Verfahren durchgeführt worden, und die Daten waren nach positivem Ausgang der Prüfung folglich für gut befunden worden.

Als nun für das Gebiet ein Grundwassermodell erstellt wurde, zeigte sich, daß die gemessenen und die mit Hilfe des Modells gerechneten Grundwasserspiegelstände fast nirgends in Einklang zu bringen waren. Diese Abweichungen hatten bezüglich der Problemstellung aber große Auswirkungen, da sich anhand der vorliegenden Daten keine verläßlichen Fließrichtungen berechnen ließen. Die Abweichung wurde mit Hilfe des Modells festgestellt, und bei der nachfolgenden Fehlersuche konnten die aufgrund fehlerhafter Untersuchungen zugrundegelegten Gesteinsdurchlässigkeiten als der dafür hauptverantwortliche Faktor bestimmt sowie gezielte Untersuchungen und Verbesserungen angeregt werden.

4 Grenzen von Grundwassermodellen

Grundwassermodelle sind aber nicht für alle Fragestellungen geeignet, insbesondere ist ihre Anwendung bei Grundwasserleitern mit hydraulisch wirksamen Kluftsystemen prinzipiell nur sehr eingeschränkt möglich. Dies ist nicht auf mathematische oder auf Probleme der Informatik zurückzuführen, sondern allein auf die zu ungenaue hydrogeologische Kenntnis des Untergrundes, die derzeit in klüftigen Gesteinen auch mit großem Geldaufwand nicht hinreichend verbessert werden kann. So liefern beispielsweise Grundwassermodellierungen im Karst der Frankenalb großräumig zwar sehr gute Ergebnisse, insbesondere im Hinblick auf die Berechnung des großräumigen Potentialfeldes, bei der kleinräumigen Prognose einer Schadststoffausbreitung liefern die Berechnungen erwartungsgemäß aber oft fehlerhafte Resultate (s. Abb. 6).

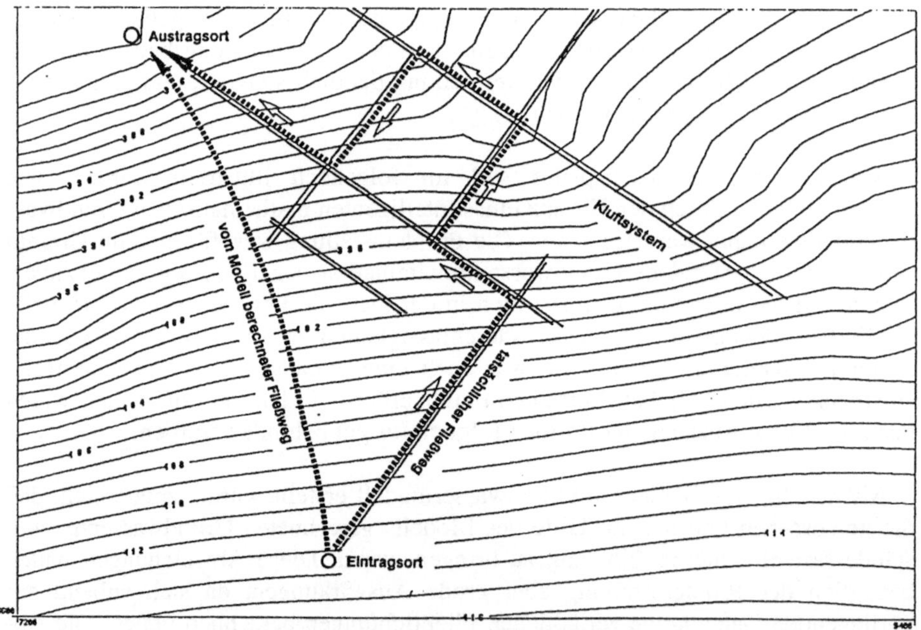

Abb. 6. Beispiel für die Grenze der Prognosefähigkeit mathematischer Grundwassermodelle: Stoffausbreitung in einem Karstgrundwasserleiter

Der Austrittspunkt des Schadstoffes wird in diesem Beispiel vom Modell zwar richtig prognostiziert, der konkrete Fließweg dagegen kann nicht richtig erkannt werden. Hier müssen Ersatzstrategien im Sinne von „Worst-case-Betrachtungen" oder zufallsbasierten statistischen Auswertungsverfahren entwickelt und eingesetzt werden.

4.1 Fallbeispiel: Modellierung eines Karstgrundwasserleiters

Abbildung 7 zeigt als Fallbeispiel die Möglichkeiten eines Grundwassermodells im Karst. Es handelt sich hierbei um die modelltechnisch schwierigste Form des mitteleuropäischen Karstes, die Massenfazies. Die Schwierigkeit dieser Grundwasservorkommen kann dadurch verdeutlicht werden, daß selbst Tracerversuche hier bisher nahezu immer ohne Ergebnis bleiben und daher für die Beantwortung von Fragestellungen nicht herangezogen werden können. Hier kann im Prinzip nur noch mit Worst-case-Analysen gearbeitet werden, da nur diese hier verläßliche Aussagen liefern.

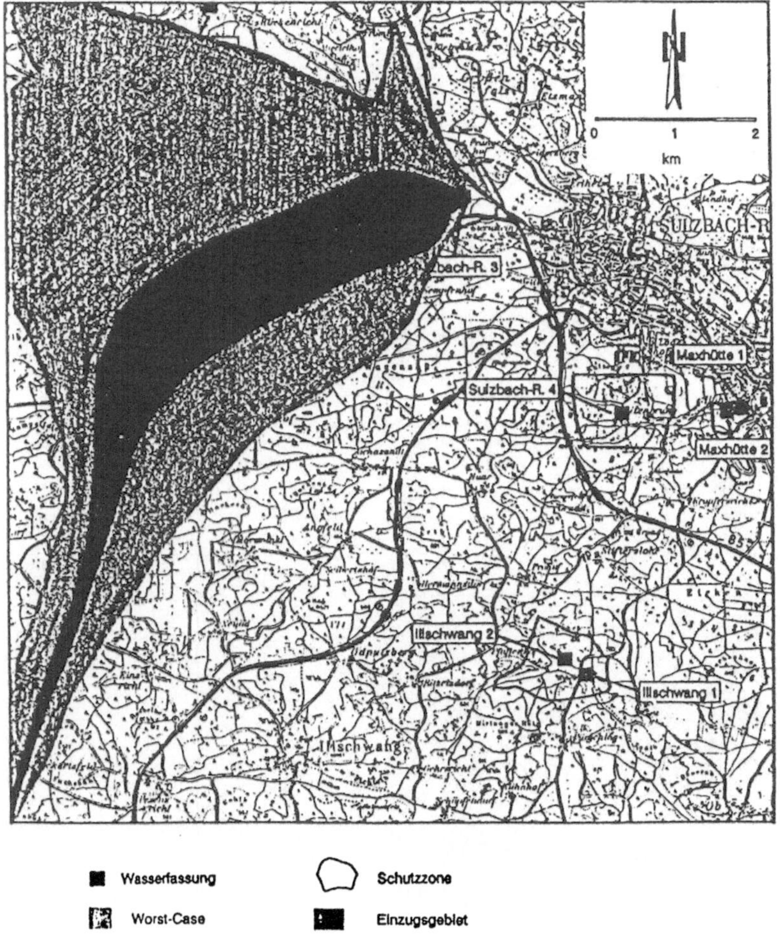

Abb. 7. Worst-case-Rechnung für die Einzugsgebietermittlung eines Trinkwasserbrunnens

5 Offene Fragen beim Einsatz von Grundwassermodellen

Dispersion

Unter Dispersion versteht man die Verminderung eines Konzentrationsgradienten aufgrund einer Fließgeschwindigkeitsverteilung im Aquifer. Die Dispersion ist daher ein Ausdruck für Inhomogenitäten im Aquifer. Wie wichtig die Dispersion für Fragen des hydrogeologischen Alltags ist, zeigt Abb. 8.

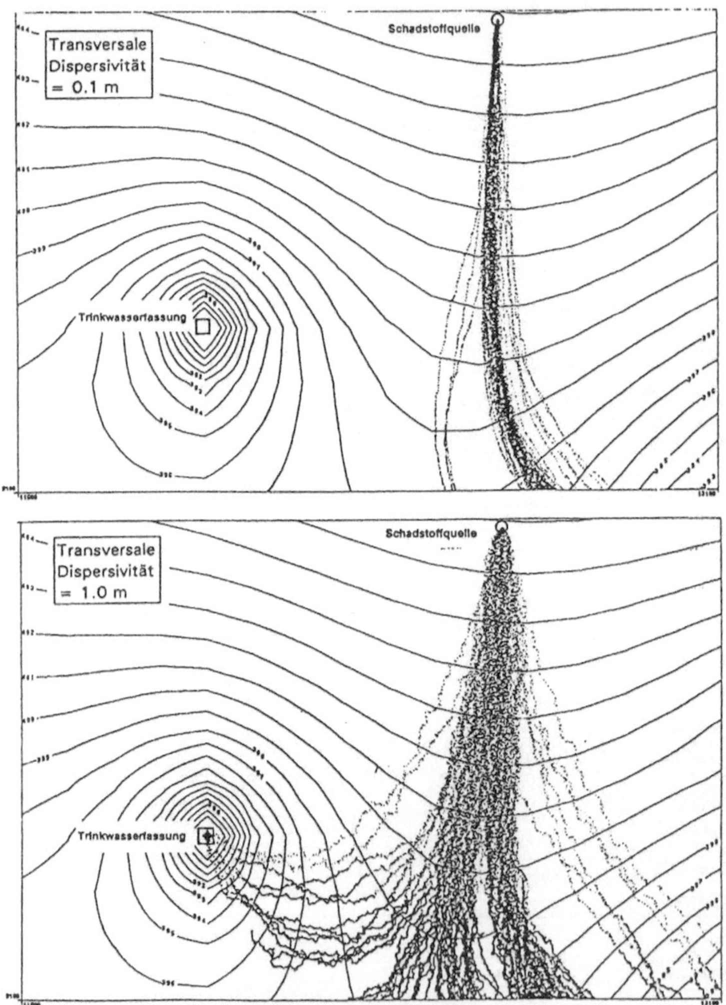

Abb. 8. Einfluß der transversalen Dispersivität auf die Stoffausbreitung im Grundwasser: Für das betrachtete Szenario tritt bei einem kleinen Wert für die transversale Dispersivität von 0,1 m keine Kontamination der Trinkwasserfassung auf (*oberes Bild*), während ein höherer Wert von 1,0 m zu einer Kontamination führt (*unteres Bild*)

Je länger der Fließweg eines Schadstoffpartikels ist, desto größer ist die Anzahl und die Ausdehnung der Inhomogenitäten, die dieses Partikel „sehen" kann. Deshalb wächst allgemein die Dispersion mit der Länge des Fließweges (s. Abb. 9).

Es ist für die Beurteilung von Stofftransportmodellen deshalb wichtig, ob sie mit einer fließstreckenabhängigen Dispersion rechnen oder nicht. Welche Auswirkungen das selbst in einfachsten Fällen haben kann, zeigt Abb. 10.

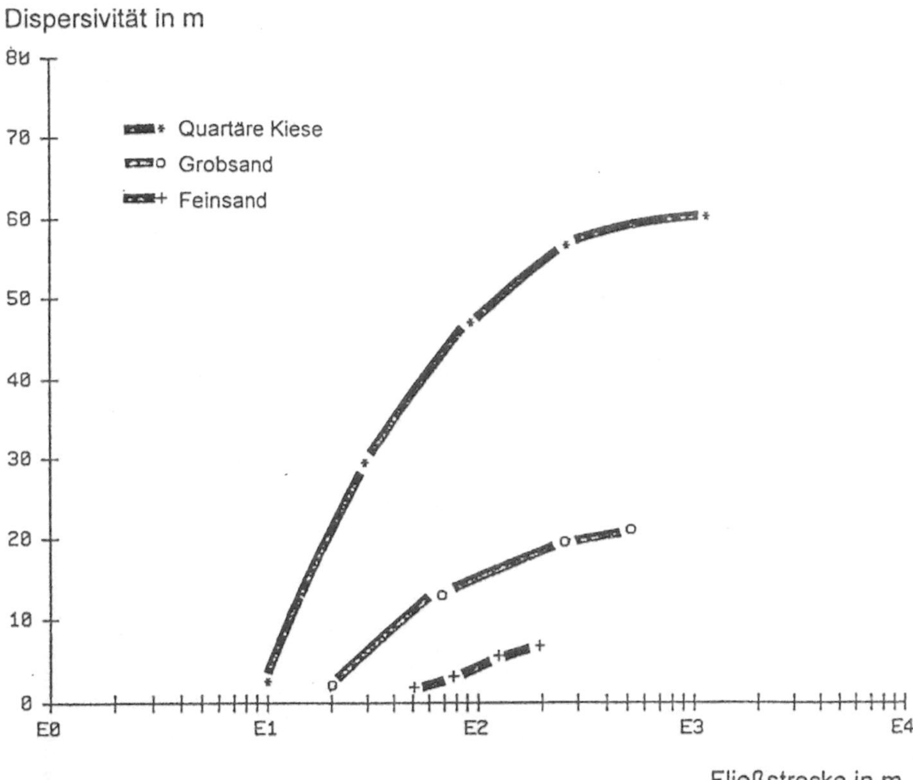

Abb. 9. Abhängigkeit der Dispersion von der Länge des Fließweges

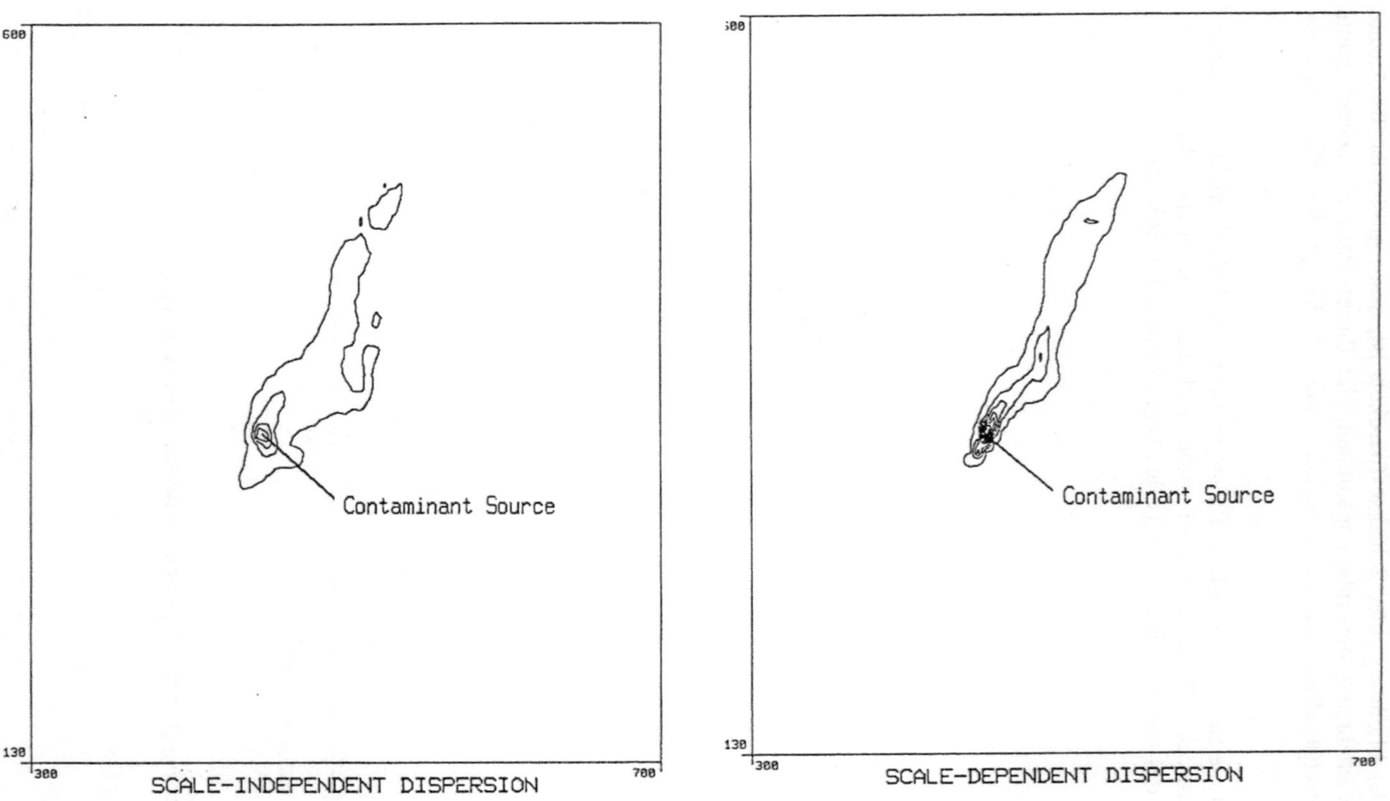

Abb. 10. Einfluß der Skalenabhängigkeit der Dispersion auf die Stofftransportmodellierung

Pfaff versucht derzeit mit Unterstützung des Bayerischen Staatsministeriums für Landesentwicklung und Umweltfragen diesen Effekt in einem Forschungsvorhaben zu quantifizieren.

Ausbreitungsverhalten reaktiver oder komplexbildender Stoffe
Das Ausbreitungsverhalten reaktiver Stoffe und komplexbildender Stoffe ist bisher nur in groben Zügen bekannt. Wenig bekannt ist z.B. über

- die Ausbreitung von Komplexen abhängig von ihrer Konzentration,
- die Ausbreitung von reaktiven Stoffen abhängig von der Dispersion,
- die Ausbreitung von reaktiven Stoffen abhängig von der mineralogischen Zusammensetzung des Gesteins.

6 Zusammenfassung

Für die Qualitätssicherung des Grundwassers bietet der Einsatz von Grundwassermodellen eine ganze Reihe von Vorteilen. Begutachtungen unter Einbeziehung von Grundwassermodellen sind im Vergleich zu mit herkömmlichen hydrogeologischen Methoden durchgeführten Begutachtungen

- konsistent,
- genauer, da bessere Interpolationsfähigkeit (konvektive Grundwasserbewegung),
- realistischer durch Berücksichtigung der dispersiven Stoffausbreitung
- akzeptanzerhöhend durch Transparenz aller Aussagen,
- voll belastbar aufgrund ihrer Fähigkeit zu „Worst-case-Berechnungen“ und exakten Ermittlung des Fehlerbalkens,
- prognosefähig, auch bei instationären Verhältnissen oder zukünftigen, z.B. klimatischen Veränderungen,
- kostengünstiger durch z.B.
    - Vermeidung von abundanten Felduntersuchungen,
    - Reduzierung der Bohrkosten,
    - exakte Bestimmung der Aussagegenauigkeit (Abbruchkriterium),
    - Mehrfachnutzen und langjährige Verfügbarkeit,
    - Optimierung von Standorten und Sanierungsmaßnahmen,
    - Reduzierung von Prozeßkosten durch exakte Verursacherermittlung.

Grundwassermodelle können aufgrund ihrer Prognosefähigkeit ideal für Störfallbetrachtungen eingesetzt werden. Dadurch können sowohl ortsfeste als auch mobile Risiken für das Grundwasser minimiert werden.

Bei Schadensfällen stellen Grundwassermodelle eine verläßliche und bei Vorliegen eines Strömungsmodells sogar sofort verfügbare Entscheidungshilfe zur Beurteilung des Handlungsbedarfs dar.

Wenn man die Vorteile von Grundwassermodellen optimal ausschöpfen möchte, ist beim Einsatz dieses Werkzeuges im Rahmen der hydrogeologischen Beurteilung ein teilweise völlig anderes Vorgehen geboten, als wenn bei der hydrogelogischen Beurteilung auf ein Grundwassermodell verzichtet wird.

So lassen sich viele Probleme im Grundwasserschutz heute durch den Einsatz moderner Informatikverfahren lösen oder doch zumindest wesentlich verringern. Aus Kostensicht ist der Einsatz von Computermodellen oft bereits wirtschaftlicher als der Verzicht darauf, da durch ihren Einsatz anderweitig oft erheblich eingespart werden kann, z.B. bei der Anzahl der benötigten Grundwassermeßstellen.

Gleichzeitig läßt sich die Qualität der Aussagen durch den Einsatz solcher Modelle erheblich steigern, die Aussagen werden reproduzierbar, und die Entscheidungsfindung kann viel transparenter gestaltet werden.

Probenahmesysteme zur Grundwasserüberwachung

Thies Ehlers

1 Einleitung

Die Probenahme ist der erste Teilschritt bei der Durchführung von chemischen und physikalischen Untersuchungen zur Ermittlung der Grundwasserbeschaffenheit. Die sachgemäßge Probenahme ist für die Gewinnung brauchbarer Untersuchungsergebnisse von entscheidender Bedeutung, denn der heutige Stand der Analysetechnik ermöglicht zwar die Bestimmung einer Vielzahl von Wasserinhaltsstoffen mit sehr hoher Genauigkeit, aber der Einsatz der besten Analysetechnik kann keine aussagekräftigen Untersuchungsergebnisse liefern, wenn die Wasserprobe unsachgemäß entnommen oder vor der Analyse unsachgemäß behandelt wurde.

Die Verantwortung für eine repräsentative Grundwasserprobe liegt beim Probenehmer. Die Qualität der Ergebnisse ist aber auch von der richtigen Wahl des Probenahmegerätes abhängig. Es gibt eine Vielzahl von Grundwasserentnahmegeräten, die jedoch nicht alle für die Gewinnung von Proben zur Untersuchung einer repräsentativen Wasserprobe geeignet sind. Im Rahmen dieses Beitrages werden Grundwasserentnahmegeräte für den mobilen Einsatz behandelt, es wird aber auch auf die Frage der Wirtschaftlichkeit bei fest installierten Unterwasserpumpen eingegangen.

2 Anforderungen an Probenahmegeräte

Für die Analyse der Grundwasserbeschaffenheit ist in der Regel ein geringes Probenvolumen ausreichend. Entscheidend ist, daß eine repräsentative Probe des Grundwasserleiters gewonnen wird. Dazu ist es notwendig, das in der Meßstelle vorhandene Standwasser abzupumpen. Zu diesem Zweck können unter Umständen auch leistungsfähigere Pumpen parallel zu den Probenahmepumpen eingesetzt werden. Um sicherzustellen, daß die Grundwasserbeschaffenheit nach einheitlichen Kriterien ermittelt wird und die Ergebnisse miteinander vergleichbar sind, hat eine Arbeitsgruppe aus Vertretern der Landesgruppe Schleswig-Holstein/Hamburg des DVGW und des Landesamtes für Wasserhaushalt und Küsten ein „Merkblatt zur Ermittlung der Grundwasserbeschaffenheit an Brunnen und Grundwassermeßstellen“ erarbeitet (DVWG Schleswig-Holstein/Hamburg 1990)

In diesem Merkblatt heißt es zum Probenahmegerät:

„An alle für die Entnahme von Grundwasserproben zu benutzenden Geräte sind folgende Anforderungen zu stellen:

- Die Geräte müssen für den Feldeinsatz tauglich sein; dies erfordert eine robuste Ausführung, einfache Handhabung und Bedienung sowie leichten Transport, damit auch schwer zugängliche Entnahmestellen beprobt werden können.
- Die Geräte müssen auch im Gelände leicht zu säubern sein, damit bei wiederholtem Einsatz keine Störungen durch Verunreinigungen auftreten.
- Das Material, aus dem das Probenahmegerät sowie die Zubehörteile bestehen, darf weder Stoffe adsorbieren noch in die Probe abgeben, da sonst die Meßergebnisse verfälscht werden. Für Pumpen und Schläuche hat sich die Verwendung von Edelstahl, Teflon und Polyethylen als günstig erwiesen. Für die Beprobung von Grundwassermeßstellen sind Unterwasserpumpen zu verwenden, vom Einsatz von Saugpumpen ist abzuraten.“

Außerdem ist es vorteilhaft, wenn die Probenahmegeräte an möglichst vielen verschiedenen Grundwassermeßstellen einsetzbar sind, die Anschaffungskosten gering sind und die Pumpen elektronisch steuerbar sind.

3 Übersicht: Probenahmegeräte

Diese Übersicht erfolgt in Anlehnung an die Literaturstudie zur Beprobung von Grundwasser im Rahmen des Grundwasserüberwachungsprogramms der LfU, Landesanstalt für Umweltschutz Baden-Württemberg (Knehr et al. 1993). Die Literaturstudie ist Vorbereitung zum „Lehrgang für Probenehmer beim Grundwassermeßnetz“, durchgeführt vom Institut für Siedlungswasserbau, Wassergüte- und Abfallwirtschaft der Universität Stuttgart.

3.1 Schöpfgeräte

Schöpfgeräte für Wasserproben sind zuerst für die Entnahme von See- und Flußwasserproben gebaut und eingesetzt worden. Für diesen Zweck können sie ohne Einschränkung verwendet werden. Für die Grundwasserbeprobung sind Schöpfgeräte im allgemeinen abzulehnen. Nur in Ausnahmefällen dürfen geschöpfte Proben entnommen werden. Solche Fälle liegen vor:

- wenn gezielt nur das Standwasser untersucht werden soll,
- bei sehr geringer Wassersäule in einer Grundwassermeßstelle,
- bei sehr kleinem Durchmesser einer Grundwassermeßstelle, wenn kein anderes Entnahmegerät einsetzbar ist,
- wenn bei sehr tiefen Grundwassermeßstellen oder Brunnen der Einsatz von Pumpen zu aufwendig ist.

In Schöpfproben können grundsätzlich keine gasförmigen Stoffe (z.B. Sauerstoff, freie Kohlensäure, Schwefelwasserstoff) bestimmt werden. Außerdem ist in der Regel damit zu rechnen, daß aus Grundwassermeßstellen durch Schöpfproben „abgestandenes Wasser" entnommen wird, das für den Grundwasserleiter nicht mehr repräsentativ ist. Auf solche Meßstellen sollte verzichtet werden, evtl. müssen geeignete Ersatzmeßstellen beprobt werden, oder es muß ein Meßstellenneubau in Erwägung gezogen werden.

3.2 Kolbenprober

Der Kolbenprober ist ein einfaches, handbetätigtes Gerät, das mit wenig Aufwand selbst zusammenzusetzen ist. Dazu werden ein Hubkolben mit Zylinder aus Glas oder Kunststoff, ein T-Stück aus Kunststoff und zwei Schlauchventile, ebenfalls aus Kunststoff, sowie dazu passende Schläuche benötigt. Der Kolbenprober wird nur dann eingesetzt, wenn alle anderen Probenahmegeräte versagen, es sind nur sehr bescheidene Förderleistungen zu erzielen. Außerdem ist diese Förderleistung diskontinuierlich. Sie liegt je nach Tiefenlage des Wasserspiegels zwischen 0,5 und 0,05 l/min. Bei größerer Tiefenlage als 4 m ist der Einsatz nicht mehr sinnvoll.

3.3 Pumpen im Saugbetrieb

Saugpumpen werden mit Ausnahme des Tiefsaugers oberirdisch eingesetzt, die Saughöhe ist auf etwa 8 m begrenzt. Nur bei kleinem Volumenstrom sind 9 m Saughöhe möglich, dabei sind aber die Angaben des Herstellers zu beachten.

Beim Ansaugen von Grundwasser wird ein Unterdruck erzeugt, der das Ausgasen der gelösten gasförmigen Stoffe wie Sauerstoff, Stickstoff, Kohlenstoffdioxid, Schwefelwasserstoff und z.T. Ammoniak sowie CKW aus dem Wasser bewirkt. Dadurch ist eine quantitative Bestimmung dieser Gase nicht mehr möglich.

Der Antrieb dieser vielfältigen Pumpenbauart erfolgt entweder elektrisch oder durch Verbrennungsmotor, der Einsatz erfolgt entweder durch ortsfesten Einbau oder durch transportable Pumpen. Für die Grundwasserbeprobung kommen nur leichte, tragbare Pumpen mit Zweitaktmotoren in Frage. Es sind relativ robuste Kreiselpumpen mit Förderleistungen bis 2 l/s.

Saugpumpen werden vorzugsweise zum Abpumpen des Standwassers in Grundwasserbeobachtungsrohren eingesetzt, aber auch bei schwer zugänglichen Quellaustritten und bei Brunnen, die keine eingebauten Pumpen aufweisen oder keinen Zapfhahn am Steigrohr besitzen. Zum fachgerechten Betrieb und evtl. der Grundwasserbeprobung mit Saugpumpen sind folgende Punkte zu beachten:

- Kreiselpumpen vor der Inbetriebnahme mit Wasser füllen, auch bei Pumpen die selbstansaugend sind;
- bei mittlerer Umdrehungszahl Auslaufhahn schließen und Entnahmeschlauch rasch in das Entnahmerohr einführen;
- Motorumdrehungszahl erhöhen und Auslaufhahn öffnen;
- durch Regeln der Motorumdrehungszahl und Stellung des Auslaufhahns ist die Förderleistung der Ergiebigkeit der Entnahmestelle anzupassen;
- jede Pumpe erzeugt eine Temperaturerhöhung des geförderten Wassers, die um so stärker ist, je mehr der Auslauf gedrosselt wird.

3.4 Tauchpumpen

Tauchpumpen werden bis unter den Grundwasserspiegel abgesenkt und ausschließlich elektrisch betrieben. Die Unterteilung erfolgt nach der Betriebsart und Größe, mit diesen Pumpen kann Wasser aus sehr tiefen Grundwasseraufschlüssen gefördert werden. Die gasförmigen Inhaltsstoffe des geförderten Wassers entgasen bei der Verwendung von Tauchpumpen nicht, da das Wasser bis zum Auslauf stets unter höherem als dem Atmosphärendruck steht. Lediglich bei CO_2-gesättigtem Wasser muß mit geringen Gasverlusten gerechnet werden.

Kleinsttauchmotorpumpen sind im Prinzip Kreiselpumpen, die ursprünglich ausschließlich für den Campingbedarf entwickelt wurden. Daher wurden sie oft „Campingpumpen" genannt. Diese preiswerten Pumpen werden mit Gleichstrom 12 V oder 24 V betrieben, wobei die Polung keine Rolle spielt. Wegen ihres geringen Gewichts und wegen der einfachen Anschlußmöglichkeit an die Batterie im Kraftwagen oder an einen tragbaren Motorrad-Akku sind diese Pumpen bei den Probenehmern für Grundwasser sehr beliebt.

Vor allem bei Meßstellen mit geringem Flurabstand und bei engen Rohrdurchmessern haben sich diese Pumpen sehr gut bewährt. Bei größeren Flurabständen müssen Pumpenkombinationen durch Zusammenbau von mehreren Einzelpumpen oder mehrere Pumpen übereinander eingelassen werden.

Beim Betrieb der Kleinsttauchmotorpumpen mit den ungefährlichen Gleichspannungen 12 V oder 24 V ist zu bedenken, daß bei längeren Kabeln mit einem erheblichen Spannungsabfall zu rechnen ist. Daher sollten in diesen Fällen Kabel mit größerem Leiterquerschnitt verwendet werden. Eine geringe Überspannung kann ebenfalls Abhilfe schaffen. Diese Pumpen werden nur aus PVC hergestellt. Vorgeschaltete Vliesfilter sind vor jeder Probenahme auszutauschen.

Tauchschwingkolbenpumpen sind kleinere Geräte mit geringer Förderleistung. Wegen des geringen Gewichts können solche Pumpen von einer Person bedient werden. Die Abmessungen erlauben ein Einlassen in enge Rohre. Die Pumpen werden für einen Anschluß an 220 V Wechselstrom angeboten. Die benötigte Wechselspannung kann auch über einen Wandler erhalten werden, der z.B. von einer Autobatterie gespeist wird.

Tauchschwingkolbenpumpen enthalten als Kernstück einen durchbohrten Stahlzylinder. Im Pumpenmantel befinden sich eine oder zwei Wicklungen, in denen durch eine Diodenschaltung ein magnetisches Wechselfeld erzeugt wird. Mit der Frequenz der Wechselspannung schwingt der Stahlkolben auf und nieder und fördert über zwei kleine Ventile Wasser nach oben.

Die Tauchschwingkolbenpumpen eignen sich hervorragend zu Redoxmessungen. Die Förderrate ist gerade richtig für den Durchfluß von Meßzellen. Ferner kommen Tauchschwingkolbenpumpen bei Schadensfällen mit Mineralöl oder Lösungsmitteln zum Einsatz, um die Schadstoffphasen abzupumpen. Im letzteren Fall muß ein Verlängerungsschlauch mit einem Ansaugfilter in die Lösungsmittelphase eintauchen, weil sonst der Kabelwerkstoff aufgelöst würde.

Tauchmotorpumpen werden eigentlich zur Festinstallation in Wasserversorgungsanlagen hergestellt. Grundsätzlich bestehen sie aus zwei Teilen. Im unteren Teil befindet sich der Motor, im oberen sind die Pumpenstufen. Die Pumpenhersteller bauen in den verschiedensten Kombinationen Motorgrößen und Pumpenstufen zusammen, so daß für jede Anwendung eine passende Pumpe nach Durchmesser, Förderhöhe und Förderleistung verfügbar ist.

Für die Grundwasserbeprobung kommen nur die kleinsten Modelle in Betracht. Oft erscheint es zweckmäßig, zwei oder drei Pumpenstufen zu entfernen. Die Pumpe ist dann in der Handhabung kürzer und weniger kopflastig. Tauchmotorpumpen sind bedeutend schwerer als die zuvor beschriebenen Entnahmegeräte. Sie sind von einer einzelnen Person nur unter großer Mühe im Gelände zu handhaben. Um beim Pumpenausbau nicht die gesamte Wassersäule im Pumpensystem heben zu müssen, ist es ratsam, das Rückschlagventil aus den Pumpen zu entfernen.

Falls kein Netzanschluß zum Betrieb verfügbar ist, kann ein Stromerzeuger den benötigten Strom liefern. Allerdings sollte die Leistung des Stromerzeugers etwa den doppelten Betrag der Pumpenleistung aufweisen, damit ein problemloser Betrieb möglich ist. Die kleinsten Pumpenmotoren haben eine Leistungsaufnahme von 370 W. Der dazugehörige Stromerzeuger sollte also mindestens 1 kW abgeben.

Tabelle 1. Empfehlungen zur Auswahl von Probenahmepumpen (Ministerium für Umwelt Baden-Württemberg 1989)

Durchmesser der Meßstelle	Förder-höhe [m]	Förder strom [l/s]	Geeignete Pumpe	Vorteile	Nachteile	Bemerkungen
≥ 2"	0 - 9	2	Saugpumpe (Benzinmotor)	robust, leicht transportabel, hohe Leistung	Gefahr der Verunreinigung durch Benzin, Öl	nur zum Abpumpen von Standwasser geeignet
≥ 2"	0 - 9	1	Saugpumpe (Elektromotor)	robust, billig	Generator erforderlich	nur zum Abpumpen von Standwasser geeignet
≥ 2"	0 - 6	>0,1	Kleinst-Tauchmotor-pumpe	leicht, sehr billig	geringe Förderhöhe (evtl. in Reihe schalten), Material nur PVC, empfindlich gegen Schwebstoffe und Sand	durch Turbulenz (geringe) Entgasung möglich
≥ 2"	0 - 50	0,01	Tauchschwingkolben-pumpe (Elektroantrieb)	leicht, robust	geringe Entgasung, empfindlich gegen Schwebstoffe und Sand	
≥ 2"	> 100	0,1	Membranpumpe (gasbetrieben)	robust, keine Entgasung, verschiedene Materialien (Teflon, Edelstahl), relativ hoher Förderstrom	Druckluftversorgung (Flasche oder Kompressor) erforderlich, empfindlich gegen Schwebstoffe und Sand	falls Silikon oder Gummi-membran Gefahr der Verschleppung von Verun-reinigungen
≥ 2"	>100	0,02	Tauchkolbenpumpe (gasbetrieben)	leicht, verschiedene Materialien	Druckluftversorgung (Flasche oder Kompressor) erforderlich, empfindlich gegen Schwebstoffe und Sand	
> 2"	alle Tiefen	ab 0,01	Tauchmotorpumpe	robust, sowohl kleiner als auch größerer Förderstrom, auch elektronisch steuerbar, verschiedene Materialen	Generator erforderlich,	durch Turbulenz Entgasung möglich

4 Das Probenahmesystem MP 1

Die neueste Entwicklung bei den Probenahmepumpen ist die 2"-Unterwasserpumpe MP 1, die seit 1991 am Markt erhältlich ist und mit einem Durchmesser von 45 mm für Grundwassermeßstellen ab 2" eingesetzt wird. Die MP 1 ist speziell für die Anforderungen bei der Grundwasserprobenahme konstruiert(s. Abb. 1).

So bestehen die Einzelteile der Pumpe aus nichtrostendem Chrom-Nickel-Stahl, die Wellenabdichtung aus PTFE (Teflon) und die Wellenlager aus der Materialpaarung Keramik/Hartmetall. Diese ausgewählten Materialien bieten ein Höchstmaß an Sicherheit, um unverfälschte Wasserproben entnehmen zu können. Diese Materialkombination ist nach allen bisher vorliegenden Testergebnissen als inert einzustufen.

Standen leistungsfähige Unterwassermotorpumpen bisher nur im 4"-Bereich zur Verfügung, so ist es nunmehr möglich, mit Hilfe eines leistungsfähigen Aggregates kostengünstigere Grundwasserbeschaffenheitsmeßstellen ab 2" intensiv zu beproben. Die hohe Drehzahl des über einen Frequenzumrichter gespeisten Spaltrohrmotors und die zweistufige Ausführung der Kreiselpumpe ermöglichen mit diesem Aggregat einerseits Förderströme bis zu 2 m^3/h und eine Förderhöhe H über 90 m und andererseits mit reduzierter Drehzahl die Probenahme bei 100 ml/min. Durch die stufenlos verstellbare Drehzahl des Pumpenaggregates werden Drosselventile in der Druckleitung zum Einstellen des Förderstromes überflüssig. Sowohl Klarpumpen als auch eine funktionsgerechte Probenahme erfolgt mit nur einer Pumpe. Spaltrohrmotor und Pumpe bilden eine Einheit, die zum Reinigen oder für Servicezwecke leicht zerlegt werden kann. Die Laufräder der zweistufigen Pumpe sowie die Teflonspaltringe sind bei Bedarf leicht zu demontieren und zu reinigen, um eine Kreuzkontamination auszuschließen.

Ein problemloser Betrieb des Systems mittels eines Stromerzeugers ist möglich. Auf jeden Fall ist aber darauf zu achten, daß der Stromerzeuger in der Lage ist, die Spannung auch bei größerer Stromaufnahme im Frequenzbereich von 330-400 Hz konstant zu halten. Die Stromversorgung erfolgt über eine mit Tefzel (ETFE) ummantelte Leitung, wobei jede Ader einzeln mit Tefzel ummantelt ist. Die Leitung kann im Fall von Beschädigung nachgesetzt und, mit neuem Dichtungssatz, erneut montiert werden.

Das Pumpensystem ist nicht als explosionsgeschützt klassifiziert. Deshalb müssen örtliche Vorschriften beachtet bzw. Behörden konsultiert werden, falls Zweifel bestehen, ob das Pumpensystem verwendet werden darf. Es sei darauf hingewiesen, daß die Pumpe, da durch einen Spaltrohrmotor angetrieben und mit Flüssigkeit gefüllt, als „non-sparking“ eingestuft ist. Da das Aggregat selbst unter Wasser eingesetzt wird, also nicht in einem zündfähigen Gemisch, kann das System praktisch universell eingesetzt werden. Die zu fördernde Flüssigkeit soll im Temperaturbereich bis max. +35°C liegen und keine langfaserigen Bestandteile enthalten. Der maximale Sandgehalt der Flüssigkeit darf 50 g/m^3 nicht überschreiten. Ein größerer Sandanteil reduziert die Lebensdauer der Verschleißteile.

Die MP1 hat sich in der Praxis bewährt und, obwohl als Probenahmepumpe für kurzzeitigen Betrieb konstruiert, auch Einsätze im Dauerbetrieb problemlos absolviert. Im konkreten Fall lief die Pumpe 18 Monate mit nur kurzen Unterbrechungen im Dauerbetrieb bei ca. 330 Hz und einer Förderhöhe von ca. 40 m. Dann war die Sanierung abgeschlossen, die MP1 noch voll funktionstüchtig. Einige fest in der Meßstelle installierte Pumpen werden seit 1990 nur einmal jährlich betrieben – die Pumpen starten problemlos.

Das Pumpenaggregat ist im Frequenzbereich von 100-400 Hz zu betreiben. Man sieht im nachstehenden Diagramm (Abb. 2), daß der größte Teil der in der Praxis vorkommenden Bedarfsfälle durch das Pumpenaggregat abgedeckt werden kann.

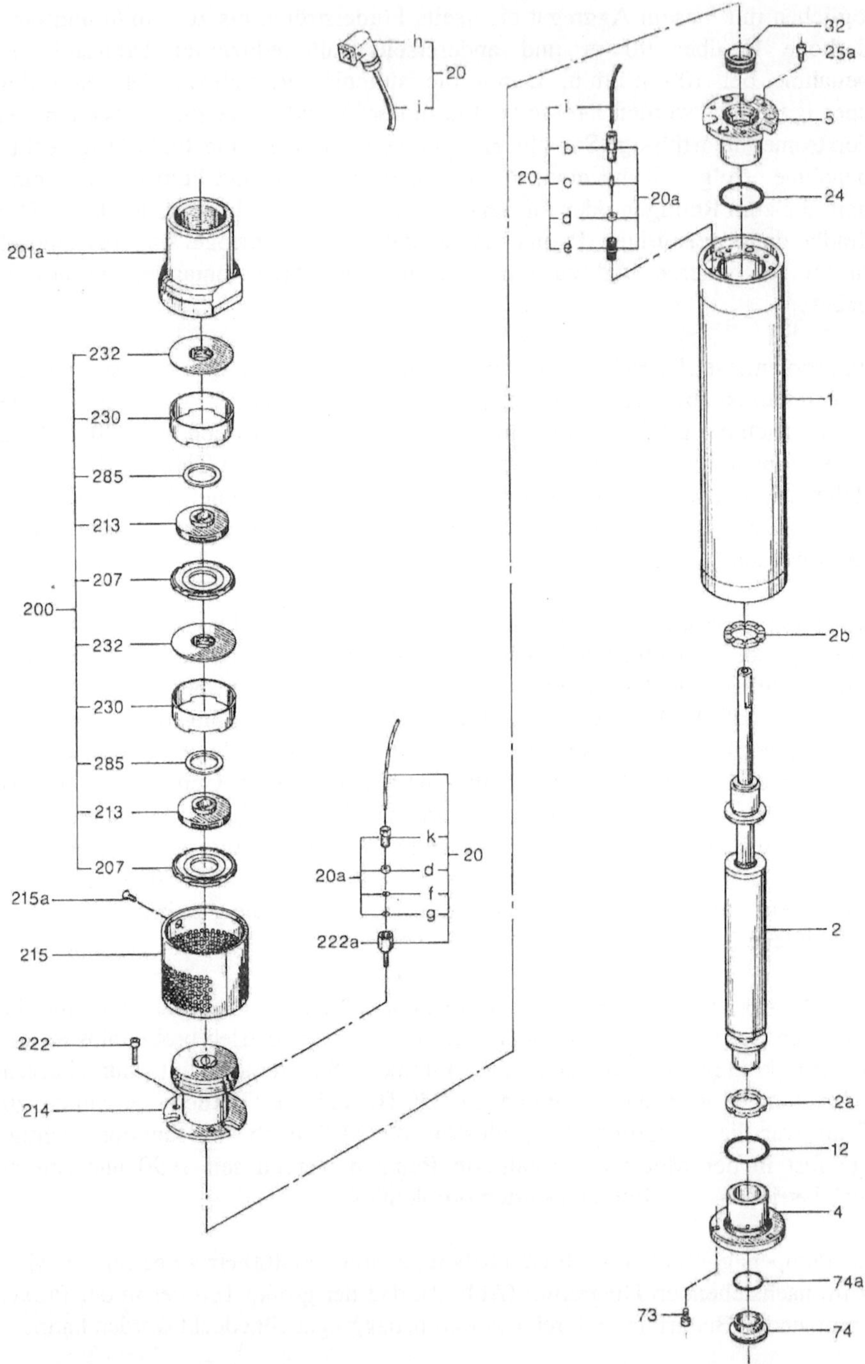

Abb. 1. Das Probenahmesystem MP 1

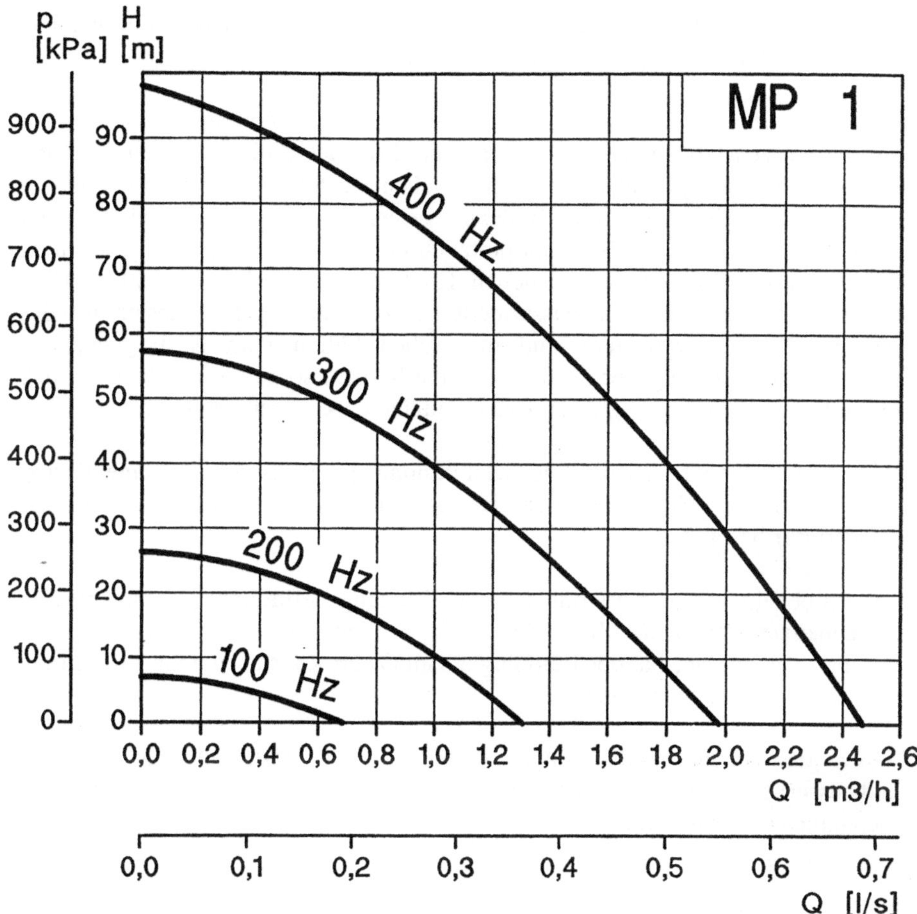

Abb. 2. Arbeitsdiagramm des Pumpaggregates MP 1

4.1 Einsatz und Reinigung

Der Einsatz des Pumpenaggregates in Grundwasserbeschaffenheitsmeßstellen empfiehlt sich in Kombination mit einem Steigrohrsystem, welches in den Werkstoffen PVC-U und PTFE zur Verfügung steht.

Nicht nur die Auswahl der Werkstoffe der Probenahmegeräte spielt für die qualifizierte Probenahme eine entscheidende Rolle, sondern auch die Möglichkeit, das komplette System zu reinigen, um eine Kreuzkontamination zu vermeiden. Diese mag mit Pumpensteigrohren von 2 m Länge noch möglich sein, inwieweit jedoch ein Schlauch von 60 m Länge innen und außen zu reinigen ist, ist fraglich, zumal bei engen, versetzten Brunnen die Einbringung der Pumpe mit einem

Schlauch auf Schwierigkeiten stoßen kann. Weiterhin ist es auf jeden Fall notwendig, nach jeder Beprobung und vor Einbau in die nächste Grundwassermeßstelle die Motorflüssigkeit auszutauschen.

Es sei an dieser Stelle darauf hingewiesen, daß Arbeiten in kontaminierten Bereichen ein zusätzliches Gefährdungspotential für das Probenahmeteam in sich bergen, und zwar ausgehend von den chemischen Stoffen und Stoffverbindungen, die die Verunreinigung des Bodens verursacht haben. Dabei können Verunreinigungen des Grundwassers plötzlich dort auftreten, wo sie vorher nicht vermutet wurden. Bei unerwartet hohen Kontaminationen kann es erforderlich sein, die Pumpe in der Grundwassermeßstelle zu belassen. Die Kosten für das eingesetzte Probenahmesystem sind in solchen Fällen vom Auftraggeber zu erstatten, da der Auftraggeber gemäß VOB die Risiken so zu beschreiben hat, daß jeder Auftragnehmer die möglichen Eventualitäten kalkulieren kann.

Damit sind sämtliche Risiken wie Gefährdung der Probenehmer, eine Kreuzkontamination der Meßstelle oder das zeitaufwendige Reinigen der Probenahmegarnitur beseitigt.

Das Probenahmeteam fährt mit dem im Fahrzeug befindlichen Stromerzeuger und Frequenzumrichter die Meßstellen ab. Es schließt die Pumpen an, pumpt die Meßstellen solange ab, bis der Leitfähigkeitsmeßwert konstant bleibt, und nimmt anschließend eine Wasserprobe.

Neben den oben beschriebenen Vorteilen eines festen Einbaus in der Grundwasserbeschaffenheitsmeßstelle spielt gerade die Zeitersparnis bei der Probenahme eine große Rolle.

4.2 Wirtschaftlichkeitsrechnung

Um beurteilen zu können, ob eine Festinstallation oder der mobile Einsatz des Probenahmesystems kostengünstiger ist, geht man von folgenden Fakten aus:

A 0 = Kosten für eine komplette Probenahmeausrüstung, bestehend aus:
Pumpe MP1 mit 60 m Kabel, 60 m Pumpensteigrohr aus PVC-U, Frequenzumformer, Stromaggregat und div. Zubehör
DM 11 000.-

A 1 = Kosten für Frequenzumformer und Stromaggregat
DM 6 000.-

B = Kosten für Ausrüstung einer Grundwasserbeschaffenheitsmeßstelle, bestehend aus:
Pumpe MP1 mit 60 m Kabel, 60 m Pumpensteigrohr aus PVC-U und div. Zubehör
DM 3 000.-

C = Stundensatz (Kosten für 2 Arbeitskräfte mit Fahrzeug und Ausrüstung sowie Abschreibung der Ausrüstung für ein Jahr)
DM 220.-

D 1 = Zeitdauer der Probenahme mit Ein- und Ausbau der Pumpe mit Reinigung der Rohre und Pumpe sowie Kabel
2 Stunden

D 2 = Zeitdauer der Probenahme bei festem Einbau der Pumpe
1 Stunde

Die vorstehenden Werte ergeben für eine Nutzungsdauer von einem Jahr folgendes Bild (Abb. 3):

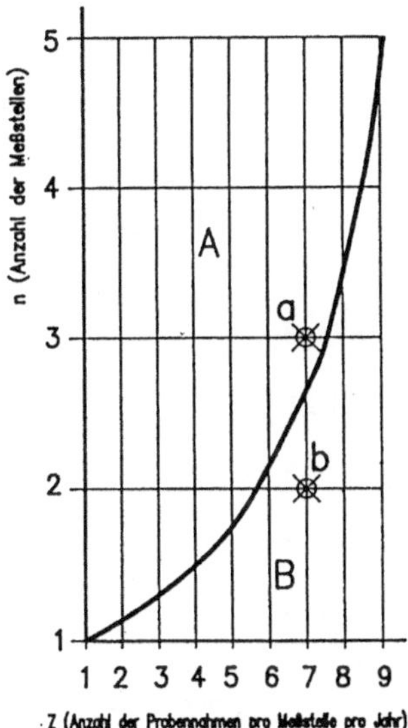

Abb. 3. Ergebnisdarstellung des Rechnerprogramms mit zwei Bereichen:, (*A*) Bereich, in dem der Ein- und Ausbau der Pumpe und Steigrohre bei jeder Probenahme kosten günstiger ist,(*B*) Bereich, in dem der feste Einbau der Pumpe und Steigrohre in jede Meßstelle kostengünstiger ist

Zwei Beispiele machen den Unterschied deutlich:

- Bei 3 Meßstellen und 7 Probenahmen pro Meßstelle/Jahr ist der Ein- und Ausbau der Pumpe und Steigrohre bei jeder Beprobung kostengünstiger (s. A in Abb.3).
- Bei 2 Meßstellen und 7 Probenahmen pro Meßstelle/Jahr ist dagegen der feste Einbau der Pumpe und Steigrohre kostengünstiger (s. B in Abb.3).

Unter bestimmten Voraussetzungen gestaltet sich also der feste Einbau von Pumpe und Steigrohren in jede Meßstelle neben den vielen bereits genannten Vorteilen auch von den Kosten her weitaus günstiger.

Eine Änderung der oben angenommenen Daten führt zu einem anderen Kurvenverlauf. Nachstehend wird das Ergebnis für das 1. Beispiel (3 Meßstellen und 7 Probenahmen pro Meßstelle/Jahr) dargestellt unter der Annahme, daß die Nutzungsdauer sich von einem auf fünf Jahre ändert (Tabelle 2).

Tabelle 2. Wirtschaftlichkeitsrechnung

```
K A L K U L A T I O N S G R U N D L A G E
-----------------------------------------
Anlagen-Bezeichnung..........:            (Bez)
Anwendung....................:         Beprobung
Einbautiefe..................:                60 m
Pumpensteigrohr   in.........:               PVC
gewünschte Steigrohrlänge.....:                2 m
Stundensatz komplett..........:              220 DM
Probenentn.bei mobilem Einbau.:                2 h
Probenentn.bei festem Einbau..:                1 h
Anzahl der Messtellen.........:                3
jährl.Probenentn.je Messtelle.:                7 /Jahr
geplante Nutzungsdauer........:                5 Jahre


E R G E B N I S   D E R   A U S W E R T U N G
---------------------------------------------
Einbauart                         fest          mobil

Investition           [DM]        19919         13173

lfd. Kosten      [DM/Jahr]         4620          9240

Gesamtkosten          [DM]        43019         59373
 in  5 Jahren

Amortisationszeit [Jahre]         1.46
 für festen Einbau
```

Die für diese Berechnungen verwendete Software stellt GRUNDFOS auf Anfrage kostenlos zur Verfügung.

5 Die 3"-Tauchmotorpumpe JetSub

Vor der Probenahme muß das Standwasser in der Meßstelle abgepumpt werden. Häufig ist das 2- bis 4fache Rohrvolumen zu fördern, bis Parameter wie elektrische Leitfähigkeit und Temperatur konstant sind. Es kann aber auch erforderlich sein, den Meßstelleninhalt häufiger zu entnehmen. Dann ist, insbesondere bei großem

Durchmesser der Grundwassermeßstelle, eine leistungsfähige und trotzdem handliche Pumpe wünschenswert. Die JetSub bietet mit 4,8 kg Gewicht und 441 mm Länge bei einem Durchmesser von 71 mm eine Lösung.

Diese Tauchmotorpumpe hat einen integrierten Frequenzumrichter, der den Motor mit der fest eingestellten Frequenz von 187 Hz versorgt, was einer Drehzahl von 10 800 1/min entspricht. Der Motor wird mit Wechselstrom versorgt, separater Motorschutz oder Kondensator sind nicht erforderlich. Die JetSub ist für die Hauswasserversorgung konstruiert mit Laufrädern und Kammern aus PPE Komposit.

- Förderhöhe: max. 140 m
- Förderstrom: max. 5,5 m^3/h
- Die Verkaufsfreigabe in Deutschland ist für Mai 1994 vorgesehen.

6 Fazit

Qualitätssichernde Maßnahmen bei der Grundwasserüberwachung dürfen sich nicht nur auf den Laborbereich erstrecken, sondern müssen den Probenehmer und die Probenahmegeräte mit einschließen.

In diesem Beitrag werden Lösungen hierfür vorgestellt. So wird in Abschnitt 3 auf eine der Möglichkeiten zur Qualifizierung der Probenehmer hingewiesen und in Abschnitt 4 das speziell für die Grundwasserüberwachung konstruierte Probenahmesystem MP1 erläutert.

Literatur

Cherry, Eisen, Harju, Iles, Parker (1992) National Groundwater Sampling Symposium. GRUNDFOS PUMPS CORPORATION, Clovis, CA, USA

DVGW Schleswig-Holstein/Hamburg (1990) Merkblatt zur Ermittlung der Grundwasserbeschaffenheit an Brunnen und Grundwassermeßstellen. Landesamt für Wasserhaushalt und Küsten Schleswig-Holstein

Gries (1992) Bau und Beprobung von Grundwasserbeschaffenheitsmeßstellen. Beobachtung und Kontrolle des Grundwassers, bbr, Jg. 43, Nr. 3, S. 115-118

Knehr, Wurmthaler, Lamberth, Ruck, Rott (1993) Grundwasserüberwachungsprogramm. Landesanstalt für Umweltschutz Baden-Württemberg

Neue Techniken der Grundwassererkundung

Volker Firchow

1 Die GK-Technologie: Ein neuartiges Verfahren führt schon beim Bohren zu verlässlichen Grundwasseranalysen

Die Beschaffenheit des Grundwassers wird durch verschiedene physikalische Eigenschaften (Dichte, Viskosität), die darin stattfindenden geochemischen Umsetzungsprozesse (Hydrolyse, Oxidation, Reduktion) sowie durch biologische Vorgänge (mikrobielle Stoffumsetzungen) direkt oder indirekt beeinflußt. Wesentliche Veränderungen können auch durch anthropogene Stoffeinträge in gasförmiger, flüssiger oder fester Phase hervorgerufen werden.

Anhand der Milieubedingungen bzw. der im Grundwasser vorhandenen Inhaltsstoffe kann das Grundwasser geohydrochemisch oder genetisch typisiert werden. Der wassererfüllte Teilbereich des Grundwasserleiters weist in der Regel eine vertikale und horizontale Schichtung auf, die durch die unterschiedliche Beschaffenheit des Grundwassers hervorgerufen wird.

2 Die bisherige Situation der Grundwasseruntersuchung

Kenntnisse über das Grundwasser zu erhalten, ist mit einem hohen Aufwand, aber auch mit Fehl- und Rückschlägen verbunden. Im Rahmen intensiver Vorerkundungen sind zunächst Gütemeßstellen zu bauen – dort, wo es auf Erkenntnisse über die tiefengegliederte Wasserbeschaffenheit ankommt und überwiegend in Form von unterschiedlich tiefen Einzelmeßbrunnen.

Die zu entnehmenden Wasserproben liefern somit ein unvollständiges Bild über die räumliche Verteilung der Inhaltsstoffe, immer mit dem Nachteil verbunden, daß die zur Erkundung niedergebrachten Bohrlöcher komplett ausgebaut und für die Probenahme klargepumpt werden müssen. Die Analysenergebnisse sind meist Zufallswerte, die die eigentlich angestrebte Kenntnis über Maximal- oder Minimalwerte und deren räumliche Lagen nicht vermitteln.

Der Packer im Bohrloch ist dort nur einsetzbar, wo standsicheres Gestein durchbohrt worden ist. Der Packertest ist aufwendig und liefert nur für den einzelnen Entnahmeabschnitt eine Aussage.

Ähnliches gilt für die verschiedenen Lösungen in dazu ausgebauten Bohrlöchern, bei denen über die Tiefe verteilte Kleinfilter oder einzelne gegeneinander abgedichtete Bohrlochabschnitte für solche untereinanderliegenden Entnahmebereiche hergerichtet werden. Dabei werden also nur Einzel- und damit Zufallswerte aus unter „stationären" Bedingungen gewonnen Wasserproben ermittelt.

3 Die neuartige GK-Technologie

Eine neue Technologie vermeidet die hohen technischen und wirtschaftlichen Aufwendungen und die Behinderungen für die Wasserprobeentnahme durch das Bohren. Die GK-Technologie gestattet die permanente Untersuchung der Grundwasserbeschaffenheit schon beim Bohren,

- ohne aufwendige vorherige Herrichtungen des Bohrloches,
- ohne besondere Maßnahmen im bis zum Entnahmezeitpunkt hergestellten Teil einer Bohrung (z. B. Verrohrungen, Einbauen-Setzen-Ausbauen von Bohrlochpackern),
- ohne für die Grundwasserverprobung vorher Bohrwerkzeug, Gestänge und Verrohrung ausbauen zu müssen,
- ohne feste oder vorübergehend in das Bohrloch einzubringende Ausbauten.

Stattdessen wird eine im Bohrstrang angeordnete Entnahmevorrichtung vorbereitend für die Entnahme von Wasserproben ständig mitgeführt. Am gewünschten Entnahmepunkt wird die oberhalb vom Bohrwerkzeug montierte Entnahmevorrichtung durch eine Änderung der Spülstromrichtung und zugehörige Ventilsteuerungen vom für den Spülvorgang beim Bohren abgeschotteten zu einem geöffneten Zustand umfunktioniert. In diesem Zustand kann das Probewasser in die dann durchgehend perforierte Entnahmevorrichtung in das Innere des Bohrgestänges eindringen.

Die GK-Technologie nutzt ein Phänomen, das von Bohrpraktikern bei der Suche nach geeigneten Grundwasserbereichen, aus denen Trinkwasser ohne nachfolgende Aufbereitung gefördert werden kann, erkannt worden ist. Es gelingt, mit Hilfe einer üblichen Bohrspülung und einer einfachen Bohrlochbehandlung in Höhe der Entnahmevorrichtung, das im darüberliegenden Bohrlochabschnitt anstehende Grundwasser während der Probenahme durch die über der Entnahmestelle anstehende Spülungssäule im Bohrloch vom Zutritt zum Förderstrom abzuhalten.

Zum Zeitpunkt der Entnahme von Grundwasserproben ist das Bohrloch also in zwei Abschnitte geteilt – einen oberen Bereich, in dem das Grundwasser über die bisher erbohrte Strecke abgedichtet ist, und einen kurzen Durchflußbereich in Höhe der Entnahmevorrichtung.

Der Nachweis für diese hydraulischen Zusammenhänge wird „selbsttätig" geliefert: Beim Abpumpen für die Reinigung des Entnahmeabschnitts und die nachfolgende Probenahme steht der Spülungsspiegel unveränderlich im Bohrloch und im damit verbundenen Spülungsbecken/ -behälter.

Der eigentlichen Probenahme vorgeschaltet ist ein kurzer Zeitabschnitt, in dem die Spülung und Schwebstoffe vom Bohrvorgang aus dem kurzen Bohrlochabschnitt in Höhe des perforierten Teils der Entnahmevorrichtung entfernt werden müssen. Für die Probenahme können marktübliche Tauchmotorpumpen verwendet werden. Der Einsatz von Kleinpumpen ist nach durchgeführten Probeeinsätzen ebenso möglich. Der kurze Perforationsabschnitt in dem Entnahmegerät und die reduzierte Förderrate im Anschluß an das Klarpumpen sichern, daß die Wasserprobe nur aus einem wenige Dezimeter engen Bohrlochabschnitt entnommen wird, die Verprobung also an einen eng begrenzten, hydrogeologisch oder hydrochemisch bedeutsam erscheinenden Entnahmeabschnitt gebunden bleibt.

Die eigentliche Probennahme erfolgt über Flur aus dem vollen Förderstrom oder aus einem mit einer besonderen Entnahmevorrichtung gewonnen Teilstrom.

Die GK-Technologie vermittelt also eine unmittelbar mit dem Bohr- und Erkundungsvorgang verbundene Grundwasserverprobung. Die Probenahme ist dadurch dynamisiert, weil sie an jeder Stelle vorgenommen werden kann. Die Ergebnisse der im Laufe einer Bohrung mit Hilfe der GK-Technologie durchgeführten Wasseranalysen – insgesamt oder wenigstens für kennzeichnende Parameter sofort auf dem Bohrplatz analysiert – liefern Beurteilungs- und Entscheidungskriterien für die Bohr- und Erkundungsarbeiten so zeitnah, wie sie mit anderen Verfahren nicht vermittelt werden können.

Mit Hilfe von aus einem Bohrloch mit der GK-Technologie gezogenen Wasserproben erhält der Fachmann ein vertikales Beschaffenheitsprofil und – über mehrere Bohrungen – Kenntnisse über die räumliche, also die vertikale und horizontale Verteilung von Inhaltsstoffen des Grundwassers. Fragen zur Hydrogeologie und Geohydrochemie, insbesondere aber auch zur Grundwasserkontamination, werden erst mit Hilfe der GK-Technologie vollständig, verläßlich und plausibel beantwortet. In allen Erkundungsphasen können die zur Verfügung stehenden Mittel verstärkt von der bisher notwendigen Herrichtung von Bohrlöchern zu Meßstellen auf eine verdichtete Bohrerkundung verlagert werden. Notwendige Gütemeßstellen können auf der Basis der vorher erhaltenen Untersucherungsergebnisse ebenso gebaut werden wie Versuchs- oder Förderbrunnen zur Grundwassergewinnung, für balneologische Zwecke, zur Sanierung oder Abschirmung in Kontaminationsfällen oder für sonstige Fälle.

Die GK-Technologie gestattet über den Hauptzweck der Gewinnung von Grundwasserproben hinaus weitere hydrogeologische hydrochemische Untersuchungen, z. B. zu Fragen der Durchlässigkeit und dem Einsatz von Spezialsonden zur Bestimmung der Wasserdruckverhältnisse sowie zur Erkennung von Beschaffenheitskriterien in situ (Temperatur, Leitfähigkeit u. ä.)

Geophysikalische Methoden zur Erkundung von Grundwasserschadensfällen

Artur W. Kolodziey

1 Einleitung

„Geophysikalische Methoden zur Erkundung von Grundwasserschadensfällen" sollte besser heißen: *„Erkundung von physikalischen Eigenschaften des Untergrundes im Zusammenhang mit Grundwasserschadensfällen"*.

Andererseits jedoch sollte der Begriff Geophysik schon im Titel nicht fehlen, wird nur allzu selten an die Möglichkeiten der Verfahren gedacht, die diese Disziplin der Geowissenschaften als Spektrum verschiedener Methoden praktisch anbietet.

Ein Schadensfall, der das Grundwasser gefährdet, ruft natürlich nicht in erster Instanz nach der Geophysik, doch bei der Erhebung des Ist-Zustandes und den Fragen nach Ursachen und Auswirkungen der Kontamination, beispielsweise der Herkunft der Schadstoffe, ihrer Transportwege, eventueller Anreicherungen u.a., können geophysikalische Verfahren helfen, grundsätzliche Fragen zu beantworten und unterstützend Informationen liefern.

Was wird von der Geophysik erwartet, was kann sie leisten? Das folgende Schema soll dies erläutern:

Unterschiedliche Untergrundverhältnisse mit verschiedenen Durchlässigkeiten und Bodenkennwerten, Verkarstung und Klüftung in Festgesteinsbereichen machen bei es bei vielen Grundwasserschadensfällen notwendig, sorgsame Erkundungskonzepte zum Verständnis der Ausbreitungswege und Geschwindigkeiten der

Kontamination zu erarbeiten, um den Schaden für die Umwelt klein zu halten und geeignete Sanierungskonzepte entwickeln oder anwenden zu können.

Es gibt sicher geologisch einfache Fälle, in denen der Einsatz der Geophysik nicht notwendig oder rentabel ist. Doch es gibt viele Fälle, in denen der Einsatz geeigneter geophysikalischer Verfahren und deren sinnvolle Kombination zur Schadenminimierung beitragen kann oder gar erst optimierte Erkenntnisse zu einer erfolgversprechenden Sanierung verschafft.

Dieser Beitrag soll ein zusammenfassender Katalog der Einsatzmöglichkeiten der Geophysik bei Grundwasserschadensfällen sein, der den Stand der heutigen Technik darstellt, aber ebenso einen Ausblick auf zu erwartende Systeme geben. Die Wirkungsweisen der einzelnen Verfahren und die möglichen Verfahren der Standardingenieurgeophysik können in dem zeitlichen Rahmen nicht vorgestellt werden. Am Ende des Beitrags soll die Einsatzmöglichkeit der Geophysik bei der Sanierung von Grundwasserschadensfällen vorgestellt werden.

In folgenden Bereichen leistet die Geophysik Beiträge:

- Erfassung der geologischen Umfeldparameter,
- Bestimmung der Aquifergeometrie (Tiefenlage etc.),
- Lokalisierung der Schadensquelle,
- Kartierung der Tiefenverteilung der Kontamination,
- Kartierung der Schadensausbreitung in der Fläche,
- Monitoring einer zeitlichen Veränderung,
- Sanierungsunterstützung.

Als Grundwasserschadensfälle werden hier auch solche Ereignisse verstanden, die zu solchen führen, also Kontaminationen in der ungesättigten Zone oberhalb des Grundwasserspiegels. Da der Schaden maßgeblich von der Gesteinsdurchlässigkeit (Porosität) und Permeabilität abhängt, bildet auch die Erkundung durch die Geophysik neben der Klärung des geologischen Aufbaus hier einen Schwerpunkt.

2 Geophysikalische Erkundung der geogenen Bedingungen in Hinblick auf Grundwasserschadensfälle

2.1 Kartierung von Grundwasserstauern in Lockersedimenten

Oft genügt für die Abwägung der Schadensform und Einleitung von sanierenden Maßnahmen die Erfassung des „Wo und Wieviel“, da meist das „Was“ bekannt ist. In Lockersedimentgebieten ist dazu die Kartierung von stauenden Schichten im Untergrund ein gutes Hilfsmittel. So sind es in der Regel Tonhorizonte, die es zu kartieren gilt. Die Geophysik bietet Verfahren, um sowohl deren Tiefenlage als auch deren flächenhafte Erstreckung zu erfassen.

Oftmals sind die Schichten nicht durchgängig vorhanden, oder sandige Einschaltungen machen einen Stauer lokal durchlässig und stellen Kontaminationspfade dar, oder es existiert ein Relief des stauenden Horizontes, so daß an dessen Tiefstellen beispielsweise für CKW-Schäden geeignete Ansatzpunkte für Stripanlagen und andere Sanierungsmaßnahmen bestünden. Diese Fehlstellen oder Tieflagen des Stauers von der Oberfläche aus zerstörungsfrei zu bestimmen, kann eine geeignete Verfahrenskombination der Geophysik erreichen.

Gleichstromgeoelektrik, ein Spektrum elektromagnetischer Induktions- und Reflexionsverfahren, Refraktions- und Reflexionsseismik und eine Reihe anderer Verfahren stehen zur Verfügung, in – dem jeweiligen Untergrund angemessenen – Untersuchungskonzept gemeinsam die geologischen Strukturen zu erkunden, die für die Bewertung und Sanierung der Grundwasserschäden wichtig sind.

Für eine flächenhafte Erkundung wird meist eine Kombination schnell durchführbarer Elektromagnetikverfahren zu verschiedenen Aussagetiefen gewählt (EM 31 und EM 34 oder VLF, VLF/R, MAXMIN u. a. wird in einem technischen Anhang erörtert), um die Leitfähigkeitsverteilung bis zu gewissen Tiefen zu erfassen. Die elektrisch gut leitenden Tone lassen sich so in der Flächenverteilung kartieren, wobei die entsprechende Bestimmung der Tiefenlage durch einige gezielt positionierte gleichstrom-geoelektrische Sondierungen erfolgt.

Treten Probleme bei der Erfassung des Grundwasserspiegels auf, der in der Regel in Sanden geoelektrisch sondierbar ist, aber durch Toneinschaltungen in den trockenen Sanden ähnliche Wiederstandswerte aufweisen kann wie der feuchte Sand, wird mittels gezielt angeordneter Seismikkurzprofile die Lage des Wasserspiegels bestimmt.

Somit kann das Verständnis des Schichtaufbaus des Untergrundes und damit der Horizonte und Wege von Grundwasser und der kontaminierten Bereiche entschieden verbessert werden. Bei reliefierter Staueroberkante lassen sich so geeignete Ansatzpunkte für Sanierungsmaßnahmen gezielt bestimmen. Besteht die Kontamination aus ionenreicher Flüssigkeit, so ist diese in ihrer gesamten Ausdehnung von der Oberfläche aus als Leitfähigkeitsmaximum in der Fläche zu einstellbaren Aussagetiefen erfaßbar.

2.1.1 Seismische Reflexionsverfahren zur Kartierung des Schichtaufbaus

Seit Mitte der 80er Jahre werden die im Bereich der Erdölexploration ausgereiften Techniken der Reflexionsseismik für den Umwelteinsatz modifiziert. So lassen sich bei entsprechender Anregung detaillierte Untergrunderkundungen in den obersten 50 m erreichen, die selbst kleine geologische Strukturen erfassen. Vorteil des Verfahrens ist die Darstellung des Untergrundes in Zeitsektionen, die bildlich den Untergrundaufbau gut aufgelöst wiedergeben, wosurch Details, die für die Bewertung von Kontaminationswegen wichtig sind, erkennbar sind. Nachteil ist für eine Standarderkundung der hohe Preis und der relativ geringe Meßfortschritt, da die Geophonabstände im Meterbereich liegen, entsprechend der hohen geforderten Auflösung.

2.2 Kartierung von Kluftstrukturen in Festgesteinsbereichen

Mit der Erkundung der Kluftverteilung des Festgesteinsuntergrundes kann ein wesentlicher Beitrag zur Erfassung von Grundwasserschadensfällen erreicht werden. Das Erkennen der Bruchmuster als System oder bereits der einzelnen Kluftstruktur oder Scherzone im Bereich einer darüberliegenden Grundwasserkontamination ist notwendig, um Maßnahmen einleiten zu können.

Da in Festgesteinen (abgesehen von den Porenvolumina in Sandsteinen) die Kluftstrukturen den maßgeblichen Aquifer darstellen, ist dessen Erkundung und „Sichtbarmachung" von der Oberfläche ein wesentlicher Bestandteil folgender Maßnahmen:

Die in der Explorationsgeophysik zum Ende der 80er Jahre ausgereifte integrierte Kluftwassererkundung in Festgesteinsregionen läßt sich hier für die Erfassung von Grundwasserschadensfällen nutzen.

Geophysik Consultancy (Kolodziey 1989, 1990,) hat in zahlreichen Projekten vornehmlich in den ariden Gebieten Afrikas dieses integrierte Konzept weiterentwickelt und mit Erfolg zur Trinkwassergewinnung in Granit- und Gneisregionen eingesetzt. Ein von Kolodziey (1990) vorgestelltes praxistaugliches Verfahrenskonzept aus einer Kombination von Elektromagnetik (MAXMIN, VLF, VLF/R, EM34) und Magnetik (TFM und Gradient) zur Erfassung von Kluftstrukturen als System, gestützt auf die Studien von Palacky (1985), Grissemann (1986), Grissemann et al. (1987) und eine tektonische Theorie (Boeckh et al. 1986) baut auf der Erkundung hydrogeologisch relevanter Strukturen über Satellitenbilder und Luftbilder auf und verifiziert diese mittels Geophysik im Gelände.

Da in unseren Regionen die technischen Störquellen für die genannten Verfahren ungleich größer sind, ist eine Adaptation der Verfahrensauswahl notwendig. Eine Erfassung von verwitterten Kluftstrukturen im Kristallin ist damit möglich, wobei die Deckschichteffekte entsprechend erfaßt und berücksichtigt werden.

In unseren Breiten werden elektromagnetische Kartierungen ausgeführt mit richtungsunabhängigen Verfahren wie EM 34 und MAXMIN, mit richtungsabhängigen wie VLF, VLF/R und LFR, parametrische Sondierungen (das sind frequenzelektromagnetische Messungen einer Aussagetiefe mit verschiedenen

Frequenzen) mit dem MAXMIN-Verfahren und zur Erfassung der Deckschichteffekte mit EM 31 (die Namen sind im technischen Anhang erläutert) durchgeführt.

Ergebnis der Kartierung ist je nach Fragestellung bei wenigen Einzelprofilen oder einer gesamten Fläche die Lokation der Kluftstruktur/en oder lateralen Veränderung (Stufe, Überschiebung etc.) und deren Streichen (Erstreckungsrichtung), ein Modell des Einfallens einzelner Strukturen und die profilhafte und flächenhafte Leitfähigkeitsverteilung der Deckschicht und der Festgesteinsbereiche. Wie in allen zuvor genannten Erkundungen zeigt sich bei bereits ionenbefrachtetem Grundwasser die Anomalie des Schadens selbst.

Ansonsten dient die Verfahrenskombination der Erfassung der Hauptmigrationswege der Kontamination im Festgestein, sei es nach oder vor einem Schadensfall.

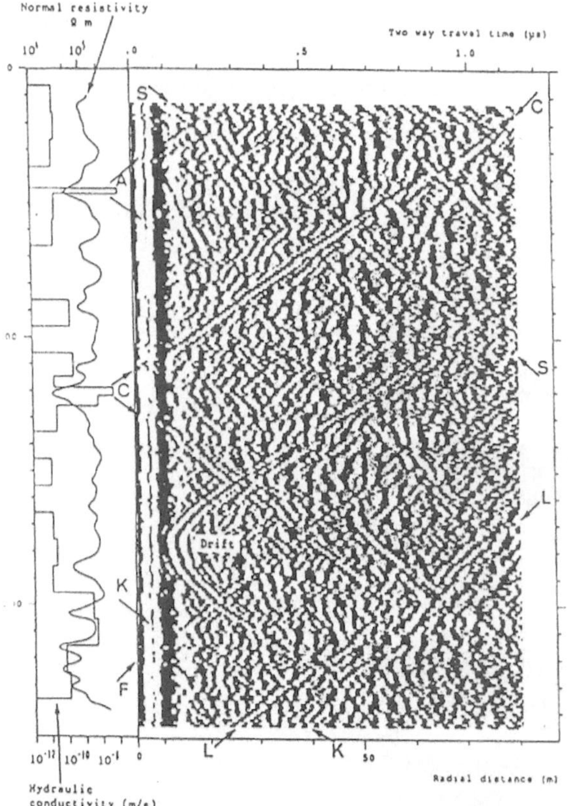

Abb. 1. Radarreflexionen einer Kluftschar an einer Bohrung hier bis 250 m Tiefe und seitlichen Erfassungen bis 100 m. Die Frequenz liegt bei 22 MHz, Sender-Empfänger-Abstand im Loch bei 15,4 m. Leitfähigkeits- und Widerstandslogs sind rechts aufgetragen

2.2.1 Bohrlochradar

Ein interessantes Verfahren im Festgesteinsbereich, um Trennflächen und Kluftstrukturen aus einer Bohrung heraus zu detektieren, die als Transportmöglichkeit für das kontaminierte Wasser in Frage kommen, stellt das Bohrlochradarverfahren (Olsson et al. 1992) dar. Es wird wie andere Bohrlochverfahren eingesetzt und besteht aus einem Sender und Empfänger in einem definierten Abstand (7-15 m). Es liefert je nach Festgesteinseigenschaft Reflexionskarten mit Aussagen bis zu radial 100 m vom Bohrloch weg. Die im Frequenzbereich 20-60 MHz erreichte Auflösung liegt im Bereich 1-3 m. Bei mehreren Bohrungen innerhalb des aufzulösenden Erkundungsbereiches ist unter Nutzung dieser jeweils für Sender oder Empfänger der Einsatz als sogenannte „Cross-hole-Tomographie" möglich (s. Abb. 1).

2.2.2 Bohrlochseismik

Analog zu den genannten Radarmessungen lassen sich Geophone im Bohrloch versenken und seismische Geschwindigkeiten erfassen. Daraus erhaltene Reflektogramme zeigen die Bereiche erniedrigter seismischer Geschwindigkeiten als Zonen besserer Klüftung und Verwitterung und so möglicher Migrationspfade für kontaminiertes Wasser. Die folgenden Abbildungen zeigen ein Radargramm bzw. ein Seismogramm (Abb. 2 und 3).

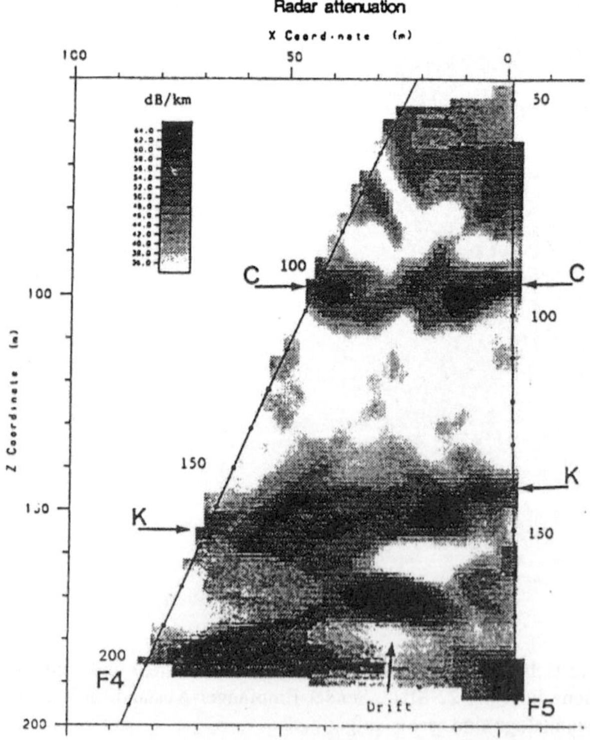

Abb. 2. Tomographie mit Radar im Bohrloch (Frequenz 60 MHz)

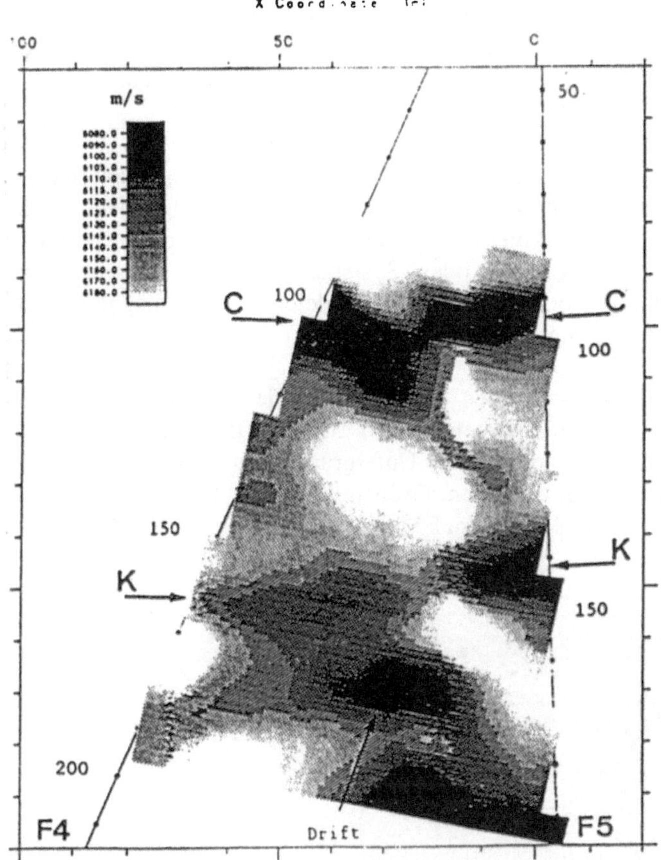

Abb 3. Seismische Tomographie im Bohrloch, Darstellung der seismischen Geschwindigkeiten; dunkle Bereiche zeigen potentielle Migrationswege in verwitterten klüftigen Zonen

3 Präventive Verfahren zur Ortung der Schadensherde und Kontaminationsfahnen oberhalb des Grundwasserspiegels

3.1 Ortung der Schadensquellen

Zur Detektion von Tanks, Leitungen und Rohren oder anderen unbekannten Verursachern stehen im Bereich der Geophysik zahlreiche Verfahren zur Auswahl.

Beginnt man mit nichtmetallischen Körpern, so lassen sich diese, wie beispielsweise Kunststoff- oder Steinzeugrohre mit Reflexionsverfahren wie

Bodenradar erkunden. Der erfolgreiche Einsatz des Verfahrens ist dabei von der Bodenbeschaffenheit und dem Durchfeuchtungsgrad abhängig. Bei der Ortung von Kavernen hängt es im einzelnen von Materialbeschaffenheit und Umgebungsgeologie sowie den Inhaltsstoffen ab, welche Verfahren sinnvoll einsatzfähig sind.

Bei metallischen Objekten unterscheidet man die aus magnetisierbaren Materialien wie Eisen bestehenden und die anderen Metalle. Die magnetisierbaren Objekte werden mittels Magnetikmessungen als Gradientenanordnung erfaßt. Dabei stehen Fluxgate-Magnetometer oder Systeme aus zwei übereinander angeordneten Protonenmagnetometern, die zeitgleich den magnetischen Gradienten messen, zur Verfügung.

Mit induktiven elektromagnetischen Verfahren wie Metallsuchgeräten, Förstersonden und den Zweispulensystemen EM 38 und EM 31 lassen sich dagegen alle metallischen Objekte im Untergrund mit unterschiedlicher Empfindlichkeit und Tiefenlagen erkunden. Größere Tanks in Tiefen größer 6 m lassen sich mit dem Elektromagnetiksystem EM 34 orten (s. Abb. 4 und 5).

Abb. 4. Elektromagnetik EM 31 zur Detektion oberflächennaher Schadenverursacher (Leitungen, Fässer etc.)

Mit der Kombination aus Magnetikgradienten und jeweils geeigneten EM-Verfahren kann im Rahmen der Auflösungsvermögen der einzelnen Verfahren zwischen Eisen- und Nichteisenmetallen differenziert werden, und so lassen sich Kupferleitungen oder Stahltanks im Gelände orten.

Sind die Schadensquellen bekannt, nicht aber deren Leckstellen, werden weitere Möglichkeiten der Detektion differenziert.

Abb.5. EM-34-Meßsystem zur Kartierung der Leitfähigkeiten in diskreten Tiefe bis 50 m und zur Detektion von z.B. Tanks und kontaminierten Bereichen

3.2 Lokalisierung von Lecks in Speichertanks, unterirdischen Kavernen, Deponieabdichtungen und Leitungen

Ausgetretene kontaminierende Flüssigkeiten aus Lecks in Speichertanks und unterirdischen Kavernen sind oft mit einer einfacher Kartierung der Leitfähigkeitsverteilung in der entsprechenden Tiefe durch elektrische und elektromagnetische Verfahren (wie EM 31 und EM 34) zu erkennen (Greenhouse u. Harris 1983).

Die fundamentale Problematik dabei stellt die natürliche geologische Verteilung leitfähiger Bodenanteile wie Lehme und Tone in den betreffenden Regionen dar, was zu Mißdeutungen führen kann. Ausgeweitete Kartierungen der geogenen Umgebung mit eben diesen Verfahren helfen mit einem Verständnis der genetischen Vorgänge der Ablagerung oft, eindeutige Zuordnungen vorzunehmen.

Eine Möglichkeit stellt die Aufzeichnung einer zeitlich sich ändernden Leitfähigkeitsverteilung als Monitoringsystem dar. Dabei kann der zweideutigen Interpretation vorgebeugt werden, und die statischen Bodenkennwerte können differenziert werden. Ein Monitoringsystem (Van et al. 1991) kann auch dynamische Aussagen über die Ausbreitungswege und Ausbreitungsgeschwindigkeiten der kontaminierten Flüssigkeiten liefern. Dabei befinden sich die Lecks oberhalb des Grundwasserspiegels.

3.2.1 Lecks in Deponieabdichtungen

An perforierten oder leckgeschlagenen Deponiebasisabdichtungen wurde bereits von Schultz bereits 1984 ein elektrisches Verfahren und eine alternative Methode von Parra (1988) vorgestellt, bei der der elektrische Response eines Kurzschlußsignales über einer basisisolierten Deponie, hervorgerufen durch leitfähige Flüssigkeit an der Leckstelle, mit kartierenden Einzelsonden oder in einem Elektrodenarray auf der Deponie gemessen wird. Dieser ist jedoch nur im Umkreis weniger Meter von der Leckstelle detektierbar, und die Signalqualität nimmt bei Müllmächtigkeiten über 3 m stark ab.

3.2.2 Lecks an Leitungen

An leckgeschlagenen Leitungssystemen wird oftmals erst durch das Auftreten der Kontamination im Grundwasser der Schaden erkannt. Die hier vorgestellte Methodik dient in einem anderen Fall, beispielsweise wenn durch Druckverlust in einer Förderleitung ein Leck vermutet wird, zur Schadenerkundung im Vorfeld. Das setzt natürlich die sofortige Einsatzbereitschaft der geophysikalischen Mannschaft voraus. Bei bekannten Rohrverläufen und oberirdischen Anschlüssen ist ein akustisches Leckdetektionssystem (mit piezoelektrischen Beschleunigungsaufnehmern) nach dem Verfahren der Schallgeschwindigkeitsmessung zu nennen, das eine flächenhafte Suche oft nicht nötig macht. Liegen jedoch weniger Informationen zu den Leitungssystemen vor, bewährt sich ein geophysikalisches Erkundungskonzept.

Ein Beispiel eines solchen Monitoringsystems stellt ein Elektrikverfahren mit Pol-Pol-Array dar, mit dem zudem die Leckstelle ohne deren Kenntnis leicht geortet werden kann.

3.2.3 Monitoringsystem an Lecks

Erfassung zeitlicher Veränderungen von Potentialen mit Sondenfeldern: Mit einer Pol-Pol-Elektrodenanordnung kann entlang einem ausgesteckten Testfeld, in der Regel 20-30 Elektroden, mittels eines zugeführten stabilen Stromes (200-400 mA) in Form eines Rechtecksignales mit 1 Hz Frequenz an einer der Elektroden das Signal als Potential an den verbleibenden Elektroden mit einer IP-Apparatur (Induzierte Polarisation) kontinuierlich gemessen werden.

Das folgende Diagramm (Abb.6) soll einen solchen Testaufbau vermitteln. Dabei wurden an einem Kontrollsystem, also einem bekannten oder künstlichen Leck mit 25-Elektroden-Array, über einen Zeitraum von 8 Tagen insgesamt knapp 400 m^3 an schwach ionenhaltigem Wasser (s = 0,11 S/m) zugegeben und die Leitfähigkeitsveränderung der gut durchlässigen Sande und Kiese (mit Tonlinsen) aufgezeichnet.

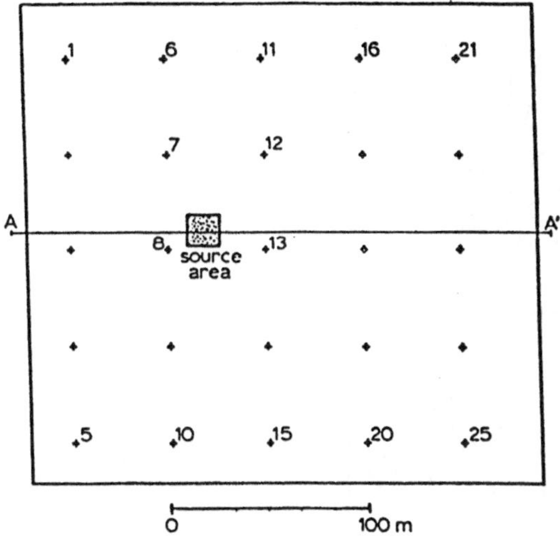

Abb. 6. Pol-Pol-Array über einer Testfläche; 25 Elektroden sind auf einem Areal um einen 15x15 m messenden Schadensherd aufgebaut

In der Praxis wird eine herkömmliche Kartierung mit Elektrik oder EM den Status quo bestimmen und im Anschluß ein Elektrodenfeld aufgebaut werden, an dem täglich Messungen zu definierten Intervallen erfolgen, in spezifischen Fällen kontinuierlich. Die Messungen können auch mit Eigenpotentialmessungen ergänzt werden, die dann das Testarray nutzen. Darauf wird im weitern noch eingegangen.

Die Potentialdifferenzen werden in Prozent der Einspeisung angegeben und als Isolinien über dem Testfeld dargestellt. Aus der zeiltlichen Veränderung sind die Ausbreitungswege zu ermitteln. Bereits aus der Potentialverteilung bei den verschiedenen Stromeinspeisepunkten zu einer definierten Zeit ist der Bereich der Ursache in der Fläche abgrenzbar (s. Abb. 7).

So lange der Grundwasserspiegel nicht erreicht wird, kann in einem leider recht aufwendigen numerischen 3-D-Modelling des Lecks eine Abschätzung der Einleitungsmenge mit einer angebbaren Genauigkeit im Bereich um 20% erfolgen. Maximale Eindringtiefen der kontaminierenden Flüssigkeit lassen sich an der drastischen Potentialveränderung zu der Zeit erkennen, zu der der Grundwasserspiegel erreicht ist.

Ein Langzeitmonitoringsystem dieser Art ist zur Zeit nicht verfügbar, jedoch in der Entwicklung, wobei an telemetrische Datenübertragung in Kombination mit anderen Monitoringkomponenten gedacht wird.

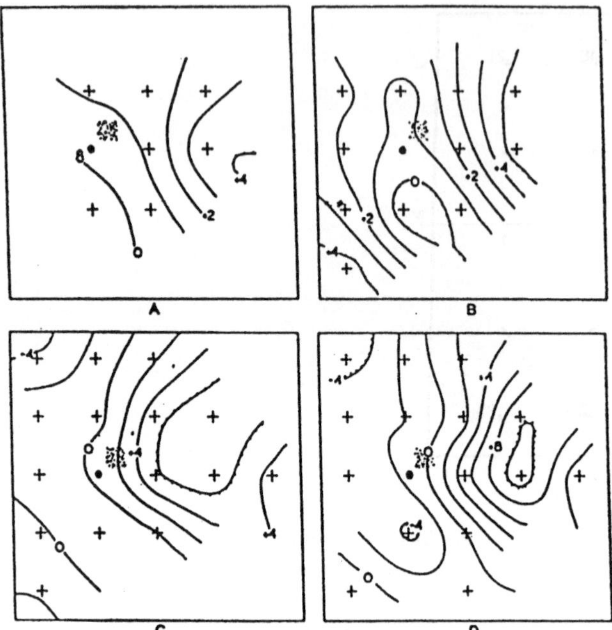

Abb. 7. Zeitliche Veränderung der gemessenen Potentiale in Prozent des Ursprungswertes. Bild *A* zeigt die Verteilung nach ca. 20 m^3 einer im Schadensgebiet ausgetretenen Salzlösung, Bild *B* nach ca. 80 m^3, Bild *C* nach ca. 190 m^3 und Bild *D* nachdem ca. 400 m^3 ausgetreten sind

Haben die Kontaminationen das Grundwasser erreicht, können zusätzlich herkömmliche elektrische Kartierungsverfahren oder die elektrische Tomographie zur Bestimmung der Schadstoffausbreitung eingesetzt werden.

Monitoring: Potentialmessung auf der Oberfläche und im Bohrloch in SSS-Arrays (Surface-SubSurface Elektrode Arrays)

In Arealen mit einer Versiegelung oder beispielsweise mit einer lehmig-tonigen Deckschicht bietet sich ein kombiniertes oberirdisches und unterirdisches Monitoringsystem an, um die Einflüsse der Überdeckung zu reduzieren.

Asch und Morrison (1989) entwickelten das Modelling solcher Anordnungen und ermöglichten damit die Weiterentwicklung zu praxistauglichen Systemen. Das eigentlich Neue am SSS-Array ist nicht, daß zusätzlich zu dem bereits vorgestellten Elektrodenarray über Rammbohrlöcher Stromeinspeiseelektroden bis unter die Überdeckung eingebracht werden, sondern das Modellverfahren.

In Verbindung dieser Anordnung mit herkömmlichen sternförmig angeordneten Oberflächen-Dipol-Dipol-Kartierungen sind die Ausbreitungsrichtung und bei geeigneten Interpretationsalgorithmen Porositäts- und Transmissivitätswerte abschätzbar (Bevc et al. 1991).

3.2.4 Bodenradar, Elektromagnetik im Bereich 50 MHz-1 GHz

Der Einsatz von Bodenradar, auch GPR (Ground Penetrating Radar) oder Georadar genannt, ist in vielen geotechnischen Erkundungen Standard geworden und weit verbreitet vornehmlich im Straßenbaubereich zum Auffinden von Inhomogenitäten im Unterbau.

Bodenradar ist ein reflexionselektromagnetisches Verfahren mit Frequenzen im Bereich über 50 MHz bis 1 GHz. Langläufig ist die Einsatzmöglichkeit von Bodenradar nur in den obersten Metern erfolgreich, da mit Wasser angereicherte Schichten gute Reflektoren für elektromagnetische Wellen darstellen. Da die Eindringtiefe von dem spezifischen Widerstand des Untergrundes und der gesteinsabhängigen Dielektrizitätskonstante abhängt, kann die Aussagetiefe in trockenen Sanden und Festgesteinen mehrere Zehnermeter betragen, bei tonigen Einschaltungen oder Erreichen des Wasserspiegels ist jedoch die Grenze des Verfahrens erreicht.

Also wozu Radar bei Grundwasserschadensfällen?

Es zeigt sich, daß sich bei sehr „sauberen" Grundwässern mit hohen spezifischen Widerständen (also geringer elektrischer Leitfähigkeit) durchaus noch Strukturen unterhalb des Wasserspiegels abbilden, die bis theoretisch 30 m Tiefe reichen können (Blindow u. Bahloul 1993). Sind nun diese Strukturen gut leitende Bereiche ionenreicher Kontaminationen, sind diese erkennbar (s. Abb. 8). In der Praxis wird Bodenradar in der Erkundung von Grundwasserschadensfällen selten eingesetzt.

Diese Anwendung sei hier nur der Vollständigkeit halber aufgeführt, da auch in einem solchen Schadensfall andere Verfahren geeigneter sind und den Schaden hinreichender und kostengünstiger erfassen könnten. In der exakten Ortung bei der Erkundung der Schadensquelle als Leitung ist jedoch diese Eigenschaft hilfreich, da sich die Tiefenlage und Verteilung in dem obengenannten Idealfall abzeichnen würde.

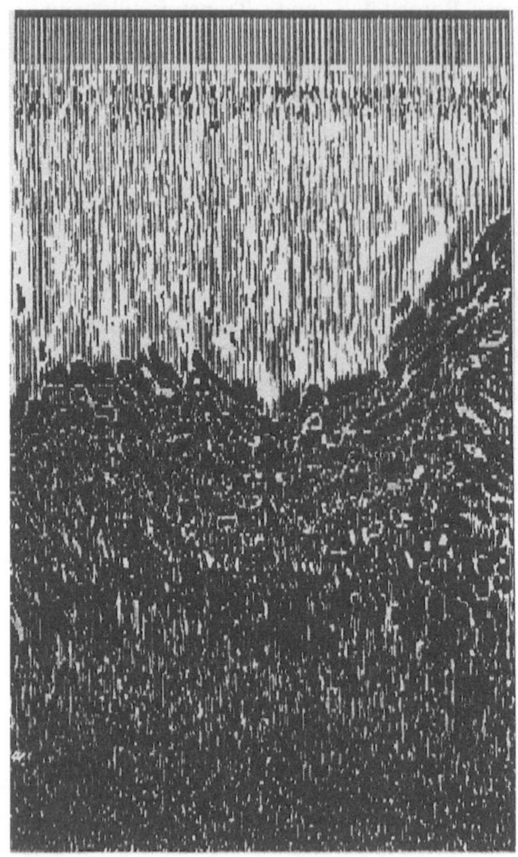

Abb. 8. Das Radargramm einer Messung am Boden eines Flusses zur Erfassung der Sedimente zeigt durchaus noch Strukturen auch unter Wasser

4 Kartierung der Kontaminationen mittels geophysikalischer Verfahren

4.1 Eigenpotentialverfahren zur flächenhaften Erfassung von Kontaminationsfahnen

Schadstoffkonzentrationen im Grundwasser lassen sich als unterschiedliche geochemische Potentiale mit einer geeigneten flächenhaften Eigenpotentialmessung von der Oberfläche aus mit einem Sondenarray erfassen. Es gibt dabei die sequentielle Erfassung und die simultane. Bei der sequentiellen Erkundung werden die Potentiale an den verschiedenen Netzgitterpunkten nacheinander gegen eine oder mehrere Referenzsonden mit einem empfindlichen Spannungsmesser aufgezeichnet und flächenhaft differentiell aufgetragen. Bei der simultanen Erfassung werden 20-256 unpolarisierbare Sonden auf einem Netzgitter (am geeignetsten äquidistant) angeordnet und deren Signale telemetrisch an einen zentralen Erfassungsrechner geleitet und gegen mehrere Referenzsonden Potentiale gemessen.

Die aufwendige zeitgleiche Erfassung hat den Vorteil, für Monitoringzwecke mehrfach nacheinander Veränderungen aufzuzeichnen. Da jedoch markante Veränderungen der Kontaminationsverteilung oft in größeren Zeiträumen ablaufen, ist die Rentabilität abzuwägen, eine solche Anordnung vor Ort zu belassen. In manchen kritischen Fällen wie Lecks in Sonderabfalldeponien und zur Langzeitüberwachung kritischer Deponien ist dies in Kombination mit der Aufzeichnung der spezifischen Widerstände und anderen Monitoringsystemen (Tempeatur, pH etc.) gerechtfertigt (Lindner 1993). Ansonsten kann mit der sequentiellen Methode eine Mehrfachbegehung in einem definierten Zeitraum entsprechend der vermuteten Ausbreitungsgeschwindigkeiten vorgesehen werden, oder es können nochmalige flächenhafte simultane Erfassungen erfolgen.

Das Ergebnis ist ein Plan der flächenhaften Verteilung der geochemischen Potentiale mit minimalen und maximalen Bereichen. In Abstrombereichen von Deponien bauen sich häufig durch das reduzierende Milieu innerhalb der Deponie und dem oxidierenden am Deponierand solche Redoxpotentiale auf und können mit der flächenhaften Eigenpotentialmethode als Monitoring des Schadstoffaustrages in einer Kontaminationsfahne in der Prävention von Schadensfällen angewandt werden (Haak et al. 1992).

4.2 Verfahren zur Bestimmung der Kontaminationsausbreitung zur Tiefe hin

4.2.1 Elektrische Tomographie mit Multielektrodenauslage

Eine recht aufwendige Methode zur Untersuchung der Leitfähigkeitsverteilung entlang einer Strecke stellt ein tomographisches Verfahren dar. Es ist aus Elektrodenketten mit bis zu 240 in 2 m Abstand angeordneten Elektroden aufgebaut (ECS 240), die in einer speziellen Ansteuerung in allen möglichen Wenner-Konfigurationen geschaltet werden. So kann sondierend-kartierend die Strecke bis in ca. 1/3 Tiefe der Auslage erfaßt werden. Die reine Meßzeit beträgt in der Maximalauslage ca. 40 h. Das Verfahren liefert eine Pseudosektion der Leitfähigkeitsverteilung mit lateraler und vertikaler Auflösung von 2 m und ist dann sinnvoll, wenn komplizierte Fließwege in stark inhomogenem Untergrund über größere Strecken vermutet werden.

Das Array läßt sich natürlich auch mit geringeren Sondenabständen kleinräumig flächenhaft oder in mehereren Parallelprofilen anordnen, und somit lassen sich hohe Auflösungen der Verteilung der spezifischen elektrischen Leitfähigkeit zur Tiefe als Sektionen erreichen. Während die Elektrische Widerstandstomographie EMT zusätzlich zur beschriebenen Tomographie von der Oberfläche vorhandene Bohrlöcher zur Einbringung weiterer Sonden (mindestens 10 pro Bohrloch) nutzt, genügen zur Erkundung oft weniger aufwendige Systeme (CAMPUS) bei der geforderten Auflösung.

In Schadensfällen, in denen Öle ins Grundwasser gelangt sind, können diese elektrischen Verfahren bei geeigneten geologischen Bedingungen zu deren Detektion beitragen. Öle sind ausgesprochene Isolatoren und können aufgrund ihrer Fließeigenschaften in einem Sedimentkörper den Porenraum fast völlig erfüllen. Ausgedehnte Bereiche im Grundwasser lassen sich bei geeigneten Untergrundbedingungen als extrem schlechte Leiter im Untergrund differenzieren.

4.2.2 Mise-à-la-masse-Messungen

Besteht auf dem Gelände eine Bohrung, so lassen sich sogenannte „Mise-à-la-masse-Messungen" durchführen. Bei dem Verfahren wird eine Elektrode in dem Bohrloch versenkt, und mit verschiedenen elektrischen Konfigurationen von der Oberfläche aus werden Potentiale gemessen. Dabei können spezifische Widerstände, Potentialgradienten und Werte der Induzierten Polarisation IP gemessen werden.

Der Vorteil des Verfahrens besteht beispielsweise bei Schadstoffaustrag aus einer Deponie in der Möglichkeit der Messungen im Schadensherd sowie darin, durch die Umfelduntersuchungen Migrationswege und Ausbreitungsgeschwindigkeiten von abströmigen Kontaminationsfahnen ermitteln zu können.

Selbstverständlich existieren auch Kombinationen mit der zuvor vorgestellten Elektrischen Tomographie und mit flächenhaften Kartierungen.

4.2.3 Einsatz der Elektromagnetik bei tiefliegenden Grundwasserspiegeln

Ein Vergleich verschiedener EM-Verfahren auf ihre Effektivität wurde in Geländetests in Arizona ausgeführt. Dabei wurden sechs verschiedene Elektromagnetische Verfahren in Hinblick auf die Detektierbarkeit von Grundwasserschäden in Form einer Kontaminationsfahne aus Salzlauge bzw. eines mit Salzlauge erfüllten Kluftwasserleiters in Tiefenlagen größer 100 m getestet (Hanson et al. 1991).

Dabei kamen CSAMT (Controlled-Source Audio-MagnetoTellurics), TEM an der Oberfläche und im Bohrloch (Time-domain ElectroMagnetics PROTEM), HLEM/VLEM (Slingram Horizontal-Loop/Vertical-Loop ElectroMagnetics) im Bohrloch und an der Oberfläche sowie Magnetfeldelliptizitätsmessungen zu Einsatz.

Diese Studie zeigte, daß alle eingesetzten Verfahren die Kontaminationsbereiche erfassen konnten, wobei die Bohrlochverfahren im Festgestein die Tiefenlage und Richtung der mit kontaminierter Flüssigkeit erfüllten Kluftsysteme genauer orten konnten als die Verfahren von der Oberfläche aus.

Geophysik Consultancy hat im Auftrag der Bundesanstalt für Geowissenschaften und Rohstoffe (Hannover) elektrische und elektromagnetische Untersuchungen im Umfeld der SAD Münchehagen in Norddeutschland vorgenommen (Kolodziey 1992, 1993). Dort wurden TEM, HLEM MAXMIN, HLEM EM 34, CSAMT, Elektrische Tomographie ECS 240 und Gleichstromgeoelektrik vergleichend eingesetzt und interpretiert und dienten u.a. der Kartierung von in Klüften migrierendem Salzwasser. Die obengenannten Verfahren werden in der Grundwasserexploration eingesetzt und stellen somit das Bindeglied zu den hydrogeologischen Fragestellungen bezüglich Grundwasserschadensfällen dar, wenn es um die Aquifereigenschaften in größeren Tiefen geht.

5 Messung von Durchlässigkeiten und Porosität

5.1 Messungen mit dem Verfahren der Induzierten Polarisation (IP)

Die Methode der Induzierten Polarisation (IP), die vornehmlich zur Erzerkundung eingesetzt wird, findet immer häufiger Anwendung bei umweltrelevanten Fragestellungen. Bei der IP-Methode werden Widerstands- und Phasenspektren gemessen. Die Widerstandswerte und spezifischen Aufladbarkeiten des Bodenmaterials werden mit geeigneten Rechenverfahren zu einer quantitativen Einschätzung von Gesteinsschichten bezüglich ihres Speicher- und Transportverhaltens (Durchlässigkeitsbeiwerte) aufbereitet (Börner et al. 1993).

Bei diesem Verfahren ist die Widerstandsdispersion von der Porenraumgeometrie (Porosität, spezifische Oberfläche, Kationenaustauschkapazität) und den Eigenschaften des Poreninhaltes (Sättigung, Salinität, Dielektrizitätskonstante e) abhängig. So lassen sich empirisch Werte der reellen Volumenleitfähigkeit und die komplexe Grenzflächenleitfähigkeit separieren.

Die elektrolytische Volumenleitfähigkeit ist über die Archie-Gleichung mit den Parametern Gesteinsporosität, Wassersättigung und Salzgehalt im Porenwasser verknüpft, die Grenzflächenleitfähigkeit hängt im wesentlichen von der inneren Gesteinsoberfläche und somit vom Durchlässigkeits- und Sorptionsverhalten ab.

Aus Amplitude und Phase der spezifischen elektrischen Widerstände (von 0,25-128 Hz) lassen sich Schichtwerte für den wahren Formationsfaktor und die spezifische Gesteinsoberfläche errechnen. Mit der Paris-Gleichung (Pape et al. 1981) werden dann aus den elektrischen Messungen Durchlässigkeitsbeiwerte kf bestimmt.

Die zerstörungsfreie Ermittlung der Durchlässigkeitsbeiwerte kf mittels geophysikalischer Oberflächenmessungen mit IP kann somit für die Abschätzung der Kontaminationsausbreitung eine wesentliche Rolle spielen und so zu der Prävention und Sanierungsplanung von Grundwasserschäden beitragen.

Die IP-Verfahren sind besonders in Bereichen mit Tonanteilen geeignet. Dort tritt insbesondere eine Wechselwirkung der Tonanteile mit organischen Kontaminanten auf, die eine Phasenanomalie bei der IP-Messung hervorruft (Olhoeft 1985, 1986). Laborversuche zeigten (Vanhala et al. 1992), daß mit der IP-Methode organische Kontaminationsfahnen dann bestimmbar sind, wenn ausreichend hohe Frequenzanteile >50 Hz gemessen werden können.

5.2 Time-Domain-Reflektometrie (TDR) zur direkten Bestimmung des Feuchtegehalts

Ein in der Erkundung und im Monitoring von Schadstoffausbreitungen im Untergrund anzusehendes Hilfsverfahren in sehr oberflächennahen Bereichen stellt ein reflektometrisches Verfahren im Gigahertz-Bereich durch Messen des Feuchtegehaltes dar (Ferre u. Xiuhui 1993).

Time-Domain-Reflektometrie TDR ist ein Verfahren, das die Verteilung des Feuchtegehaltes in der ungesättigten Zone des Untergrundes von der Oberfläche aus bestimmt. Dazu werden Mehrsondenanordnungen so angesteuert, daß in diskreten 10 cm messenden, vertikalen Bodenabschnitten bis zu Tiefenbereichen von 2 m der Feuchtegehalt bestimmmt wird. Die Sonden lassen sich natürlich auch im Bohrloch einsetzen und damit tiefere Schichten erkunden.

Der Einfluß der Dielektrizitätskonstanten ist daher von besonderem Interesse, da Wasser bekannterweise e = 81 hat und die der kontaminierten Flüssigkeit (Benzin etc.) im Bereich e = 1-40 liegt. Da auch bei dem TDR-Verfahren der maßgebliche physikalische Parameter die Dielektrizitätskonstante e darstellt, lassen sich auch hier Stoffe mit kleineren e mit der Methode erfassen, da diese den Porenraum anstelle des Wassers einnehmen. So beträgt beispielsweise die Dielektrizitätskonstante von Bremsflüssigkeit e = 2,1, von trockenem Sand e = 2,7, der Mischung e = 3,2, von feuchtem Sand e = 5,3 und von feuchtem Sand mit Bremsflüssigkeit e = 6,1 (Young u. Dai 1993). So lassen sich spezifische Werte Kontaminanten zuordnen. Nachteil des Verfahrens ist die geringe Aussagetiefe.

5.3 Hochfrequenzelektromagnetik im Bereich 60 kHz-20 MHz

Eine Sonderstellung nimmt die Elektromagnetik im Frequenzbereich von 60 kHz bis 20 MHz ein; die zuvor beschriebenen Systeme arbeiten mit Frequenzen darunter, wie die quasistatischen HLEM/VLEM, oder darüber, wie Bodenradar und TDR.

Dieser Bereich kann bei Nutzung der sogenannten „Complex Image Theory" (Thomson u. Weaver 1975, Bannister 1986, Wait 1970) für die Interpretation in Mehrschichtsystemen wegen der Einbeziehung der Verschiebungsströme neben den Leitfähigkeiten s und dem starken Einfluß der Dielektrizitätskonstanten e besonders in der Erkundung von Grundwasserschadensfällen Einsatz finden (Anderson et al. 1991). Auch hier ist die Dielektrizitätskonstanten e der Leitparameter.

Da besondere Inversionsmethoden der Daten erforderlich sind, ist das Verfahren zur Zeit noch in der Entwicklungsphase, und Systeme der Art sind vorerst nur beim USGS im Einsatz, stehen also als käufliche Komponenten noch nicht zur Verfügung.

5.4 Elektrostatische Quadrupolmessungen

Neben den in den gleichstromgeoelektrischen und niederfrequenten elektromagnetischen Verfahren gemessenen und errechneten Parametern des Untergrundes scheinbarer spezifischer Widerstand r bzw. Leitfähigkeit s spielt die Dielektrizitätskonstante e somit eine wichtige Rolle bei der Abschätzung von Porosität, Feuchtegehalt und Salinität.

Ein Verfahren, das neben der herkömmlichen Kartierung der spezifischen Widerstände auch die Dielektrizitätskonstante kartiert ist das Elektrische Quadrupolverfahren. Es hat jedoch praktische Limitationen, so daß es bei der Betrachtung der Abwendung von Grundwasserschadensfällen durch Ortung oberflächennaher in schlecht leitenden Materialien >1500 Ω (trockene Sande) befindlichen Kontaminationen oberhalb des Grundwasserspiegels beschränkt ist.

Die Methode arbeitet im Frequenzbereich 80-200 kHz (typisch 128 kHz) und ist geometrisch wie eine im Rechteck (typisch 1x2 m) angeordnete 4-Elektroden-Konfiguration aufgebaut. Die Elektroden benötigen keine galvanische Kopplung, das heißt, sie können auf einer geeigneten Konstruktion montiert über das Gelände gezogen werden, womit sich das Verfahren, wie Bodenradar, besonders auf versiegelten Flächen eignet.

Abb. 9. Prototyp einer Quadrupolapparatur

Es sind vorerst erst Prototypen vorhanden (Abb. 9), die für die Anwendungsrichtung Bodenfeuchtekartierung und Archäologie weiterentwickelt werden (Tabbagh et al. 1993).

5.5 Cross-hole-EM-tomography, Bohrlochelektromagnetik

Ein aufwendiges Verfahren mit Elektromagnetik im Bohrloch stellt die sogenannte Cross-hole-EM-tomography dar. Bei diesem Verfahren werden in je zwei Bohrlöchern ein elektromagnetischer Sender (vertikaler magnetischer Dipol) mit Frequenzen unter 1 MHz und ein Empfänger positioniert. Das Verfahren macht eine aufwendige 3-D-Inversion nötig und ist nur dann sinnvoll einsetzbar, wenn ausreichend Daten erzeugt werden können, d.h. Bohrlöcher zur Verfügung stehen.

Porosität und Durchlässigkeit lassen sich auch hier aus dem Datenmaterial ableiten und als 3dimensionale Verteilung angeben, die nicht aus der zur Verfügung stehenden beschränkten hydrogeologischen Datenmenge abzuleiten wäre (Alumbaugh u. Morrison 1993).

5.6 Einsatz der Seismik zur Porositätsbestimmung

Die Gesteinsporosität hat einen starken Einfluß auf den spezifischen elektrischen Widerstand und die Ausbreitungsgeschwindigkeiten von P- und S-Wellen in der Seismik. Sie kann daher anhand von geophysikalischen Daten abgeschätzt werden. Liegen Erkundungen mit reflexions- oder refraktionsseismischen Daten und zusätzlich Elektrische Widerstandsverteilungen aus Kartierungen und Elektrik-Sondierungen vor lassen sich Permeabilitäten über empirische Gleichungen (Közeny-Carman-Gleichung) aus den Meßgrößen ableiten.

6 Direkte Ortung von Kohlenwasserstoffen mit geophysikalischen Verfahren, ein Ausblick

Die direkte Ortung von HKW und anderen organischen Flüssigkeiten im Untergrund mit Hilfe der Geophysik scheint unglaubwürdig und unreal. Doch in einigen Fällen sind eindeutige Korrelationen bekannt, die hier kurz vorgestellt werden sollen:

Zum einen ist die bereits bei den IP-Verfahren erwähnte Kartiermöglichkeit unter bestimmten Untergrundvoraussetzungen (hoher Tonanteil, ausreichende hochfrequente Signalanteile) zu erwähnen (Vanhalla et al. 1992, Olhoeft 1985, 1986), andererseits Fälle aus der Erdölprospektion, wo unter gewissen Untergrundvoraussetzungen bestimmte Elektrik-/IP-Konfigurationen in der Lage waren, die Kohlenwasserstofflagerstätte direkt zu kartieren, obwohl keine Leitfähigkeitsanomalie noch induktive Effekte vorhanden waren. Seit 1977 wurden dafür Erklärungen gesucht, doch erst 1991 von Sternberg folgende Erklärung nach Recherche vieler Fälle vorgelegt:

Die Ausgasungen der leichtflüchtigen Anteile und die Migration zur Erdoberfläche erzeugen eine reduzierende Zone in einem Bereich, der ansonsten oxidierend ist. Somit kann eine leichte Pyritisierung und Calcitbildung, die in den überlagernden Zonen oft beobachtet wurde, erklärt werden, die einen meßbaren Phaseneffekt (>10 mrad) in IP hervorrufen (s. Abb. 10-13).

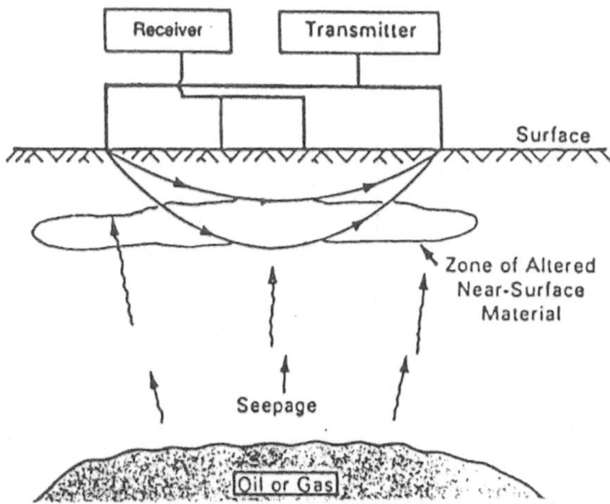

Abb. 10. Kohlenwasserstoffausgasungen können bei entsprechenden geologischen Voraussetzungen durch Veränderungen der überlagernden Materialien IP-Effekte hervorrufen

Wie läßt sich das auf Grundwasserschadensfälle übertragen? Vorerst nur dann, wenn die seltene Kombination geeigneter geologischer Überdeckungseigenschaften und massiv-angereicherter, tiefliegender organischer Schadstoffe vorliegt und zur Vermeidung technischer Störungen entsprechender Abstand zu bebautem Gebiet eingehalten wird.

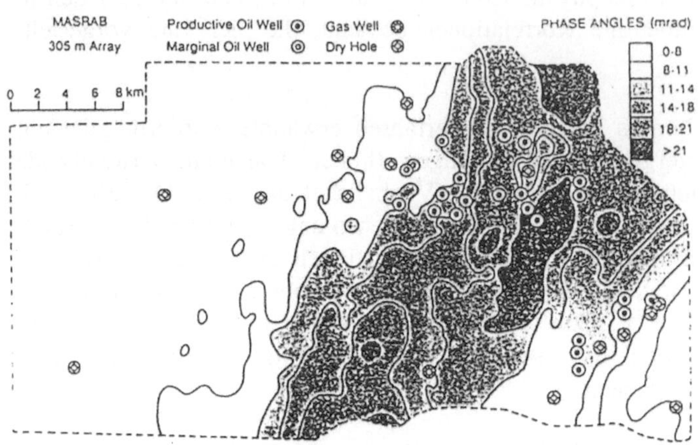

Abb. 11. IP-Anomalien über einem Ölfeld (Masrab, Nordafrika)

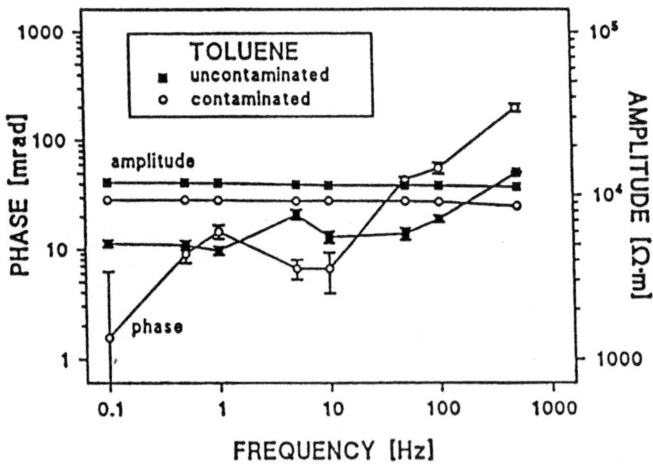

Abb. 12. Phasen- und Amplitudenspektrum von unkontaminiertem lehmigem Sand zu toluolkontaminiertem (2 Vol.-%) aus IP-Messungen

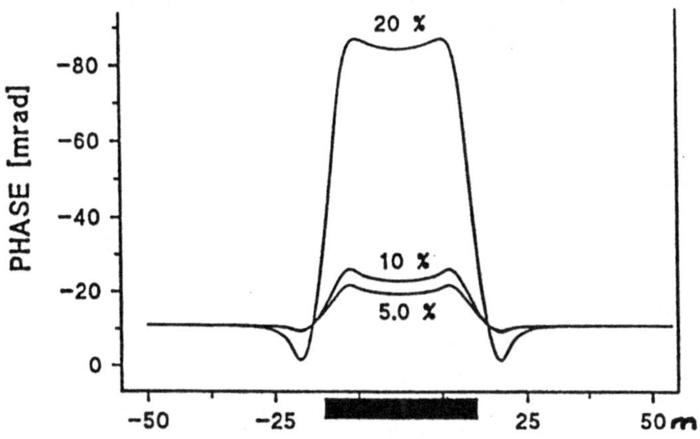

Abb. 13. Phasenanomalien für toluolverseuchten Montmorillonitton;100 Hz, Dipol-Dipol-Array mit a = 2 m, n = 3 m. (Nach Sadowski 1988

7 Einsatz geophysikalischer Verfahren in der Sicherungsphase von Grundwasserschadensfällen

7.1 Schaffung elektrischer Barrieren im Grundwasser

Neue Studien und Modellversuche zeigen eine Einsatzmöglichkeit elektrischer Barrieren bei Grundwasserschadensfällen (Socco et al. 1993). Dabei wurden die Casingrohre vorhandener Bohrungen und ausgelegte Linienelektroden dazu benutzt, gezielt Wechselströme unterschiedlicher Leistung und Frequenz in den Untergrund einzuspeisen. In Labortests konnte die elektrische Barriere bei 50 Hz innerhalb 2 h einen Leitfähigkeitsrückgang, hier einer eingebrachten Salzlösung, um 65 % bewirken, Feldversuche (200V, 1A, 50Hz) hingegen bei realen Kontaminationen maximal 22 %.

Das Ergebnis der Studie zeigt die Schlüsselfunktion der Frequenz bei der Mobilisierung unterschiedlicher Schadstoffe; zur Bestimmung der jeweils charakteristischen Frequenz dauern die Forschungsarbeiten noch an. Es existieren aber bereits Testsysteme, die als selbstregulierende Systeme die elektrische Barriere erzeugen und gleichzeitig die spezifischen Leitfähigkeiten des Untergrundes aufzeichnen.

8 Einsatz geophysikalischer Verfahren in der Sanierungsphase von Grundwasserschadensfällen

8.1 Air-sparging, Strippen und Geophysik

Eine bedeutende Anwendung von geophysikalischen Verfahren, hier der bereits erwähnten Elektrische Widerstandstomographie EMT, besteht in der Überwachung von Air-sparging-Sanierungsmaßnahmen. Air-sparging ist ein relativ neues In-situ-Sanierungsverfahren für leichtflüchtige organische Kontaminanten, wobei Luft unterhalb des Grundwasserspiegels eingebracht wird, beim Durchqueren der vadosen Zone leichtflüchtige Soffe mitreißt und per Vakuumextraktion in einer entsprechenden Bohrung entfernt wird. Dabei ist es oft schwierig, den Einflußbereich des Injektionsverfahrens zu ermitteln.

Elektrische Widerstandstomographie EMT wird dabei als Monitoringsystem der Veränderungen der Sättigung während und nach dem Air-sparging eingesetzt (LaBrecque 1993). Die Tomographiedaten werden mit einer Inversion nach Occam zweidimensional ausgewertet. Anhand der Veränderung der Widerstandsverteilung lassen sich die Abläufe überwachen.

So läßt sich an Beispielen ca. 20 min nach der Injektion eine Lufttasche als Zone mit sehr hohen spezifischen elektrischen Widerständen erkennen, wobei der Wirkradius innerhalb der ersten Stunde maximale Werte erreicht hat (maximal wenige Meter) und der Durchbruch durch den Wasserspiegel erfolgt. Zu späten Zeiten verringert sich der Wirkradius, und eine definierte Zone mit Sättigung um 50% bildet sich aus. Nach dem Abschalten verbleibt ein Bereich Restluft in dieser Zone.

Hier zeigt sich die komplexe Natur von Luftströmungen selbst bei einfachen Umgebungsbedingungen, aber auch Möglichkeiten, falls nötig, diese in ihren Ablaufphasen von der Oberfläche aus zu überwachen. Derartige Systeme zum Monitoring sind beispielsweise in der USA in Arizona und Californien im Einsatz.

8.2 Dynamisches Untergrundstrippen

Bei Dynamischem Untergrundstrippen als einer Kombination aus Heißluftinjektion (Heißdampf) und zusätzlichem Heizverfahren bei gleichzeitigem Pumpen des Grundwassers und Vakuumextraktion ändern sich besonders schnell die Untergrundverhältnisse. Auch hier wird die EMT zur Kartierung der Hitzebereiche und Kontrolle der thermischen Prozesse eingesetzt (Newmark et al. 1993).

Dampfinjektionsverfahren erfordern exakte Kenntnisse von Ort und Entwicklung der Dampffront. Dazu kann EMT bereits vor der Injektion den Untergrundaufbau erkunden. Aus dem Zusammenhang zwischen Leitfähigkeit und den Grundwasserparametern während der Injektion stellt die Elektrische Widerstandstomographie EMT ein Monitoringsystem dar. Salzgehalt, Temperatur und Wassersättigung ändern sich während der Injektion ständig und beeinflussen die spezifische elektrische Leitfähigkeit. Die Sonden der EMT sind an der Oberfläche (typisch 10) und in eigens für das Monitoring angelegten Bohrungen (10 pro Bohrung) installiert Die EMT-Daten sind ca. 3 h nach der Datenerfassung aufbereitet (Daily u. LaBrecque 1993).

Die Einbindung der anfänglichen Dampfsättigung ist dabei wichtig und entscheidet, ob sich die Dampffront als Leitfähigkeitsminimum darstellt oder als Maximum. Im teilgesättigten Bereich steigen die Leitfähigkeitswerte vor der Ankunft der Dampffront bei zunehmender Temperatur drastisch an und fallen in der Dampffront ab (wegen Verdünnung und zunehmender Gassättigung). Im Falle der Sättigung erfolgt das Absinken der Werte bereits vor Ankunft der Dampffront, und die Dampffront selbst stellt ein absolutes Minimum dar (Butler u. Knight 1993). Dies ist erklärbar durch die thermische Ausdehnung der ursprünglichen Bodenluft, und vor der Dampffront vorangestoßenes Bodenwasser. So kommt ein Anstieg der Gassättigung zustande obwohl noch keine Dampfphase im Aquifer existiert.

Ein umfassendes Monitoring stellt sich hier komplexer dar. Dabei werden zusätzlich Neigungsmesser zur Bestimmung der Heißluftfront an den Injektionspunkten eingesetzt und ein Netz von Thermofühlern und chemischen Sensoren eingerichtet. Alle Daten werden stündlich korreliert und gewährleisten so ein optimiertes Ablaufprogramm der Operation. Hierbei ist die elektrische Tomographie nur ein Anteil, aber ein relevanter, wie Versuche zeigten. Auch diese Verfahren werden in in den USA praktiziert und finden hoffentlich auch bei uns Einsatz.

8.3 Seismische Reflexionsverfahren als Hilfsmittel bei der Sanierung

Der direkter Einsatz der Seismik in Form der „hochfrequenten seismischen Tomographie", (HFST) ist im Bereich der Erkundung von Grundwasserschadensfällen interessant.

Wegen der anfangs erwähnten Abhängigkeit der Porositäten von der Ausbreitungsgeschwindigkeit von P-Wellen (Kompressionswellen) lassen sich Wasser und andere Flüssigkeiten im Porenraum differenzieren. So ist das Verhältnis der Ausbreitungsgeschwindigkeit der P-Wellen annähernd direkt proportional zum Sättigungsgrad beispielsweise von n-Dodecan C12H26 (dem Flugzeugbenzin ähnlich), Iso-Octan und Freon 113. Der Proportionalitätsfaktor ist dabei materialspezifisch. In mit Freon 113 gesättigten Sanden ist die P-Wellen-Ausbreitungsgeschwindigkeit 60% derer im Grundwasser (Geller et al. 1993).

Die aufnehmenden Geophone werden bei dem HFST-Verfahren in Bohrungen angebracht und ermöglichen ein Cross-hole-monitoring. Wegen des nicht unerheblichen Aufwandes können die Verfahren bei großräumigen Verunreinigungen (Militäraltlasten und Flugplätze) und kontrollierend bei Sanierungen eingesetzt werden, da damit die zeitliche Veränderung der Kontamination bestimmt und der Sanierungsprogress überwacht werden kann.

Literatur

Alumbaugh , D.L, Morrison, H.F. (1993) Crosshole electromagnetic tomography for groundwater monitoring, AGU Fall Meeting, San Francisco

Anderson, W. et al. (1991) High-frequency electromagnetic modeling for hazardous waste detection. EPA

Asch, T. Morrison, H.F. (1989) Mapping and monitoring electrical resistivity with surface and subsurface electrodes. Geophysics 54, 235-244

Bannister, P.R. (1986) Applications of 3D complex and 3D image theory. Radio Science 21, 605-616

Bevc et al. (1991) Borehole-to-surface electrical resistivity monitoring of a salt water injection experiment. Geophysics 56, 769-777

Blindow, N. u. Bahloul, F. EMR-Untersuchungen zur Ermittlung oberflächennaher Schichten und der Grundwasseroberfläche, DGG-Tagung, Kiel

Boeckh, E., Grissemann, C., Kolodziey, A.W., Siebenhüner (1987) Methoden der Grundwasserprospektion im kristallinen Grundgebirge Westafrikas, BGR, int. Bericht (unveröff.)

Boeckh, E., Grissemann,C., Kolodziey, A.W., Siebenhüner (1986) Kluftwasserprospektion, Methoden der Grundwasserprospektion im kristallinen Grundgebirge Westafrikas, BGR, int.Bericht (unveröff.)

Börner, F., Weller, A. (1993) Bestimmung von Speicher- und Transporteigenschaften aus IP-Messungen, DGG-Tagung, Kiel

Börner, F., Gruhne, M., Schön, J. (1993) Contamination indications derived from electrical properties in the low frequency range, Geophysical Prospecting 41, 83-98

Butler, D.B., Knight, R.J. (1993) Monitoring steam injection with geoelectrical methods, AGU Fall Meeting, San Francisco

Daily, W., LaBrecque, D. (1993) Electrical resistance tomography of underground structure and movement of steam, AGU Fall Meeting, San Francisco

Ferre, P.A., Xiuhui, X. et al. (1993) Water content profiling with multilevel TDR probe, AGU Fall Meeting, San Francisco

Geller, J.T., Myer, L.R. (1993) Seismic detection of organic contaminants, AGU Fall Meeting, San Francisco

Greenhouse, J.P., Harris, R.D. (1983) Migration of contaminants in groundwater at a landfill. J. Hydrol. 63, 177-197

Grissemann, C. (1986) Untersuchung von Kriterien und Methoden für die Festlegung von Bohrpunkten zur Wasserversorgung ländlicher Zentren im Kristallin des Westafrikanischen Schildes. TZ-Projekt der BGR, Hannover

Grissemann, C. Kolodziey, A.W., Siebenhühner, M., Boekh, E. (1987,1989) Contribution à la méthodologie de prospection des eaux souterraines sur le boulder cristallin d'Afrique de l'Ouest. TZ-Projekt der BGR, Hannover

Haak, V. et al. (1992) Eine neue Anwendung der Eigenpotentialmethode zur Kartierung räumlicher und zeitlicher Variationen des Redoxpotentials in Deponien. Statusbericht „Deponieuntergrund", BMFT, Hannover

Hanson, J.C., Dahl, L., Friedel, M.J. (1991) A field test of EM methods for detection of conductive plumes, SEG Fall Meeting, Houston

Hanson, J.C., Tweeton, D.R., Friedel, M.J. (1993) A geophysical field experiment and monitoring conductive fluids, The Leading Edge

Knoll, W.D., Knight, R.J. (1993) Subsurface imaging and hydrogeological property estimation using ground penetrating radar, AGU Fall Meeting, San Francisco

Kalinski, R.J. (1993) DC geoelectric measurements for characterizing groundwater protective layers and soil liners, AGU Fall Meeting, San Francisco

Kalinski, R.J., Kelly, W.E. (1993) DC geoelectric measurements of groundwater protective layers, AGU Fall Meeting, San Francisco

Kolodziey, A.W. (1989) Untersuchung kontaminierter Grundwässer mit geophysikalischen Verfahren, Darmstadt

Kolodziey, A.W. (1990) Trinkwasserexploration in Aridgebieten – Ein integriertes geophysikalisches Untersuchungskonzept. Geophysik Consultancy, Bericht Cotonou, Benin

Kolodziey, A.W. (1992a) Geophysikalische Untersuchungen zur Erkundung einer Aschespüldeponie, Bitterfeld

Kolodziey, A.W. (1992b) Zusammenfassende Bearbeitung geoelektrischer und elektromagnetischer Messungen aus dem Umfeld der SAD Münchehagen, BGR, int. Bericht, (unveröff.)

Kolodziey, A.W. (1993) Elektrische Tomographie im Vergleich zu TEM und CSAMT-Messungen im Umfeld der Sonderabfall-Deponie Münchehagen, BGR, int. Bericht (unveröff.)

LaBrecque, D. (1993) Tracking air-sparging using resistivity methods, AGU Fall Meeting, San Francisco

Lantz, R. (1993) Detailed source delineation with terrain conductivity,ground penetrating radar and soil gas techniques, AGU Fall Meeting, San Francisco

Limbrock, K. (1993) Elektrische und elektromagnetische Verfahren auf Altstandorten, DGG-Tagung, Kiel

Lindner, H. (1993) Detection of waste water outflow from a dumo within cristalline Rock, Freiberg, EAEG-Meeting, Stavanger

Morrison, H.F., Bevc, D. (1991) Borehole-to-surface electrical monitoring of salt water injection experiment, Geophysics, Vol. 56/6

Newmark, R. et al. (1993) Controlling large scale thermal environmental processes through geophysical imaging methods, AGU Fall Meeting, San Francisco

Oelsner, C., Gothe, W., Kappler, R., Lindner, H. (1993) Detection of waste water outflow from a dump within cristalline rock, EAEG Fall Meeting, Stavanger

Olhoeft, G.R. (1985) Low frequency electrical properties. Geophysics 50, 2492-2503

Olhoeft, G.R. (1986) Direct detection of hydrocarbon and organic chemicals with ground penetrating radar and complex resistivity. NWWA-Conference

Olsson, O., Falk, L., Forslund, O., Lundmark, L, Sandberg, E. (1992) Borehole radar applied to the characterisation of hydraulically conductive fracture zones in crystalline rocks,Geophysical Prospecting 40, 109-142

Palacky, G.J. (1979, 1985) Effect of tropical weathering on electrical and electromagnetic measurements. Geophysics 44,69-88

Parra, J.O. (1979-92) Effects of pipelines in spectral IP, Geophysics 49

Pape et al. (1981) The PARIS-Equation. ELS, London

Sill, W.A., Sjostromm K.J. (1990) Groundwater Flow Direction from Borehole-to-surface electrical measurements, SEG Fall Meeting, San Francisco

Socco, L.V., Ranieri, G., Sambuelli, L. (1993) Prevention of aquifer pollutiuon by means of electric barriers, EAEG Fall Meeting, Stavanger

Steeples, D.W. (1993) Seismic methods in site characterization, AGU Fall Meeting, San Francisco

Sternberg, B.K. (1991) A review of some experience with the IP/resistivity-method for hydrocarbon surveys, GEO PHYSICS, Vol.56/10

Stewart, D., Anderson, W.L., Grover, P., Labson, V.F. (1990) USGS, High Frequency EM sounding and profiling in the range 300 kHz to 30 MHz, SEG Fall Meeting, San Francisco

Stewart, D.C. et al. (1993) New electromagnetic method for measuring resistivity and dielectric permittivity of shallow earth structures, AGU Fall Meeting, San Francisco

Tabbagh, A, Hesse, A., Grard, R. (1993) Determination of electrical properties of the ground at shallow depth with an electrostatic quadrupole, Geophysical Prospecting 41, 579-597

Thomson, D.J., Weaver, J.T. (1975) The complex image approximation for induction in a multilayered earth. J. Geophys. Res. 80, 123-129

Van, G.P., Park, S., Hamilton, P. (1991) Monitoring leaks from storage ponds using resistivity methods, GEOPHYSICS, Vol.56/8

Vanhala, H., Soininen, H., Kukkonen, I. (1992) Detecting organic chemical contaminants by spectral-induced-polarisation method in glacial till environment, GEOPHYSICS, Vol.57/8

Wait, J.R. (1970) Electromagnetic waves in stratified media. Pergamon Press Inc.

Young, C.T, Dai, R. (1993) Dielectric dispersion measurements to detect organic contaminants with Time Domain Reflectometry, AGU Fall Meeting, San Francisco

Zerilli, A., James, B. (1991) Borehole-to-surface DC-resistivity and time domain electromagnetic monitoring of contaminant plumes, EAEG Fall Meeting, Florenz

Grundwasserkontaminationen in einem großstädtischen Ballungszentrum Probleme zwischen Sanieren und Bauen

Gundula Schön

1 Kurzer Abriß der Standortsituation im Großraum Leipzig

1.1 Geographische und spezifische historische Aspekte

Die Stadt Leipzig leitet ihren Namen vom slawischen „Lipsk" ab – das bedeutet „Lindenort" –, der von den sorbischen Siedlern stammt, die zur Zeit der Völkerwanderung das Gebiet zwischen Elbe und Saale besiedelten und hier an den Ufern der Parthe, direkt am Kreuzungspunkt zweier alter Handelswege eine Siedlung gründeten. Im 10. Jahrhundert wurde auf der östlichen Uferterrasse der Elster-Pleiße-Aue eine deutsche Burg errichtet. Diese bildete durch Verschmelzung mit der slawischen Siedlung den Kern des historischen Leipzig, dem um 1165 von Markgraf Otto von Meißen die Stadt- und Marktrechte verliehen wurden.

Die Lage am höchsten Punkt über der weiten, z.T. sumpfigen Flußaue, die von den in Süd-Nord-Richtung fließenden und hier nach West abbiegenden Läufen der Elster und Pleiße, der ost-westlich fließenden Parthe sowie weiteren kleinen Flüßchen und Flußarmen gebildet wird, bestimmte die Ausdehnungsmöglichkeiten und bauliche Entwicklung der Stadt. Die Flüsse erfuhren im Lauf der Geschichte mehrfache Veränderungen; Ausbau und Verlegung von Mühlgräben, bis hin zur teilweisen Verfüllung der Elster, der Verrohrung der Pleiße und der Kanalisierung der Parthe in der heutigen Zeit. Immer wieder hatten die Bewohner Leipzigs mit den Widrigkeiten der Flußaue, mit Überschwemmungen, Hochwasser u.ä. zu kämpfen, was im 20. Jh. zu großräumigen Flußregulierungen und dem Ausbau des Elster-Pleiße-Hochflutbeckens führte. Auch eine schiffbare Verbindung zwischen Elster und Saale wurde begonnen, der Kanalausbau jedoch nie vollendet.

Das alte Leipzig, vom 13. bis zum 19. Jh. durch eine Stadtmauer begrenzt, umfaßte eine Fläche von ca. 17,7 km^2, die sich bis zum 19. Jh. nicht bedeutend veränderte. 1797 erreichte Leipzig mit 32 000 Einwohnern eine Besiedlungsdichte von ca. 1900 Ew/km^2 Erst im 19. Jh., mit der Industrialisierung, dem Bau der ersten Eisenbahnstrecke Leipzig-Dresden, kam es zu umfangreichen Industrie- und Gewerbeansiedlungen in den Vorstädten und dem weiteren Umfeld der Stadt.

Während der Gründerzeit erfolgte in Leipzig ein ungeheurer Aufschwung an Industrie, Handel und Bevölkerungszuwachs, die Stadt selbst schwoll bis 1885 auf 170 000 Einwohner an und erreichte im Jahr 1889 eine Besiedlungsdichte von 10 093 Ew/km^2! Es folgten mehrere Phasen der Stadterweiterung durch Eingemeindung umliegender Ortschaften ab 1890. Trotz der seit 1950 stetig abnehmenden Einwohnerdichte und trotz des Rückgangs der absoluten Bevölkerungszahl seit 1965 hat Leipzig mit jetzt ca. 496 000 Einwohnern auf 146,4 km^2 eine extrem hohe Einwohnerdichte: *3392 EW/km^2* (zum Vergleich: Essen – 2995, Frankfurt/M – 2659, Hannover – 2532, Dresden – 2133 Ew/km^2).

Aus diesen historischen Gegebenheiten leitet sich die spezifische Problematik des industriellen Ballungsgebietes Großraum Leipzig ab, sie liegt vor allem in der extremen Bebauungsdichte im Stadtgebiet, der Verteilung der gewerblich genutzten Standorte über den gesamten Bereich und dem Vorhandensein ausgesprochener Mischgebiete, also der Lage von Industrie-, Gewerbe- und Wohnbebauung dicht nebeneinander. Dies wirkt sich bei der Behandlung von Grundwasserschäden nachteilig auf die Verursachersuche, die Zuordnung und Abgrenzung von Schadstoffahnen und auf die Festlegung von Sanierungszielwerten aus. Dazu kommen Schwierigkeiten, die sich aus den z.T. geringen Flurabständen ergeben sowie Standsicherheitsprobleme bei Bauvorhaben in Auenähe. Es gibt also eine Vielzahl von Zusammenhängen zwischen Ballungsdichte, Grundwasserdynamik und Altlastfolgen vor allem durch Baumaßnahmen, die mit Tiefgründungen und Wasserhaltung einhergehen.

1.2 Geologische und hydrogeologische Situation

Die im Betrachtungsraum vorhandenen Gesteine lassen sich in drei Stockwerke gliedern:

- das gefaltete Grundgebirge mit Leipziger Grauwacke, das am westlichen Hochufer der Elsteraue einen kilometerlangen Rücken bildet, der stellenweise bis wenige Meter unter die Geländeoberfläche aufragt,
- das darüber folgende, ungefaltete jungpaläozoisch-mesozoische Gebirge mit Gesteinen des Oberkarbons, des Rotliegenden, des Zechsteins und des Buntsandsteins,
- das die Festgesteine verhüllende känozoische Deckgebirge mit Lockergesteinen des Tertiärs und Quartärs.

Die vorhandenen Festgesteinsgrundwasserleiter

- die Grauwacke als Kluftgrundwasserleiter und
- die oberkarbonen Sandsteine und Schluffsteine als gemischter Kluft- und Porengrundwasserleiter

sind von untergeordneter wasserwirtschaftlicher Bedeutung.

Die wichtigsten und vielfach zur Trinkwassergewinnung genutzten Grundwasserleiter (GWL) sind in den känozoischen Lockergesteinen zu finden:

- im Tertiär fluviatile und großflächig verbreitete, unterschiedlich mächtige Sandablagerungen mit Tonen, Schluffen und Braunkohlenflözen als Stauhorizonte,
- im Quartär frühpleistozäne, frühelsterkaltzeitliche, frühsaalekaltzeitliche und weichselkaltzeitliche bis holozäne Schotterterrassen von Flußläufen.

Die Geschiebemergel der Elster- und Saale-Kaltzeit erreichen im Norden von Leipzig maximale Mächtigkeiten von 30 m. Eingelagert sind Schmelzwassersande, die teilweise eigenständige Grundwasserleiter darstellen. Die glazifluviatilen Sande besitzen wasserwirtschaftliche und umweltgeologische Bedeutung insofern, als sie z.T. wesentlich zur Auffüllung der Schotterterrassen mit Grundwasser beitragen und auf Grund ihrer oft oberflächennahen Position primär den Transport von Kontaminanten mit ihrem Grundwasserabfluß übernehmen.

In den holozänen Flußauen sind die Grundmoränen großflächig von Weißer Elster, Pleiße und Parthe erodiert worden. Die holozänen Flußschotter stehen hier in unmittelbarem hydraulischem Kontakt mit den pleistozänen Schotterkörpern. Die natürliche Schutzfunktion des teilweise mehrere Meter mächtigen Auelehms ist im Stadtinneren infolge flächenhafter Abtragung bei Baumaßnahmen vielfach vollkommen aufgehoben. Hauptvorfluter für das Grundwasser im Gebiet sind die Flußläufe der Weißen Elster, Luppe und Parthe. Im Süden wirken sich die Absenkungsbereiche der Braunkohlentagebaue auf das natürliche Abflußregime aus.

1.3 Rechtliche und verwaltungsrelevante Aspekte bei der Erkundung und Behandlung von Grundwasserkontaminationen

Infolge der jüngsten historischen Entwicklung im Zusammenhang mit der deutschen Vereinigung ergibt sich eine Vielzahl von rechtlichen Problemen und Verfahrensfragen, auf die die Rechtsvorschriften der alten Bundesrepublik nicht ohne weiteres übertragbar sind. Als Beispiele seien hier genannt:

- Die zeitliche Häufung solcher Vorgänge wie Liquidation, Abwicklung, Entflechtung, Eigentümerwechsel und Nutzungsänderungen an gewerblichen und Industriestandorten mit der Folge, daß für bekannte oder vermutete Verursacher von Grundwasserschäden kein Rechtsnachfolger existiert und die Störerauswahl für die Behörden erheblich kompliziert wird bzw. aus der Sicht des Neueigentümers die Heranziehung des Zustandsstörers als Sanierungsverpflichteten unverhältnismäßig erscheint. Die prinzipielle Lösung aus dem Einigungsvertrag, die Freistellung von der Haftung für Altlastenfolgen, greift wegen des Häufungseffekts und daraus resultierendem Bearbeitungsstau nicht im erwünschten Maße.

- Die räumliche und zeitliche Häufung von Bauvorhaben, die besonders im Stadtgebiet von Leipzig extrem und zumeist mit Grundwassernutzungen verbunden ist, mit der Folge, daß der Beginn von Grundwassersanierungen nicht von ihrer Priorität bestimmt wird, sondern von der Lage des Standorts in der Stadt bzw. von eher zufälligen Randbedingungen. Auch Kompromisse wie Teilsanierungen und vorläufigerVerzicht auf Sanierung einer vom Schadstoffherd abgeschnittenen Aureole sind notwendig.

Das Zusammenspiel und die Aufgabenverteilung zwischen Verwaltungs- und Fachbehörden sind hier besonders gefragt, des weiteren auch, besonders bei Baugenehmigungen, schnelles unbürokratisches Handeln und ständige Abstimmung zwischen den Bearbeitern im StUFA, in der Unteren Wasserbehörde und im Bereich Altlasten des Amtes für Umweltschutz der Stadt Leipzig.

Das StUFA Leipzig berät als Fachbehörde für den Regierungsbezirk Leipzig alle Landratsämter und das Amt für Umweltschutz der kreisfreien Stadt Leipzig, während z.B. in den anderen beiden Regierungsbezirken des Freistaates Sachsen jeweils 2 StUFÄ diese Aufgaben wahrnehmen.

2 Informationsquellen über die Grundwasserbeschaffenheit

Hier sei vorangestellt, daß aus DDR-Zeiten zwar ein Meßnetz zur Überwachung der Grundwasserstände sowie zur Erkundung und Beobachtung im Zusammenhang mit dem Braunkohlebergbau gab, diese „Grundwasserbeobachtungsrohre“ jedoch nicht den Anforderungen an eine Gütemeßstelle genügen und somit für die Gewinnung von Beschaffenheitsdaten nicht oder nur bedingt geeignet sind. Daraus und aus dem Fehlen einer adäquaten Analytik folgten erhebliche Defizite bei der Einschätzung der Grundwassergüte und die Notwendigkeit für die im Aufbau befindlichen Umweltbehörden, schnell und unkonventionell andere Informationsquellen zu nutzen.

Folgende zum Teil parallel laufende bzw. sich überschneidende Arten von Grundwasseruntersuchungen liefern den Behörden Informationen zur Beschaffenheit des Grundwassers im Raum Leipzig.

2.1 Altlastuntersuchungen

Die Altlasterkundungen, die im Zuge systematischer Altlastenbehandlungen zur Gefahrenabwehr (gemäß Altlastenprogramm Sachsen), bei der Bearbeitung von Altlastenfreistellungsanträgen, bei Nutzungsänderungen, Eigentümerwechsel oder Baumaßnahmen erstellt werden, liefern in vielen Fällen Aussagen zur Lokalisierung von Schadensherden, zur allgemeinen Beschaffenheit und zum lokalen Fließverhalten des Grundwassers.

Diese Untersuchungen laufen seit 1991 in zunehmender Anzahl und sind die wichtigste verfügbare Quelle, wenn auch die Auswahl – mit Ausnahme der Altablagerungen – eher zufällig ist und dem Vergleich mit einem systematisch angelegten Gütemeßnetz nicht standhalten kann.

Ein Teil der Altlasterkundungen wie kommunale Altablagerungen und branchenorientierte Recherchen mit hoher Priorität auf Grund des besonders kritischen Schadstoffpotentials – z.B. chemische Reinigungen – werden vom Freistaat und der Stadt über Fördermittel finanziert.

2.2 Komplexuntersuchungen im Abstrom industrieller Ballungsgebiete

Die Stadt Leipzig (Amt für Umweltschutz) finanzierte mit Hilfe von Fördermitteln Untersuchungen zur Grundwasserdynamik und -beschaffenheit im großräumigen Abstrombereich von innerstädtischen Industriestandorten mit dem Ziel, die Ausbreitung von Schadstoffahnen zu erkunden und die Verursachersuche zu erleichtern. Diese Untersuchungen werden ebenfalls von privaten Ingenieurbüros im engen Kontakt mit den Fachbehörden ausgeführt, die ersten Ergebnisse der Komplexstandorte liegen inzwischen vor und gestatten eine umfassendere Betrachtung der Wechselbeziehungen zwischen den bisher isoliert betrachteten Einzelstandorten.

2.3 Baugrunduntersuchungen und Überwachung von Wasserhaltungsmaßnahmen

Mit der Zunahme der Bautätigkeit und im Zusammenhang mit dem durch die Stadt Leipzig von den Bauträgern geforderten Stellplatznachweis ist ein erheblicher Anstieg der Tiefbauvorhaben mit Grundwassernutzungen zu verzeichnen. Die bei den Voruntersuchungen und bei der Überwachung der Wasserhaltungsmaßnahmen gewonnenen Daten werden in enger Abstimmung zwischen Umweltbundesamt und StUFA ausgewertet und liefern eine Fülle von weiteren Informationen über lokale Grundwasserbelastungen, die Mobilisierung von bereits bekannten Kontaminationen und das Fließverhalten von Schadstoffahnen.

Noch nicht vollständig in praktikable Regelungen umgesetzt sind hierbei rechtliche Aspekte, wie Fragen des Zugangs zu den von privaten Ingenieurbüros in privatem oder öffentlichem Auftrag erfaßten Daten für die einzelnen Vollzugs- und Fachbehörden sowie deren Weitergabe oder Verwendung zum Zwecke der Verursachersuche und der Prioritätenfindung für notwendige Sanierungsmaßnahmen.

3 Anforderungen an die Erkundungsmaßnahmen

Da die meisten Grundwasserkontaminationen aus Altlasten stammen, treten sie überwiegend bei Erkundungsmaßnahmen im Rahmen des Altlastenprogramms Sachsen bzw. der Abwicklung von Altlastenfreistellungsverfahren zutage.

Gemäß Altlastenprogramm Sachsen wird nach einer abgestuften Verfahrensweise vorgegangen in der logischen Reihenfolge:

1. Historische Erkundung
2. Orientierende Untersuchung
3. Detailuntersuchung
4. Sanierungsuntersuchung
5. Sanierungskonzept
6. Sanierung

Die sogenannte Altlastenfachkommission des StUFA-Leipzig, die sich aus dem Referat Altlasten, je 2 Vertretern der Stelle für Gebietsgeologie und des Referats Grundwasser zusammensetzt, hat für die Phase (2) ein Merkblatt herausgegeben, das sogenannte „Standarduntersuchungsprogramm“, mit dem der Analytikumfang festgelegt wird, nach dem die Schutzgüter Boden und Grundwasser an Altstandorten und Altablagerungen in der Regel zu untersuchen sind, und von dem in zu begründenden Fällen abgewichen werden kann. In der Regel wird in der Stufe (2), der orientierenden Untersuchung, eine Aussage zur Gefährdung des Grundwassers verlangt, wobei vorhandene Meßstellen, Brunnen usw. herangezogen werden können. Für das Schutzgut Grundwasser wird, differenziert nach Altablagerungen und Altstandorten, diese wieder unterschieden nach landwirtschaftlich bzw. industriell geprägten Standortender in Tabelle 1 dargestellte Parameterumfang empfohlen.

Nach Vorliegen der Stufe (2) findet ein Ortstermin statt, an dem der Eigentümer, das untersuchende Ingenieurbüro, das zuständige Umweltschutzamt und die Altlastenfachkommission vertreten sind und wo über Details der Erkundungen diskutiert und der weitere Handlungsbedarf festgelegt wird. Hierbei wird immer auch der optimale Einsatz von Fördermitteln berücksichtigt sowie die Problematik der von den Kommunen zu finanzierenden Eigenanteile, welche oft den limitierenden Faktor für den Fortgang der Erkundung darstellen.

Ergebnis der Phasen (2) und (3) ist eine Gefährdungsabschätzung für die Schutzgüter Boden und Grundwasser bzw. menschliche Gesundheit, aus der die Entscheidung über Sanierung, Sicherung oder weitere Kontrolle abgeleitet wird.

Tabelle 1. Standarduntersuchungsprogramm des StUFA-Leipzig (Teil Grundwasser)

Altablagerungen			**Altstandorte**		
			landwirtschaftlich	*industriell*	
			geprägt		
IR-KW	As	Bor	CSB	IR-KW	As
BTEX	Cd	Sulfat	DOC	BTEX	Cd
Phenolindex	Cr_{ges}	Sulfid	AOX	Phenolindex	Cr_{ges}
AOX	Cu	Chlorid	Chlorid	AOX	Cu
LHKW*	Hg	Cyanid	Sulfat	LHKW*	Hg
DOC	Ni	Nitrat	Sulfid	DOC	Ni
PAK(EPA)	Pb	Nitrit	Nitrat	PAK(EPA)	Pb
	Zn	Ammonium	Nitrit	Cyanid	Zn
			Ammonium	Chlorid	
			Phosphat	Nitrat	
				Nitrit	

Feldparameter: Temperatur, pH-Wert, Leitfähigkeit, Sauerstoffgehalt, Redoxpotential

*Summe aus: Dichlormethan, 1,2-Dichlorethan, cis-1,2-Dichlorethen, Trichlormethan, 1,1,1 Trichlorethan, Trichlorethen, Tetrachlormethan, Tetrachlorethen, zuzüglich Vinylchlorid im 2. Untersuchungsschritt bei nachgewiesener Anwesenheit von cis-1,2-Dichlorethen.

4 Überblick über die Kontaminationen

4.1 Typisierung von Schwerpunktstandorten

4.1.1 Einordnung nach Branchen

Als Schwerpunktstandorte sind vor allem Tankstellen, Tanklager, chemische Reinigungen, Chemiebetriebe, graphische Großbetriebe (insbesondere Druckereigewerbe), Maschinenbaustandorte (vor allem Farbgebungsanlagen, hydraulische Anlagen, Reparaturbereiche) und galvanische Betriebe zu nennen. Militärstandorte werden als potentielle Altlastverdachtsflächen angesehen, hier ist der Erkundungsstand am geringsten.

In Leipzig existierten im Jahr 1992 nach dem Statistischen Jahrbuch (1993) 17 070 Firmen, davon 937 des verarbeitenden Gewerbes, wovon

- 25 % den Branchen Elektrotechnik, Feinmechanik, Metallherstellung,
- 19 % dem Stahl-, Maschinen- und Fahrzeugbau,
- 17,3 % dem Holz-, Papier- und Druckgewerbe,
- 5,2 % der Metallerzeugung und -bearbeitung und
- 2,9 % der chemischen Industrie

zuzuordnen sind.

4.1.2 Einordnung nach der geologischen Geschütztheit und Bedeutung des Grundwasserleiters

Als besonders kritisch sind die Bereiche anzusehen, in denen das Deckgebirge nur geringmächtig ausgebildet bzw. weitgehend durch anthropogene Auffüllung ersetzt ist, der quartäre Hauptgrundwasserleiter 1.5 (frühsaalekaltzeitliche Muldeschotter) im ganzflächigen hydraulischen Kontakt mit dem bedeutenden tertiären Grundwasserleiter 5 (Bitterfelder Glimmersande) steht bzw. durch das Ausstreichen der pleistozänen Flußschotter der tertiäre GWL durch Schadstoffeinträge direkt kontaminiert wird. Die in weiten Teilen des Stadtgebiets oberflächennah vorhandenen frühsaalekaltzeitlichen bzw. spätelsterkaltzeitlichen Schmelzwassersande sind oft erheblich kontaminiert, sie werden nur stellenweise und in geringem Ausmaß wasserwirtschaftlich genutzt, durch hydraulische Verbindungen mit dem Hauptgrundwasserleiter besteht jedoch eine Gefährdung der unteren Grundwasserstockwerke.

4.1.3 Einordnung nach dem Kontaminationsgrad – Bewertungskriterien

Um eine überblicksmäßige Darstellung der Grundwasserkontaminationen in Kartenform zu ermöglichen, wurde der Kontaminationsgrad durch eine Grobklassifizierung in Anlehnung an die „Hollandliste" (Leidraad bodensanering 1988) in 6 Kontaminationsklassen eingeteilt, von denen 3 Klassen höher als der C-Wert der Hollandliste liegen (s. Tabelle 2).

Tabelle 2. Kontaminationsklassen (Grobklassifizierung in Anlehnung an die „Hollandliste")

Klasse 1:>	Hintergrundwert	< Prüfwert
Klasse 2:>	Prüfwert	< Sanierungsschwellenwert (C-Wert)
Klasse 3:>	Sanierungsschwellenwert	< 5 x C-Wert
Klasse 4:>	5 x C-Wert	< 20 x C-Wert
Klasse 5:>	20 x C-Wert	< 500 x C-Wert
Klasse 6:>	500 x C-Wert und Produkt in Phase (Extremkategorie)	

Eine solche Klassifizierung stellt zwar immer eine Vergröberung dar, eignet sich jedoch gut zur übersichtlichen, punktuellen Darstellung. Die Unterteilung der Kategorie „Sanierungsnotwendigkeit“ in die Klassen 3-6 war vor allem im Hinblick auf eine Priorisierung der dringendsten Sanierungen erforderlich.

Hier zeigt sich auch, daß die sicher berechtigten Vorbehalte gegen die Anwendung niederländischer Orientierungswerte auf hiesige Verhältnisse zumindest für die Einschätzung von Grundwasserbelastungen in industriell stark beeinflußten Gebieten ohne Belang sind, da ohnehin die Prioritätenfindung in einem Bereich angesiedelt ist, der weit über den bekannten „Listenwerten“ für Sanierungsentscheidungen liegt.

Darüber hinaus ergibt ein Vergleich der holländischen C-Werte mit den Baden-Württembergischen Orientierungswerten für Sanierungseinstieg (P_{max}-W-Werte) (Umwelt- und Sozialministerium Baden-Württemberg 1993) und den als Spanne angegebenen LAWA-Orientierungswerten (LAWA 1993), die aus den in den einzelnen Bundesländern angewandten Eingreif-, Sanierungs bzw. Maßnahmeschwellenwerten resultieren, folgendes Bild: Für die betrachteten organischen Parameter außer Phenol liegen die niederländischen Prüf- und Sanierungsschwellenwerte stets höher als die entsprechenden Baden-Württembergischen; ein Vergleich mit den LAWA-Spannen zeigt die niederländischen Werte als höher oder innerhalb der Spanne liegend. Eine Überschreitung des C-Wertes der Hollandliste bedeutet demzufolge in nahezu jedem Fall auch eine Überschreitung entsprechender Orientierungswerte bundesdeutscher Listen.

4.2 Die Kontaminanten

Als Schwerpunktkontaminanten sind vor allem organische Schadstoffe anzusehen, in der Reihenfolge der Häufigkeit des Auftretens sanierungswürdiger Konzentrationen im Grundwasser:

- Mineralölkohlenwasserstoffe (MKW),
- halogenierte Kohlenwasserstoffe (CKW),
- monoaromatische Kohlenwasserstoffe (BTEX),
- Phenole (PHE),
- polyaromatische Kohlenwasserstoffe (PAK).

Schwermetalle spielen vom Kontaminationsgrad her eine vergleichsweise geringe Rolle; sie erreichen nur in einem Fall die Kontaminationsklasse 5 und können deshalb in dieser Übersicht vernachlässigt werden. Dessen ungeachtet sind sie natürlich bei entsprechenden Maßnahmeschwellenwertüberschreitungen in die Sanierungsuntersuchungen einzubeziehen. Tabelle 3 zeigt eine Übersicht über die Anzahl der untersuchten Altlaststandorte, die Anzahl der Grundwasseruntersuchungen, die dabei festgestellten Kontaminationen, aufgeschlüsselt nach Parametern und Sanierungsnotwendigkeit sowie nach dem betroffenen Grundwasserstockwerk (Stand 12/93).

Die verwendeten Daten beziehen sich z.T. auf nur eine Grundwasseranalyse, in vielen Fällen liegen jedoch Wiederholungsbeprobungen vor.

Tabele 3. Grundwasserkontaminationen an Altlaststandorten in der Stadt Leipzig (Stand 12/93)

Zahl der untersuchten Altlaststandorte	246				
davon Standorte mit Grundwasseruntersuchungen	142				
davon anthropogen beeinflußtes GW	129				
aufgeteilt nach Kontaminanten	MKW	BTX	PAK	CKW	PHE
Klasse 1-6	67	19	14	86	27
(davon im HGWL)	(44)	(11)	(6)	(58)	(18)
Klasse 3-6	21	11	4	31	9
(HGWL)	(14)	(8)	(2)	(20)	(7)
Extremklasse 6	8	5	1	3	0
(HGWL)	(7)	(4)	(0)	(2)	(0)

Die Zahl der bewerteten Altlastuntersuchungen in der Stadt Leipzig betrug mit Stand 12/93 insgesamt 246. Davon wurde an 57,7 % der Standorte Grundwasser untersucht, wovon in 91 % der Fälle anthropogen beeinflußtes Grundwasser angetroffen wurde. Bei etwa 38 % der Standorte mit Grundwasseruntersuchungen wurden Verunreinigungen der Kontaminationsklassen 3-6 ermittelt, die also in der Regel Sanierungsuntersuchungen nach sich ziehen. In 9 % der Grundwasseruntersuchungen war die Kontamination in die Extremklasse 6 einzuordnen. An 68 % der Standorte liegen mehrere Kontaminanten nebeneinander vor, so daß sich in den nach Parametern aufgesplitteten Zeilen Mehrfachnennungen ergeben. In der Mehrzahl der Fälle sind die wasserwirtschaftlich genutzten Hauptgrundwasserleiter mit betroffen (Zahlen in Klammern).

Eine akute Gefährdung von Trinkwasserfassungsanlagen ist nach dem gegenwärtigen Kenntnisstand nicht gegeben.

5 Problemkreis Sanierungsentscheidungen und Sanierungszielwertfindung

Derzeit laufen an 7 Standorten in Leipzig Grundwassersanierungen und ebenso viele Sanierungsuntersuchungen, daneben sind 5 größere Bodenluftsanierungen in Arbeit.

Es gibt in Sachsen keine verbindliche Liste von Orientierungswerten, mit deren Hilfe die Hintergrundbelastung, die Prüf- und Sanierungsnotwendigkeit beschrieben werden könnte. Alle Bewertungen erfolgen als Einzelfallentscheidungen unter Heranziehung der Beschaffenheit im Oberstrom als Referenzwert.

Als Hilfe werden die im Entwurf vorliegenden Orientierungswerte (Prüf- und Maßnahmenschwellenwerte) der Leitparameterliste für Grundwasserschäden des LAWA-Arbeitskreis Grundwassergüte herangezogen. Deren Angabe als Spanne verdeutlicht den Entscheidungsspielraum und ermöglicht eine Anpassung an die speziellen Verhältnisse des Einzelfalls. Die endgültige Entscheidung, ob und in welchem Ausmaß eine Sanierung zu erfolgen hat, fällt immer unter Berücksichtigung der Kriterien:

- Kontaminationsgrad,
- Schadstoffgefährlichkeit, -toxizität,
- Schadstoffmobilität,
- Bedeutung des kontaminierten bzw. bedrohten Grundwasservorkommens,
- zukünftige Nutzung des Standortes,
- Verhältnismäßigkeit der Mittel.

Bei der Festlegung von Sanierungszielen wird grundsätzlich angestrebt, eine größtmögliche Verbesserung der Beschaffenheit im Grundwasserleiter zu erreichen. Die Sanierungsziele sollten möglichst die Höhe des jeweiligen Prüfwertes unterschreiten, zumindest aber deutlich den Maßnahmenschwellenwert, wobei die Anstromqualität mit zu berücksichtigen ist. Die obengenannten Kriterien finden hier ebenfalls Anwendung sowie eine Berücksichtigung des technisch Machbaren.

6 Zusammenhänge zwischen Grundwasserdynamik und Grundwasserkontaminationen

Im Zusammenhang mit der Vielzahl von Baumaßnahmen im Raum Leipzig, die mit Tiefgründungen, Wasserhaltung, Infiltration oder Ableitung des gehobenen Grundwassers einhergehen, ist eine zeitweilige und permanente Beeinflussung der Grundwasserdynamik zu erwarten. Damit verbunden ist mit Sicherheit auch ein Einfluß auf die durch Altlasten verursachten Grundwasserverunreinigungen in

Form von Schadstoffmobilisierung, Änderung von Ausdehnung, Form, Fließrichtung und -geschwindigkeit von Schadstoffahnen. Einige Beispiele für solche Zusammenhänge sind im folgenden grob skizziert.

Bei einer Baumaßnahme großen Ausmaßes mit einer für 15 Monate geplanten Absenkung des Grundwassers um maximal 7 m und Ableitung der gehobenen Grundwassermenge von ca. 3000 m^3/d in den Vorfluter wurden nach einiger Zeit steigende AOX-Werte festgestellt, die sich bei Einzelstoffanalysen als durch leichtflüchtige Chlorkohlenwasserstoffe (hauptsächlich Tri- und Tetrachlorethen) verursacht herausstellten. Differenzierte Probenahmen an den einzelnen Brunnen ergaben eine deutliche Höherbelastung von zwei benachbarten Pegeln, was auf die Richtung des Schadensherdes schließen ließ. Durch die Wasserhaltung wurde also ein bis dahin noch nicht bekannter CKW-Altschaden mobilisiert. Das kontaminierte Wasser wurde in diesem Fall separat abgepumpt und erst nach Passage einer Reinigungsstufe in den Vorfluter eingeleitet.

Ein weiteres Beispiel zeigt die Komplexität dieser Problematik beim Zusammentreffen mehrerer Faktoren auf engstem Raum im innerstädtischen Bereich, wie verminderte Förderleistung von industriellen Grundwasserentnahmen, Wasserhaltung und Infiltration bei Baumaßnahmen und Grundwasserkontamination aus Altlasten.

So bewirkte die Stillegung eines industriellen Versorgungsbrunnens eine Grundwasseraufhöhung. Dieser Effekt wurde durch die Infiltration im Zuge einer Baumaßnahme mit Wasserhaltung im dazu oberstromigen Bereich verstärkt (Absenkung um ca. 1-1,5 m über 13 Monate, infiltrierte Wassermenge ca. 3000 m^3/d). Zu diesem durch zwei Effekte verursachten „Grundwasserberg" tritt nun ein dritter Faktor: Im Oberstrom befindet sich eine erhebliche CKW-Kontamination, von der infolge jahrelanger Emissionen eine ausgedehnte Schadstoffahne ausgeht. Durch die oben beschriebenen Veränderungen in der Grundwasserdynamik ist eine Beeinflussung von Form, Richtung und Ausbreitungsgeschwindigkeit der CKW-Fahne zu beobachten, wovon eine weitere Tiefbaumaßnahme direkt betroffen ist. Bei der in Planung befindlichen Grundwassersanierung des oberstromigen CKW-Schadens ist diese Änderung der dynamischen Verhältnisse zu berücksichtigen, z.B. bei der Auswahl der geeigneten Stellen für die Wiedereinleitung des gereinigten Grundwassers.

Weitere Beeinflussungen der Grundwasserdynamik und, infolge der oben verdeutlichten Zusammenhänge auch der Grundwasserbeschaffenheit, werden sich mit Sicherheit aus den für den innerstädtischen Bereich geplanten etwa 117 Tiefgaragen (mit Stand 12/93 45 im Bau) sowie 2 Tunnelprojekten ergeben. Die Folgen sind auf Grund der Komplexität nicht einfach abzuschätzen, günstigstenfalls mit Hilfe eines hydrogeologischen Großraummodells auf der Basis einer ausreichenden Stützstellenzahl und -dichte.

7 Zusammenfassung und Ausblick

Für die Einschätzung der Grundwasserqualität bzw. deren Beeinflussung durch Altlasten im Großraum Leipzig befinden wir uns in einer Phase der z.T. sporadischen, punktuellen, hauptsächlich von wirtschaftlichen Gegebenheiten bestimmten Erkundung. Bei 57,7 % der untersuchten Altlaststandorte wurde Grundwasser beprobt, davon wurde an 91 % der Standorte mehr oder weniger stark kontaminiertes Grundwasser festgestellt. In.mindestens 38 % der Fälle sind Schwellenwerte überschritten, die eine Sanierungsentscheidung erfordern, 9.% der Fälle sind extrem sanierungsbedürftig. An 14 Standorten laufen bereits Grundwassersanierungen bzw. Sanierungsuntersuchungen. An der Mehrzahl der Standorte sind wasserwirtschaftlich genutzte Hauptgrundwasserleiter betroffen, akute Gefährdungen von Trinkwasserfassungen sind gegenwärtig nicht gegeben.

Im Zusammenhang mit einer Vielzahl von Baumaßnahmen im Stadtgebiet und anderen Einflußfaktoren sind zeitweilige und permanente Änderungen der Grundwasserdynamik zu erwarten, verbunden mit weiteren, nur komplex zu erfassenden Folgen wie Schadstoffmobilisierung, Fließrichtungsänderung und Ablenkung von Kontaminationsfahnen. Um solche Vorgänge zumindest näherungsweise einschätzen und nachteiligen Auswirkungen vorbeugen zu können, bedarf es eingehender systematischer Untersuchungen, die in ein hydrogeologisches Großraummodell einfließen sollten, das eine Voraussage für Gefährdungsmomente und eine rechtzeitig wirksame Gefahrenabwehr gestattet. Ein nächster Schritt wäre die Auswertung, Zusammenfassung und Weiterführung der systematischen Grundwasseruntersuchungen, um daraus die Konzeption eines umfassenden Grundwasserbeschaffenheitsmeßnetzes abzuleiten.

Literatur

Hoquél, W. (Hrsg.) (1983) Leipzig. Seemann-Verlag, Leipzig

LAWA (1993) Grundsätze für die Bewertung und Behandlung von Grundwasserschäden. Arbeitspapier des LAWA-Arbeitskreises Grundwassergüte, Stand 10/93 (unveröff.)

Leidraad bodensanering (1988) Staatsnitgeverijs-Gravenhage, afl. 4, Nov. 88

Mahrla, W. Schöp, G. (1992) Sachstandsbericht zur Grundwasserbelastung durch Altlasten im Großraum Leipzig (Arbeitsstand 31.05.1992). StUFA-Leipzig (unveröff.)

Reumuth, K. (1927) Heimatgeschichte für Leipzig und den Leipziger Kreis. Dürrsche Verlagsbuchhandlung,Leipzig.

Statistisches Jahrbuch (1993) 24.Band. Stadt Leipzig, Amt für Wahlen und Statistik

Umwelt- und Sozialministerium Baden-Württemberg (1993) Informationsschrift Orientierungswerte für die Bearbeitung von Altlasten und Grundwasser-schadensfällen. Hrsg. als Gemeinsame Verwaltungsvorschrift des Umwelt- und des Sozialministeriums Baden-Württemberg, GABl.vom 30. Nov. 1993

Untersuchungen zur Belastung oberflächennahen Grundwassers mit leichtflüchtigen, chlororganischen Kohlenwasserstoffen im Raum Biesenthal, Landkreis Barnim, Brandenburg

Christel Rietz, L. Werner

1 Veranlassung und Zielstellung

Im Jahre 1991 wurden im „Musikerviertel Biesenthal" erhebliche Überschreitungen der Eingreifwerte nach der Brandenburger Liste, insbesondere für leichtflüchtige Chlorkohlenwasserstoffe, im oberflächennahen Grundwasser (GW) nachgewiesen. Spezielle Untersuchungen im Jahr 1992 bestätigten die Grenzwertüberschreitungen. Als Hauptkontaminant wurde 1,2-Dichlorethan identifiziert.

Durch die ÖNU-GmbH wurde in einer ersten Untersuchungsphase (12/92-03/93) eine Gefährdungserstabschätzung durchgeführt. Schwerpunkte hierbei waren die Eingrenzung des Kontaminationsgebietes, die Ermittlung potentieller Kontaminationsquellen sowie die Darstellung des Umweltverhaltens und des Gefährdungspotentials von leichtflüchtigen Chlorkohlenwasserstoffen (LHKW).

In einer zweiten Bearbeitungsphase (06-09/93) wurde ein Untersuchungsprogramm durchgeführt, was folgende Zielstellungen hatte:

- Untersuchung der Kontamination des oberen GW-Leiters (Zustrom am GUS-Objekt, Musikerviertel),
- Niederbringen von geologischen Erkundungsbohrungen sowie deren Pegelausbau,
- Einschätzung der zeitlichen und räumlichen Entwicklung der Kontamination,
- Bewertung der Ergebnisse und Erarbeitung von Sanierungsvorschlägen.

2 Untersuchungsgebiet

2.1 Allgemeine Charakteristik

Das „Musikerviertel“, so bezeichnet aufgrund der nach Komponisten benannten Straßennamen, liegt im Ostteil der Stadt Biesenthal im Kreis Bernau. Das Untersuchungsgebiet wird begrenzt durch die Straße Biesenthal–Grüntal, das Betriebsgelände des Mischfutterwerkes „Vitamix“ sowie das Sydower Fließ. Die Lage des Gebietes ist aus den topographischen Karten 0709-323 und 0709-341 (Ausgabe Volkswirtschaft, Maßstab 1:10 000) ersichtlich. Die geographische Höhe schwankt zwischen 52,5 und 60 m NN.

Beim „Musikerviertel“ handelt es sich überwiegend um Wochenendgrundstücke, ergänzt durch Ein- und Zweifamilienhäuser in lockerer Bebauung. Die Grundstücke werden kleingärtnerisch genutzt. Das Gebiet ist mit kleineren Forstflächen durchsetzt.

Als potentielle Kontaminationsquellen sind im Untersuchungsgebiet vorhanden:

- ein Militärobjekt (GUS) und
- ein Mischfuttermittelwerk.

2.2 Hydrogeologische Verhältnisse

Das Untersuchungsgebiet liegt im Übergangsbereich zwischen der Grundmoränenplatte des Barnim und dem Biesenthaler Becken im Rückland der Frankfurter Eisrandlage der Weichselkaltzeit. Der obere pleistozäne Grundwasserleiter besteht aus Nachschüttsanden des Brandenburger Stadiums (W1n). Das Liegende bilden die Geschiebemergel des Brandenburger Stadiums der Weichselzeit (WI). Der obere pleistozäne Grundwasserleiter ist im wesentlichen unbdeckt. Eine geringe Bedeckung ist im nordöstlichen Bereich zu erwarten.

Die geologischen Lagerungsverhältnisse zeichnen sich durch Störungen im Bereich des Stauchungsgebietes von Biesenthal aus (Grohnke 1991). 1991 wurde anhand der GW-Standmessungen eine Fließrichtung des oberen Grundwasserleiters von Südosten in Richtung Westen (Gefälle: ca. 3,5 m/km) ermittelt.

Detaillierte Informationen können dem Abschlußbericht der 1. Untersuchungsphase entnommen werden.

3 Untersuchungsprogramm

Die durchgeführten Erkundungsbohrungen dienten der detaillierten Untersuchung der Schichtenfolge, insbesondere der Lage des GW-Stauers, sowie nach erfolgtem Pegelausbau der GW-Probenahme. Es wurden 2 Rammkernsondierungen in Verbindung mit dem Doppelrohrhohlschneckenbohrverfahren bis 1 m in den Stauer gebohrt, so daß die Filter jeweils unmittelbar oberhalb des Stauers ermöglicht. Parallel hierzu wurden im Auftrag des Bundesvermögensamtes Frankfurt (Oder) direkt auf dem GUS-Objekt 3 weitere Bohrungen niedergebracht und zu Grundwasserbeobachtungsrohren (GWBR) ausgebaut.

Mit der Analyse von Bodenproben sollte sowohl die tiefengestaffelte als auch die räumliche Schadstoffverteilung bis zum liegenden Stauer ermittelt werden.

Die Proben für die Bodenuntersuchungen wurden aus den Bohrkernen der Bohrungen Nr. 4 und 5 gewonnen. Aus beiden Bohrungen wurden je 3 Mischproben aus folgenden Schichten entnommen:

- Oberboden,
- Schicht am Grundwasseranschnitt,
- unmittelbar über dem Stauer.

Die Proben wurden entsprechend der geltenden Normen genommen und von dem akkreditierten Prüflabor der ÖNU-GmbH analysiert.

Im Bereich des Geländeabschnittes zwischen GUS-Objekt und dem kon taminierten Siedlungsgebiet im Musikerviertel wurden Bodenluftuntersuchungen durchgeführt.

Mit einer rasterförmigen (Rastermaß 50 x 50 m) Verteilung von 32 Probenahmepunkten konnte bei einer Feldbreite von 200 m und einer Feldlänge von 400 m das zu untersuchende Gebiet vollständig erfaßt werden.

Die Schadstoffmessung in der Bodenluft (halbquantitative Erfassung) erfolgte mit direkt anzeigenden Kurzzeitprüfröhrchen von Dräger (oxidierbare Substanzen, halogenierte Kohlenwasserstoffe).

Zur Einschätzung der Grundwasserkontamination wurden insgesamt 18 Grundwasserproben entnommen. Die Beprobung der 9 ausgewählten Entnahmestellen erfolgte etwa im einmonatigen Abstand. Die Probenahmestellen wurden so gewählt, daß eine Beprobung vor dem GUS-Objekt, zwischen GUS-Objekt und Musikerviertel sowie vom Musikerviertel selbst gewährleistet werden konnte. Zur GW-Beprobung zwischen GUS-Objekt und Musikerviertel wurden an den Bohrpunkten 2 (GWBR) errichtet. Die Beprobung erfolgte mittels der Unterwasserpumpe MP1 von GRUNDFOS.

Tabelle 1. Probenahmestellen

Entnahmepunkt	Bezeichnung
1	GWBR 5, Förderhöhe (OK-Rohr): 10 m
2	GWBR 4, Förderhöhe (OK-Rohr): 9 m
3	Hauswasserbrunnen Halfter, Mozartstr. 18
4	Hauswasserbrunnen Hill, Schumannstr. 8
5	Versorgungsbrunnen Vitamix, (Lager)
6	Versorgungsbrunnen Vitamix, (Waschhaus)
7	Hauswasserbrunnen Treichel, Bahnhofsstr. 83
8	Hauswasserbrunnen Franke, Mausewinkel 7
9	Hauswasserbrunnen Krapalis, Wagnerstr. 5

4 Untersuchungsergebnisse

Zur Bewertung der hydrogeologischen Verhältnisse, insbesondere der GW-Fließrichtung, wurden auch die 3 im Auftrag des Bundesvermögensamtes Frankfurt (Oder) errichteten GWBR einbezogen. In der Tabelle 2 werden ausgewählte geologische Daten der GWBR aufgeführt.

Tabelle 2. Geologische Daten der GWBR (Angaben in m NN)

GWBR	GOK	Deck-schicht	Körnung GWL	OKGWS	Körnung GWS
1	59,14	T,u,x,...	mS	49,54	T,s,x,u (Gme)
2	58,06	fS,...	mS	47,56	mS,fS,u
3	58,15	---	mS	46,35	T,u,s,x (Gme)
4	59,35	T,s,x,...	mS	50,05	T,s,x,u (Gme)
5	58,86	mS,u,...	mS	48,76	T,s,u,x (Gme)

GOK: Geländeoberkante, *GWL*: Grundwasserleiter, *GWS*: Grundwasserstauer.

Im oberen unbedeckten Grundwasserleiter sind drei petrographische Einheiten zu unterscheiden. Der Grundwasserleiter wird überwiegend von Mittelsanden, die einen mehr oder weniger mächtigen Feinsandanteil aufweisen, gebildet. In den Sandkomplex sind Mittel- bis Grobsande, z.T. steinig, eingeschaltet. In der Regel bilden solche Sande mit hoher Leitfähigkeit die Auflage des Geschiebemergels. Im

GWBR 2 sind stattdessen unmittelbar oberhalb des Geschiebemergels Feinsande mit verminderter hydraulischer Leitfähigkeit angetroffen worden.

In 4 der 5 Bohrungen ist unmittelbar unter der Rasensohle, vorwiegend in der Wurzelzone, eine mehr oder weniger mächtige, teilweise undurchlässige Schicht von 0,6-1,0 m festgestellt worden. Diese geringmächtige Deckschicht ist nicht flächendeckend. Insbesondere im Bereich zwischen GWBR 2 und GWBR 4 ist keine Deckschicht ausgebildet. In dem Verbreitungsgebiet dieser Deckschicht ist ein lokal begrenzter Schutz des Grundwasserleiters vor flächenhaft eindringenden Stoffen zumindest teilweise gegeben.

Der obere pleistozäne Grundwasserleiter ist im Untersuchungsgebiet relativ einheitlich ausgebildet und besteht überwiegend aus Mittelsanden.

Die Mächtigkeit des Grundwasserleiters beträgt unter Einbeziehung der stauenden Deckschichten ca. 10,5 m im Mittel.

Durch die Bohrungen wurde eine geschlossene Verbreitung des Weichselgeschiebemergels nachgewiesen.

Alle GWBR sind so gesetzt worden, daß die Filterstrecke unmittelbar oberhalb der stauenden Schichten beginnt.

In Tabelle 3 ist die Entwicklung der Grundwasserstände zusammengestellt worden.

Tabelle 3. Grundwasserstände im Untersuchungszeitraum (Angaben in m NN)

GWBR-Nr.	GOK	Liegendes	25.06.	21.07.	04.08.	20.08.
1	59,14	49,54	55,48	55,35	55,41	55,34
2	58,06	47,56	55,97	55,82	55,87	55,78
3	58,15	46,35	55,47	55,34	55,39	55,36
4	59,35	50,05	54,51	54,42	54,50	54,43
5	58,86	48,76	53,93	53,86	53,94	53,86

Aus den Grundwasserständen wurde geometrisch die Grundwasserfließrichtung ermittelt. Wie aus den Grundwasserständen der GWBR 1, 2 und 3 ersichtlich ist, strömt das Grundwasser von Ost nach West durch das Untersuchungsgebiet.

Auf dem Fließweg von 545 m von GWBR 2 bis zu GWBR 5 fällt die Grundwasserdruckhöhe um 1,92-1,96 m.

Gleichsinnig steigt das Liegende um 2,49 m von GWBR 2 zu GWBR 4. Zwischen GWBR 4 und GWBR 5 fällt das Liegende des GWL wieder um 1,29 m ab.

Trotzdem bleibt die steigende Tendenz der Sohle des Grundwasserleiters von Ost nach West erhalten.

Die Berechnung der Durchflußmenge am GWBR 4 erfolgte überschlägig nach dem Ansatz der stationären Grabenströmung bei geneigter Sohle des Grundwasserleiters nach folgender Formel (Busch u. Luckner 1973):

$$\alpha H + a - H(0) = \frac{|q(0)|}{K} \ln \frac{\alpha H + |q(0)| / K}{\alpha H(0) + |q(0)| / K}$$

Folgende Parameter wurden bei der Berechnung verwendet:

H(0)	Wasserspiegel über Grundwassersohle am Anfang der Fließstrecke: 8,31 m
H(R)	Wasserspiegel über Grundwasserstauer am Ende der Fließstrecke: 4,45 m
a(R)	Grundwassersohle über Bezugslinie: 2,49 m
K	Leitfähigkeitsbeiwert: $2 * 10^{-4}$ m/s
α	Gefälle / Anstieg des Grundwassers: 0,00646
q(0)	Durchfluß

Als Ergebnis wurde durch Iteration ein Durchfluß von 140 m^3 pro Jahr und Meter ermittelt. Das entspricht einer Fließgeschwindigkeit von ca. 100-120 m pro Jahr.

Die bei den Bodenanalysen erhaltenen Ergebnisse liegen mit Ausnahme der LHKW-Konzentrationen weit unter den nach der Brandenburgischen Liste geltenden Richtwerten für Wasserschutz- und -vorbehaltsgebiete. Die Tabelle 4 enthält die wichtigsten Ergebnisse.

Tabelle 4. Untersuchungsergebnisse Boden (Auswahl)

	Entnahmepunkt					
Parameter	5.1	5.2	5.3	4.1	4.2	4.3
pH-Wert	4,79	7,05	7,25	4,06	7,16	7,18
LHKW gesamt (mg/kg)	n.n.	n.n.	14,1	n.n.	n.n.	n.n.

Die niedrigen pH-Werte im Oberboden (0,4 m) sind typisch für die Sandböden der Forsten im norddeutschen Tiefland. Die Böden befinden sich im Übergangsbereich vom Austauscher- zum Aluminiumpuffer. In den tieferen Bereichen sind die Böden gut gepuffert. Während die Schwermetalle im Oberboden aufgrund der niedrigen pH-Werte recht mobil sind, werden sie im GW-Bereich gut festgelegt. Hieraus resultiert ein geringes Gefährdungspotential gegenüber Schwermetalleinträgen. Leichtflüchtige chlororganische Kohlenwasserstoffe (LHKW) konnten nur direkt oberhalb des Stauers am Pegel 5 nachgewiesen werden. Dies entspricht dem Umweltverhalten der LHKW, insbesondere, daß sie aufgrund der größeren Dichte als Wasser zur GW-Sohle absinken. Der einzige, identifizierte Kontaminant ist mit 14,1 mg/kg 1,2-Dichlorethan. Dies stimmt mit den älteren sowie den aktuellen GW-Analysen gut überein, wo ebenfalls 1,2-Dichlorethan als Hauptschadstoff ermittelt wurde.

In den anderen 5 Proben konnten keine Spuren von LHKW nachgewiesen werden. Hieraus lassen sich also keine Rückschlüsse über mögliche Kontaminationspfade ableiten.

Bei den 32 durchgeführten Bodenluftuntersuchungen konnten an 15 Meßpunkten mit dem Polyteströhrchen aufgrund der entstandenen Verfärbungen (grün-bräunlich) oxidierbare Stoffe nachgewiesen werden. In den Fällen, in denen eine besondere intensive Farbreaktion eintrat, wurde mit dem Drägerröhrchen für LHKW die Analyse erweitert, allerdings ohne Befund.

Bei der Analyse der Verteilung der Rasterfelder mit positiver Reaktion auf dem Gesamtfeld sind zwei voneinander abgegrenzte inselartige Flächen erkennbar. Innerhalb der nordwestlich liegenden Fläche befindet sich auch der Standort eines der neu angelegten GWBR (Nr. 5). Hier weisen die Wasseranalysen eine hochgradige Kontamination durch LHKW aus.

Die vorgenommenen Bodenluftmessungen lassen den Schluß zu, daß neben den bereits bekannten Gebieten im „Musikerviertel" weitere kontaminierte Flächen vorhanden sind. Die erzielten Untersuchungsergebnisse in und am Rande des GUS-Objektes ergeben keinen Hinweis auf einen Kontaminationspfad vom GUS-Objekt in Richtung „Musikerviertel".

Die Grundwasserproben, insgesamt 18, wurden auf anorganische und spezielle organische Verunreinigungen untersucht. In Auswertung der bereits vorliegenden Analysenergebnisse wurde nicht nach der kompletten Brandenburger Liste untersucht, sondern das Untersuchungsspektrum wurde eingeschränkt. Den Kriterien LHKW und AOX galt aufgrund der bisherigen Ergebnisse besonderes Interesse (s. Tabelle 5).

Die Analysen bestätigen eine hohe Nährstoffbelastung, besonders für Nitrat. Die Grundwässer sind teilweise fast O_2-frei, was die Abbauprozesse beeinträchtigt. Die Borkonzentrationen sind gering und schwanken in engen Grenzen. Eine direkte Beeinflussung durch kommunale Abwässer ist somit nicht nachweisbar. Die nachfolgend angegebenen Temperaturen variieren stark, was für Grundwasser untypisch ist. Bedingt durch die Bauweise (Kessel, lange Pumpwege) zeigen alle Haus- bzw. Versorgungsbrunnen eine mehr oder weniger hohe Abweichung von der tatsächlichen Grundwassertemperatur. Dieser Effekt konnte auch durch intensives Abpumpen vor der Probenahme nicht behoben werden. Die Wiederfindungsrate bei leichtflüchtigen Verbindungen wird dadurch etwas erniedrigt. Eine deutliche Beeinflussung der Analysenergebnisse ist hieraus jedoch nicht zu erwarten. Bei der Augustbeprobung wurde an 3 Meßstellen eine geringe Überschreitung der Hg-Eingreifwerte gefunden.

Tabelle 5. Untersuchungsergebnisse Grundwasser - Primärdaten und LHKW, AOX (Juni, Juli)

Entnahmepunkt	Temp. [°C]	O_2-Gehalt [mg/l]	Leitfähigk. [µS/cm]	pH-Wert	Redox-pot. [mV]	LHKW [µg/l]	AOX [mg/l]
1	9,3	1,0	788	7,42	227	3.464	12,0
2	9,4	0,4	735	7,21	226	28	0,22
3	12,8	3,1	726	7,31	229	275	0,34
4	11,6	6,6	922	7,21	229	3	0,21
5	13,5	3,8	590	7,48	236	n.n.	0,02
6	13,7	5,3	619	7,42	240	n.n.	0,03
7	11,3	1,7	820	7,41	234	n.n.	n.n.
8	10,2	4,7	754	7,41	-	n.n.	n.n.
9	13,8	1,3	996	6,86	-	2.239	7,5

Die LHKW-Konzentration an den Entnahmestellen 1, 2, 3 und 9 weisen z.T. drastische Überschreitungen des Eingreifwertes der Brandenburgischen Liste, Teil 1, Kategorie I (25 µg/l) auf. An den Entnahmestellen 1, 4 und 9 wird der TVO-Grenzwert für Tetrachlormethan (3 µg/l) erreicht bzw. überschritten.

Hinsichtlich der Hauptfragestellung, der Kontamination mit LHKW, wurden als Hauptkomponenten ermittelt:

- 1,2-Dichlorethan,
- Tetrachlormethan,
- Trichlormethan.

Nach der Trinkwasserverordnung der Budesrepublik Deutschland (1990) wurde der Gehalt an organischen Chlorverbindungen in 5 von 9 untersuchten Proben überschritten.

Kontaminationen des Grundwassers mit chlorierten Kohlenwasserstoffen besitzen wegen deren Eigenschaften ein besonders großes Gefährdungspotential. Diese wassergefährdenden Stoffe (1,2-Dichlorethan – WGK 3) können sich im Grundwasserleiter als eigenständige Phase (Schadstofflinse/Suspension) oder in wäßriger Lösung, entsprechend der Grundwasserdynamik, ausbreiten. Wegen ihrer hohen Dichte (schwerer als Wasser) sammeln sie sich am Boden des Grundwasserleiters und werden entsprechend ihrer Löslichkeit mobilisiert. Die geringe kinematische Viskosität dieser Substanzen (leicht bewegliche Flüssigkeiten) fördert den schnellen Transport im Boden und Grundwasserleiter.

Die Chlorkohlenwasserstoffe zählen zu den besonders toxischen Substanzen, die bei chronischen Vergiftungen zu Leber- und Nierenschäden führen können. 1,2-Dichlorethan ist nach EG-Richtlinie und GefStoffV gesichert krebserzeugend.

Das ermittelte Gefährdungspotential der Grundwasserkontamination zeigt einen unverzüglichen Handlungsbedarf bezüglich einer Überwachung und Sanierung des Schadens an.

5 Sanierungsverfahren

Verfahren zur Sanierung von Boden- und Grundwasserkontaminationen mit leichtflüchtigen chlorierten Kohlenwasserstoffen wurden wegen dem häufigen Auftreten derartiger Schadensfälle in der Vergangenheit in relativ großer Zahl entwickelt. Die Sanierung der LHKW-Kontaminationen ist prinzipiell möglich durch

- biologischen Abbau,
- chemische Zerstörung,
- physikalisch-chemische Separierung,

jedoch befinden sich die Verfahren in unterschiedlichen Stadien der Entwicklung und sind folglich unterschiedlich gut geeignet.

Grundsätzlich werden die Technologien der Sanierung standortbezogen untergliedert in:

- In-situ-Verfahren: ohne Auskofferung in natürlicher Lage,
- On-site-Verfahren: nach Auskkofferung vor Ort,
- Off-site-Verfahren: nach Abtransport.

In-situ-Verfahren zur Grundwassersanierung beinhalten auch die Entnahme bzw. Kreislaufführung des Grundwassers (hydraulische Maßnahmen), Bodenluftabsaugung oder Drucklufteinblasung. Die hydraulischen Maßnahmen sind meist mit den oben genannten Verfahren gekoppelt. Sie finden in der Regel Anwendung, wenn es sich bei dem Sanierungsfall um eine sehr weitflächige und großräumige Kontamination handelt, bei der ein Bodenaustausch oder eine Bodenwäsche (on-site/off-site) wirtschaftlich oder technisch nicht zu realisieren ist.

Tabelle 6. Vor- und Nachteile möglicher Sanierungsverfahren

Prinzip	technisches Verfahren	Vorteile	Nachteile
biologischer Abbau	aerob anaerob mit adaptierten Mikroorganismen	umweltfreundlich irreversibel natürliche Prozesse kostengünstig geringer technischer Aufwand	Abbauprodukte technische Risiken schwer steuerbar selektiv zeitintensiv schlechte Abbaubarkeit
chemische Zerstörung (Oxidation)	thermisch durch Zugabe von Oxidationsmitteln ($z.B. H_2O_2/UV$)	schnell abproduktfrei kostengünstig irreversibel	für LHKW technisch wenig ausgereift kostspielig umweltunfreundlich Abprodukte technisch wenig ausgereift
physikalisch-chemische Separierung	Adsorption (z.B. an Aktivkohle) Stripping Extraktion	gut steuerbar technisch ausgereift	Abprodukte kostspielig zeitintensiv großer technischer Aufwand

Literatur

Benz, H. (1993) Untersuchungen strömungstechnischer Bauteile zur Erzeugung von Kavitationsströmungen zum Zwecke der Stofftrennung. Dissertation A, TU Berlin

BMFT (Der Bundesminister für Forschung und Technologie; Hrsg.) (1988) Untersuchung und Bewertung von In-situ-Verfahren zur Sanierung des Bodens und des Untgergrundes durch Abbau petrochemischer Altlasten und anderer organischer Umweltchemikalien, Berlin

BMFT (Der Bundesminister für Forschung und Technologie; Hrsg.) (1990) Technologieregister zur Sanierung von Altlasten (TERESA), Berlin

Bruckner, F. (1988) Überblick überdie Anlagen zur Einigung des gesättigten und ungesättigten Bodenbereichs. Thome-Kozmiensky, K.J., Altlasten 2, EF-Verlag für Energie und Umwelttechnik GmbH

Busch, K.-F., Luckner, L. (1973) Geohydraulik. Deutscher Verlag für Grundstoffindustrie, Leipzig

Fabricius, E. W. (1988) Möglichkeiten der Behandlung CKW-kontaminierten Grundwassers und Erdreichs. Thome-Kozmienzky, K.J., Altlasten 2, EF-Verlag für Energie- und Umwelttechnik GmbH

Grohnke, C. (1991) Hydrogeologisches Gutachten zur Grundwasserbelastung im Raum Biesenthal, Hydrogeologische Berlin - Brandenburg

Lübbe-Wolf, G. (1991) Grundwasserbelastung durch CKW, Rechtsfragen der Ermittlung und Sanierung. Eberhard Blottner Verlag

Schippert, E. (1987) Reinigung von CKW-verunreinigtem Wasser durch Direktadsorption an Aktivkohle und Strippen mit Luft bei Reinigung der Luft durch Aktivkohle. Thome-Kozmiensky, K.J., Altlasten, EF-Verlag für Energie- und Umwelttechnik GmbH

Schulte, P. et al. (1991) Aktiviertes Wasserstoffperoxid zur Beseitigung von Schadstoffen im Wasser (H_2O_2/UV). Wasser, Luft und Boden, Zeitschrift für Umwelttechnik 9

Stuttgarter Berichte zur Siedlungswasserwirtschaft (1990) Beseitigung von chlorierten Kohlenwasserstoffen und Mineralöl aus Boden und Grundwasser: Grundlagen und Anwendung. Band 109, Kommissionsverlag R. Oldenbourg, München

Grundlagenerstellung für eine sinnvolle Grundwassersanierung am Beispiel der Stadt Dresden

Ulrich Thomsch, Christian Korndörfer

Gegenstand der Ausführungen sind die Überlegungen der Landeshauptstadt Dresden zur Sanierung der eigenen Grundwasserressourcen.

Bei allem Respekt vor den Kenntnissen und Leistungen der einzelnen Fachdisziplinen, die sich mit dem Grundwasser befassen, stellen wir fest: Die Stadt selbst ist letztendlich für die Zusammenstellung der vielfältigen, notwendigen Arbeitsgrundlagen verantwortlich. Nach unserer Überzeugung ist das Konzept einer für Dresden sinnvollen Grundwassersanierung nur über einen stadtökologischen Ansatz zu erstellen. Der stadtökologische Ansatz trägt dem Charakter des künstlichen, vom Menschen geschaffenen ökologischen Systems Stadt Rechnung. Er geht von den wechselseitigen Abhängigkeiten und Beeinflussungen der biotischen und abiotischen Faktoren einerseits sowie den städtischen Funktionen andererseits aus. Mit diesem Ansatz können die Ziele und Belange der Stadtentwicklung mit den fachlichen, rechtlichen und wirtschaftlichen Erfordernissen verknüpft werden, um dann im umfassenden Sinne stadtverträgliche Lösungen, zum Beispiel für die Gesundung des Grundwassers, zu finden.

Grundwassersanierung dient keinem isolierten Selbstzweck, sondern der Gefahrenabwehr, der Gewährleistung von Versorgungspflichten, der Förderung einer dauerhaften Entwicklung der Ressource Wasser und damit einer dauerhaften Entwicklung des gesamten ökologischen Gefüges der Stadt. Diese Ziele erfordern den koordinierten Einsatz der kommunalen Instrumentarien. Durch den stadtökologischen Ansatz steht stets die Stadt als Ganzes im Blickfeld der Maßnahmen. Auf diese Weise erhält das Anliegen „Grundwassersanierung“ Zielsicherheit, den nötigen langen Atem und ist wirksamer vor Perfektionismus oder Resignation zu bewahren.

Im folgenden sind einige aus Dresdner Sicht wichtige Arbeitsgrundlagen in gebotener Kürze dargestellt.

1 Stadtentwicklung

Die radikalen Änderungen der Rahmenbedingungen seit 1990 stellen eine Herausforderung an die Stadtentwicklungspolitik Dresdens dar.

Dieser tiefgreifende Strukturwandel, der seit der Wende alle Lebensbereiche der ostdeutschen Kommunen durchzieht, bietet Chance und Risiko zugleich. Wir haben die Chance, im Bewußtsein der Begrenztheit unserer Ressourcen an einen Neuaufbau herangehen zu können. Hierbei dienen uns einerseits die Erfahrungen aus Zeiten der DDR, und andererseits nutzt uns das Wissen aus den alten Bundesländern.

Die Stadt Dresden ist Zentrum eines Ballungsraumes, in dem 1,2 Millionen Menschen leben.

Für die Entwicklung des Siedlungsraumes „Oberes Elbtal" hat von jeher Wasser in Form des Elbstromes und seiner Zuflüsse entscheidende Bedeutung gehabt. Nach wie vor ist Wasser ebenso wie Luft und Boden als Lebensgrundlage auch Grundlage der Stadtentwicklung. Mit der Erarbeitung des neuen Flächennutzungsplanes versucht die Stadtverwaltung, die Voraussetzungen für eine dauerhafte Entwicklung für die städtischen Daseinsfunktionen

- Wohnen,
- Arbeiten,
- Erholen,
- Bewegen.

zu schaffen. Dauerhafte Entwicklung ist nach dem Brundtland-Bericht von 1987 die Entwicklung, die die Bedürfnisse der Gegenwart befriedigt, ohne zu riskieren, daß künftige Generationen ihre eigenen Bedürfnisse nicht befriedigen können. In diesem Sinne ist der Flächennutzungsplan der Stadt Dresden auf die beabsichtigte städtebauliche Entwicklung und auf die voraussehbaren Bedürfnisse auch künftiger Bewohner der Gemeinde gerichtet.

Ausdruck hierfür ist das räumliche Leitbild der Stadt Dresden. Die räumliche Verteilung und die Anteile der Flächen für die städtischen Grundfunktionen sind Grundlage aller weiteren Planungen. Als Zielgröße für die Einwohnerzahl Dresdens wurden 520 000 gesetzt. An dieser Zahl, an den natürlichen Dargebotsgegebenheiten sowie an dem sich abzeichnenden spezifischen Wasserbedarf müssen sich die Entscheidungen zu einer künftigen Wasserversorgung der Stadt orientieren.

2 Wasserdargebot

Dresden verfügt über reiche Wasservorräte. Die Größe der Vorräte ist im wesentlichen bekannt und selbst unter Hydrogeologen unstrittig. Im Mittel stehen im eigenen Stadtgebiet etwa eine Viertelmillion m³ je Tag zur Verfügung.

Das bedeutet, pro Einwohner und Tag ist ein Dargebot von knapp 500 l vorhanden. Dieses Dargebot setzt sich aus Infiltrat der Elbe, aus Uferfiltrat und aus Grundwasser zusammen. Mehr als die Hälfte davon kann über den quartären Grundwasserleiter gewonnen werden. Grundwasser selbst hat einen Anteil von knapp 20 % an diesem stadteigenen Dargebot.

Zusätzlich zu diesen eigenen Vorräten erhält Dresden Talsperrenwasser aus dem nahen Erzgebirge. Von der Menge her ist eine sichere Versorgung der Stadt mit Trinkwasser gegeben.

Je nach Herkunft des Rohwassers sind jedoch Beeinträchtigungen der Beschaffenheit zu verzeichnen. Infiltrat und Uferfiltrat hängen wesentlich von der Wasserqualität der Elbe ab.

Diese ist auf dem Weg nach oben, aber immer noch bei Gewässergüteklasse III. Das im Siedlungsgebiet gewonnene Grundwasser ist durch geogene und anthropogene wasserlösliche Stoffe des Bodens belastet. Durch die seit 1990 stark verbesserten Erkundungs- und Analysemöglichkeiten wurde ein Erkenntniszuwachs erzielt, der spontan dramatische Bewertungen erfuhr.

Es erscheint auch in Sachsen allenthalben verlockend, die auf uns heute bezogene Vorsorge zu fordern und die Lösung des angesprochenen Beschaffenheitsproblems in der bevorzugten Nutzung externer Dargebote und Angebote zu suchen. Das dabei offensichtlich ins Auge gefaßte Aufgeben der stadteigenen Fassungen würde eine Entscheidung von großer Tragweite für die Kommune und das urbane ökologische Gefüge darstellen. Die Voraussetzungen und Folgen eines solchen Schrittes sind sorgfältig zu überlegen. Nicht umsonst legt das Sächsische Wassergesetz den Vorrang der örtlich vorhandenen Wasserdargebote fest. Es ist gut zu prüfen, welche Gründe für die weitere Nutzung der eigenen Dargebote sprechen, und welche Möglichkeiten für eine dann auch qualitätsgerechte Trinkwasserversorgung bestehen.

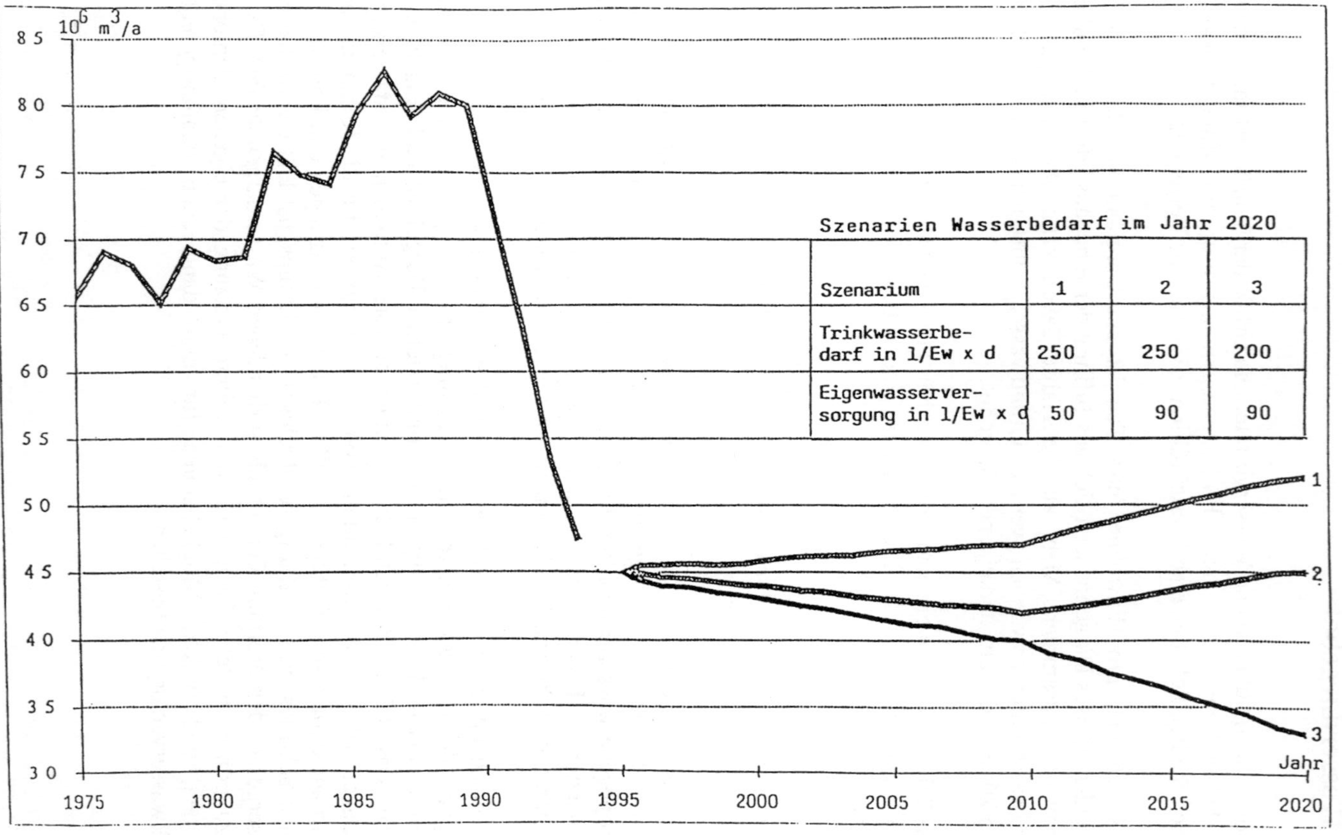

Szenarien Wasserbedarf im Jahr 2020

Szenarium	1	2	3
Trinkwasserbedarf in l/Ew x d	250	250	200
Eigenwasserversorgung in l/Ew x d	50	90	90

Abb. 1 Entwicklung (1975-1993) und Szenarien des Wasserbedarfs im Jahr 2000

3 Wasserbedarf

Betrachtet man die Entwicklung der Wasserabgabe durch das Dresdner Versorgungsnetz, so ist in den letzten Jahren ein rapider Rückgang zu verzeichnen, der auch 1993 noch festzustellen war (Abb. 1).

1993 wurde die seit Jahrzehnten geringste Menge abgegeben. Sie beträgt deutlich weniger als zwei Drittel der bisher höchsten Abgabemenge im Jahre 1987.

Zu beachten sind die Rohrnetzverluste, die gegenwärtig noch mit etwa 20% angegeben werden müssen. Damit liegt der wirkliche spezifische Verbrauch bei etwa 200 l/EW*d.

Das Dresdner Versorgungsunternehmen will die über die Stadtentwicklung der nächsten Jahre zu erwartende Bedarfssteigerung zu einem wesentlichen Teil durch den Abbau der Verluste ausgleichen und damit die Abgabemenge auf dem erreichten niedrigen Niveau halten. Unterstützt wird dieses Vorhaben durch größere Investoren, die in steigendem Maße nach Möglichkeiten der Eigenversorgung mit Brauchwasser suchen.

Der Anteil des Grundwassers an der Trink- und Brauchwasserversorgung beträgt derzeit etwa 15 %. Die Bedeutung des Grundwassers geht jedoch darüber hinaus.

Je nach den jeweiligen hydrogeologischen Gegebenheiten wird in den elbnahen Fassungen Grundwasser in unterschiedlichem Maße gemeinsam mit Uferfiltrat gefördert.

4 Hydrogeologie Dresdens

Die hydrogeologischen Gegebenheiten in Dresden sind im wesentlichen geklärt und gut beschrieben (Abb. 2).

Kennzeichnend für die hydrogeologische Situation ist ein nahezu flächendeckend verbreiteter oberer Grundwasserleiter im pleistozänen Lockergestein. Er ist bis zu 15 m mächtig und liegt unter einer 5 bis über 50 m mächtigen Deckschicht (Abb. 3).

Typisches Merkmal des Grundwasserdargebotes in Dresden sind die starke Kommunikation und Korrespondenz zwischen Elbe und oberem Grundwasserleiter. Die Fließzeiten von den Rändern des oberen Grundwasserleiters und der Elbe bewegen sich zwischen 5 und 20 Jahren.

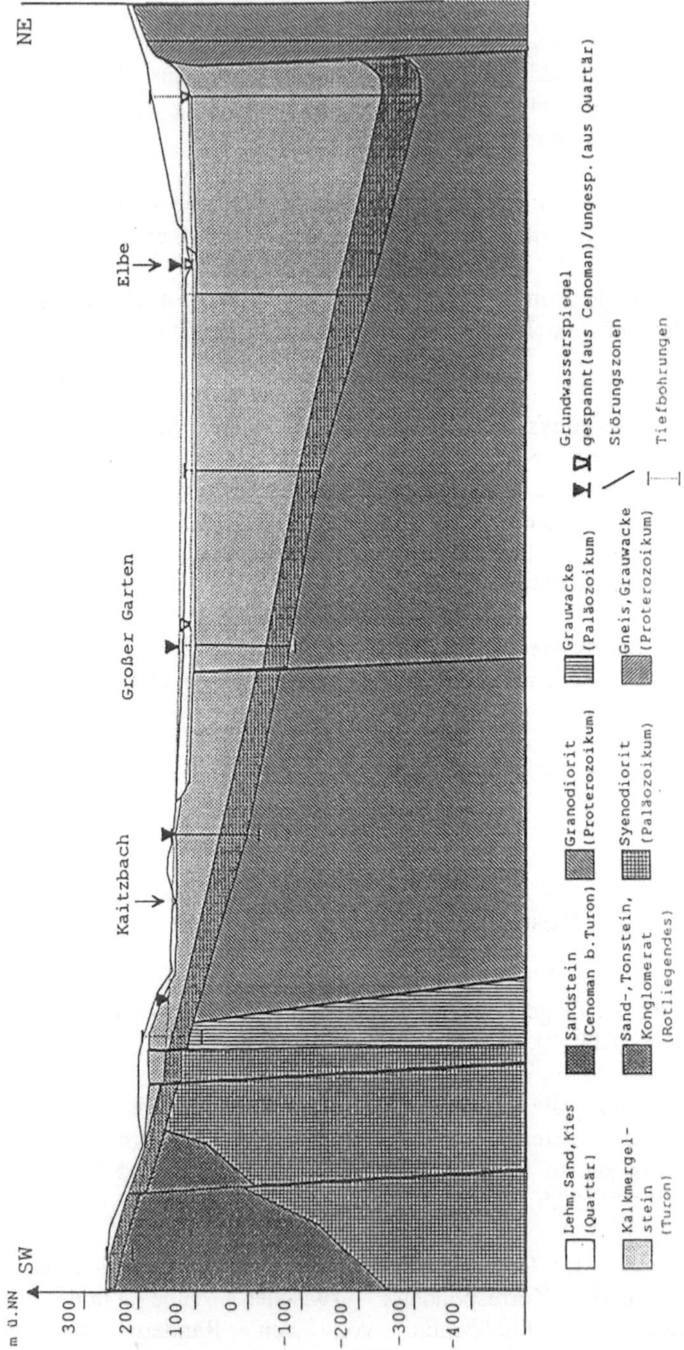

Abb. 2. Schematisches geologisches Querprofil durch das Elbtal bei Dresden

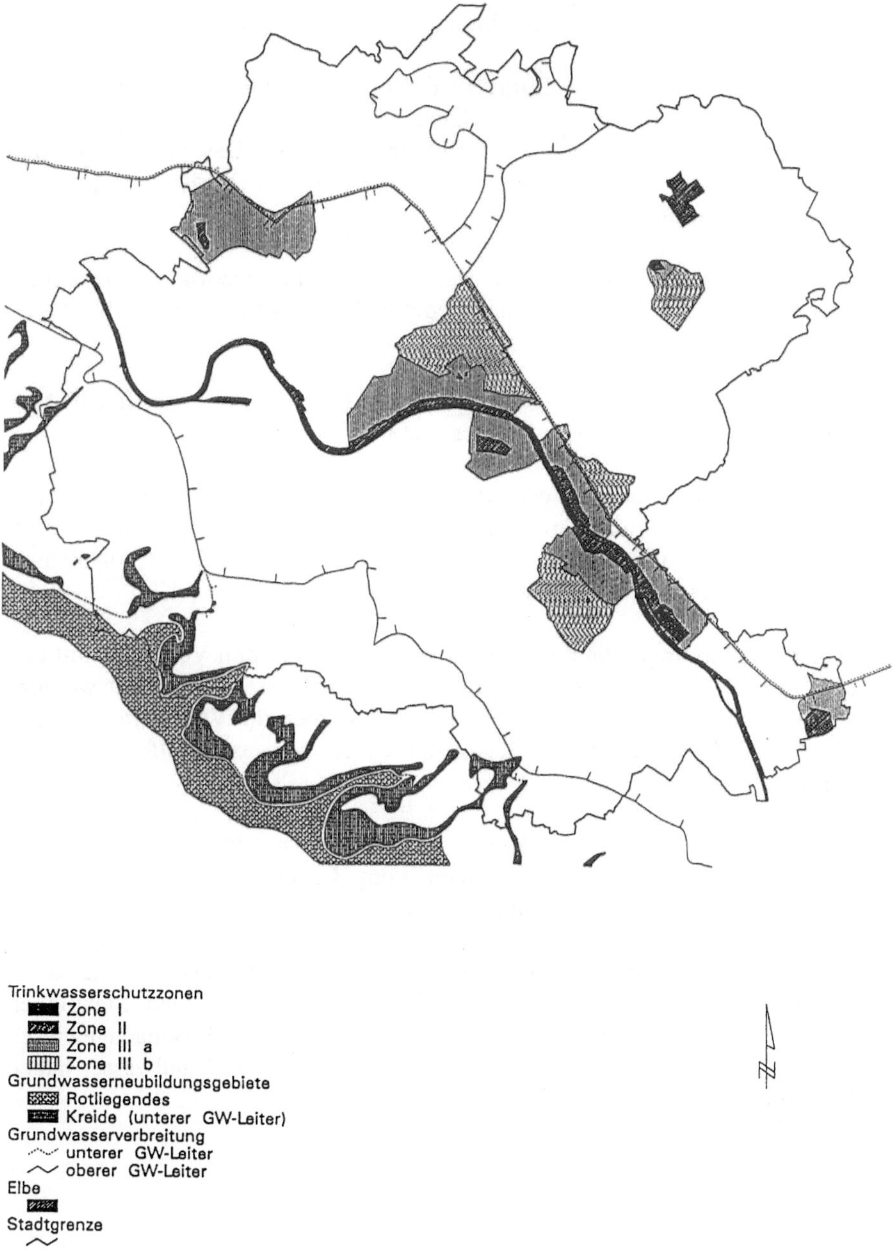

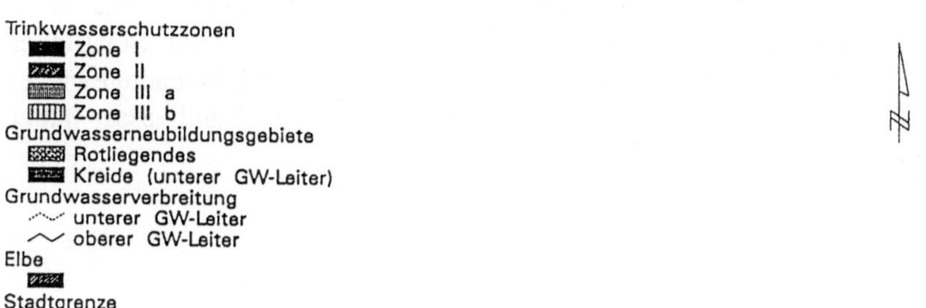

Abb. 3. Wasserschutzgebiete und Verteilung der Grundwasserleiter in Dresden

Ebenfalls weit verbreitet ist ein tieferliegender Leiter im kreidezeitlichen Festgestein, der gespanntes Grundwasser führt. Das Dargebot des unteren Grundwasserleiters ist vergleichsweise gering. Es diente in der Vergangenheit im wesentlichen der Eigenversorgung traditioneller Dresdner Firmen.

Das für die Stadt so wichtige Dargebot des oberen Grundwasserleiters ist der vergleichsweise guten Grundwasserneubildung zu verdanken. Die Deckschicht des oberen Grundwasserleiters variiert in Mächtigkeit und Durchlässigkeit. Hierdurch ergibt sich eine Chance für die natürliche Verbesserung der Grundwasserbeschaffenheit (Abb. 4).

Die Kehrseite der Medaille ist eine als mittel bis sehr niedrig einzustufende Grundwassergeschütztheit in den dicht besiedelten Bereichen der Stadt (Abb. 5).

Kontaminationssachverhalte

Die urbane Nutzung und die geringe Geschütztheit haben in der Vergangenheit zu ernsten Kontaminationen des Grundwassers geführt.

Anders als die hydrogeologischen Gegebenheiten sind die Kontaminationssachverhalte jedoch überblicksartig und bisher lediglich an einzelnen Schwerpunkten genauer erkundet. Derzeit sind in Dresden über 3300 sogenannte Altlastenverdachtsstandorte und -flächen registriert (Abb. 6).

Nach ersten Erfahrungen muß bei etwa 10 % der registrierten Verdachte mit tatsächlicher Kontamination oder Gefährdung des Grundwassers gerechnet werden. Als besonders schwerwiegend stellt sich auch in Dresden die Verunreinigung des Grundwassers mit leichtflüchtigen halogenierten Kohlenwasserstoffen (LHKW) dar (Abb. 7).

Aus dem Jahre 1989 ist bekannt, daß 1988 Dresdner Firmen 170 t Tetrachlorethen und 357 t Trichlorethen vom Großhandel bezogen haben. Militärische Anwender konnten nicht erfaßt werden.

Bei den überlieferten Mengen ist es verständlich, daß im Stadtgebiet eine Reihe von Kontaminationsherden existiert. Nach Angabe der damaligen Staatlichen Gewässeraufsicht konnte keine Rückführung von benutzten LHKW nachgewiesen werden. Die Luft und der Boden und damit letztlich auch das Grundwasser haben diese Mengen aufgenommen.

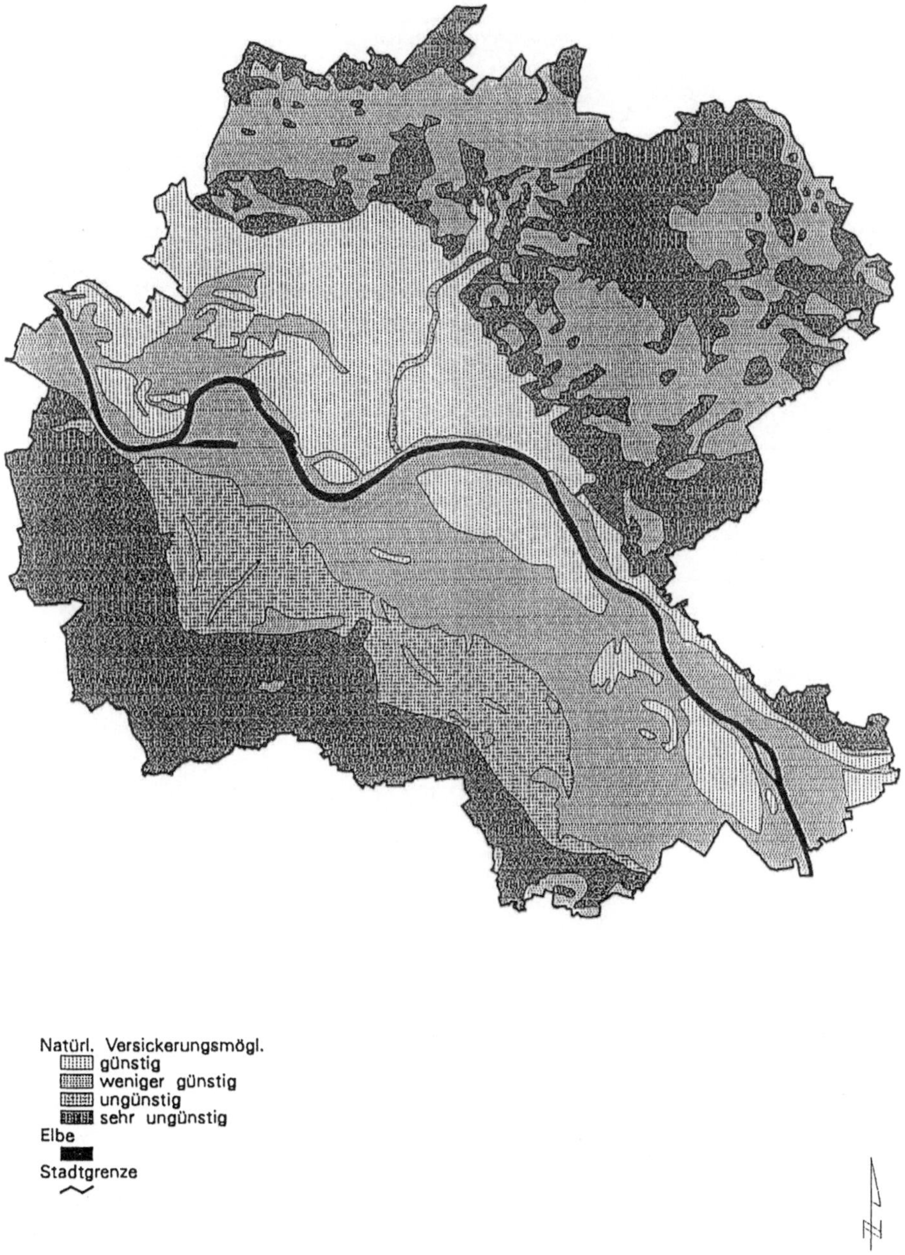

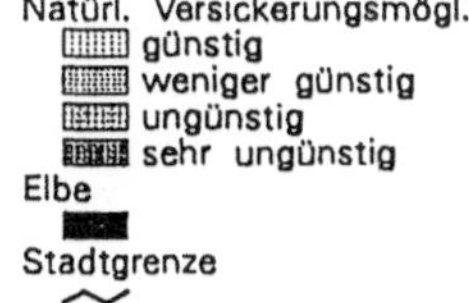

Abb. 4. Verteilung der natürlichen Versickerungsmöglichkeiten im Stadtgebiet

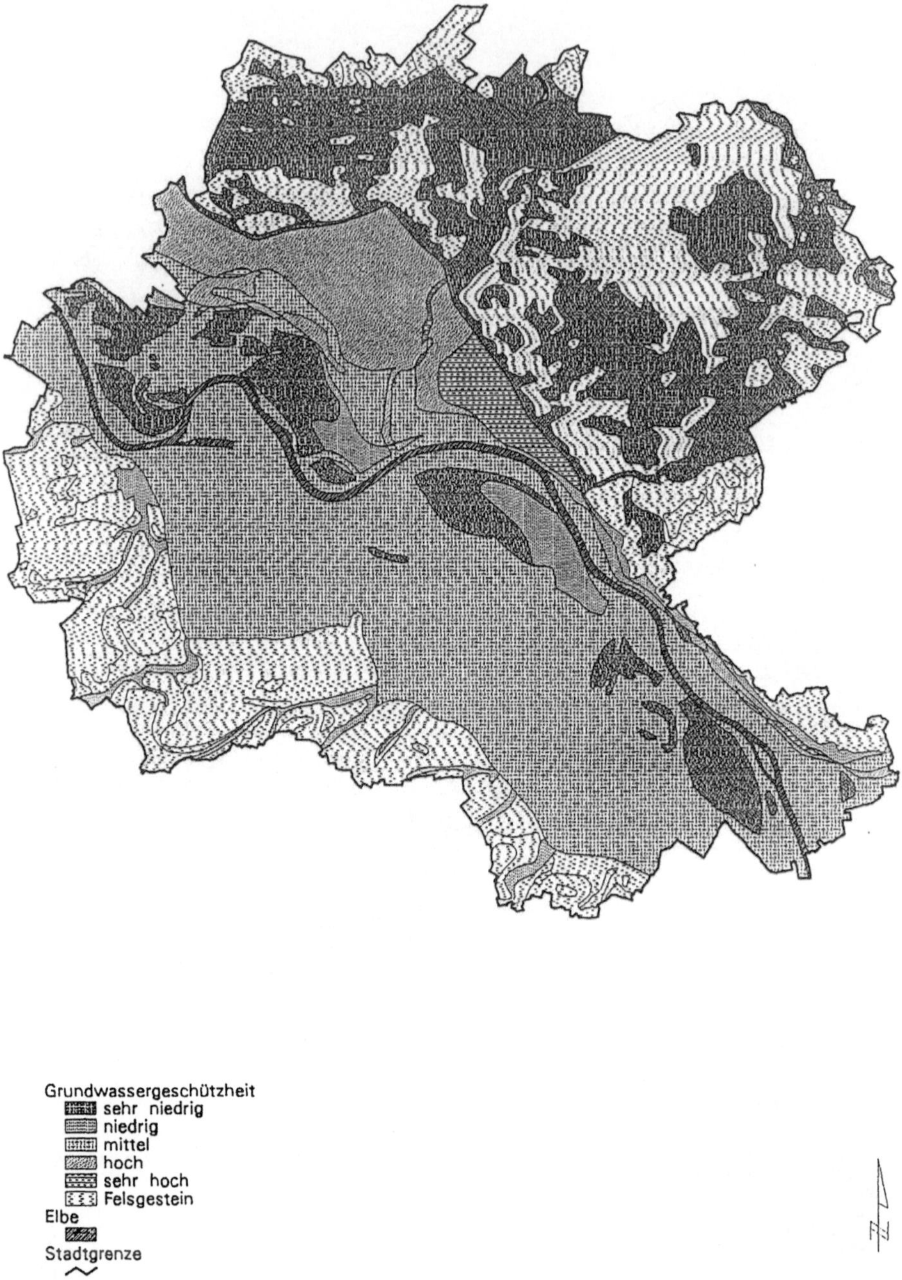

Abb. 5. Darstellung der Grundwassergeschütztheit im Stadtgebiet

Abb. 6. Übersicht der Altstandorte im Stadtgebiet

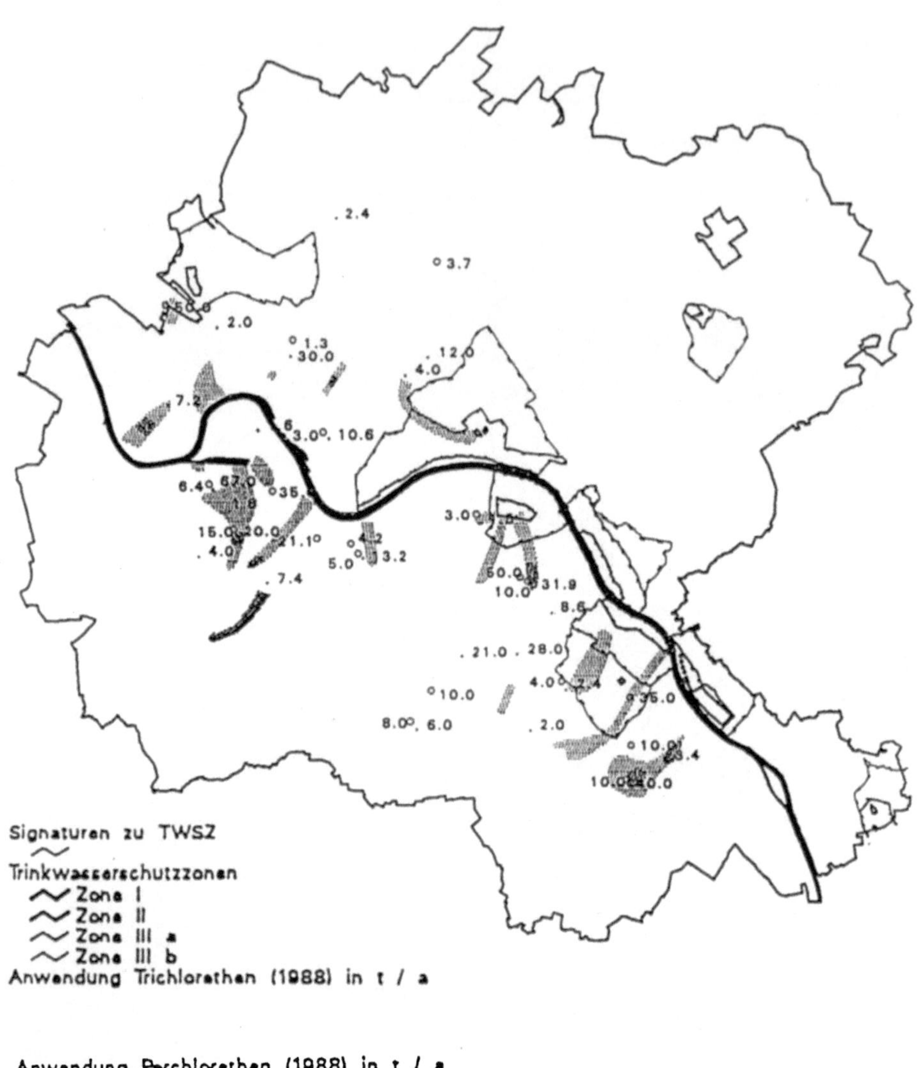

Abb. 7. LHKW-Kontaminationen der Grundwasserleiter und Standorte der LHKW-Anwendung im Stadtgebiet

Parallel zur quellenbezogenen Erkundung der LHKW-Kontaminationen werden der Verbreitungsgrad und das Ausbreitungsverhalten der LHKW im Grundwasser der Wasserwerkseinzugsgebiete untersucht. Es lassen sich stark belastete Grundwasserbereiche von schwach oder nicht belasteten sicher unterscheiden. Über die im Stadtgebiet breit gestreuten LHKW-Kontaminationsherde hinaus sind vor allem einzelne starke Verunreinigungen mit gaswerkstypischen Abfallprodukten (Phenole, BTEX, AOX) sowie mit Mineralölkohlenwasserstoffen zu verzeichnen.

Über Untersuchungen im Zusammenhang mit bauordnungsrechtlichen Verfahren, im Rahmen der Bebauungsplanung oder über Amtermittlung bei Schadensfällen werden laufend neue Kenntnisse zu Lokalisation, Art und Schwere von Kontaminationen gewonnen.

Die Zusammenfassung, Ordnung und Interpretation der aus sehr unterschiedlichen Quellen stammenden Angaben ist eine ständig begleitende Aufgabe, wenn man die Arbeitsgrundlage „Kenntnis der Kontaminationssachverhalte“ nicht zum Spielball von originellen Einzelexpertisen werden lassen will. Gründliche Überlegungen und konzentrierte interdisziplinäre Diskussion können nicht durch hochspezielle Analytik oder faszinierende Modellierung ersetzt werden. Der Prüfung der Plausibilität und einer sachgerecht generalisierten Darstellung des Wissens kommen in der zeitgemäßen Daten- und Informationsflut steigende Bedeutung zu.

Als rechtliche Arbeitsgrundlagen im Zusammenhang mit einer für Dresden sinnvollen Grundwassergesundung kommen vorrangig die ordnungsrechtlichen Instrumentarien des Umweltrechts und des Baurechts in Frage. Die konsequente Anwendung der Störerhaftung darf nach unserer Überzeugung nicht aufgeweicht werden. Wesentlich durch diese rechtlichen Rahmenbedingungen sind die Maßnahmen zum Schutz und zur Sanierung des Grundwassers bestimmt.

Kurzfristiger Erfolg ist besonders dann zu erwarten, und damit kommen wirtschaftsfördernde Gesichtspunkte ins Spiel, wenn ordnungsbehördliches Handeln mit dem Eigentümerinteresse verbunden werden kann. Erkundung und daraus gegebenenfalls abzuleitende Sanierung sind dann Teil eines Vorhabens.

In Dresden werden hierzu zielgerichtet industrielle und gewerbliche Vorhaben auf Standorte orientiert, wo

- Tiefbaumaßnahmen mit Bodensanierung verbunden werden können sowie
- Eigenversorgung mit Brauchwasser und
- Versickerung von geeignetem Niederschlagswasser möglich sind.

Eigenversorgung mit Brauchwasser durch Industrie, Gewerbe und öffentliche Verbraucher wirkt grundsätzlich einer Schadstoffausbreitung entgegen und kann bei schwerwiegenderen Grundwasserkontaminationen mit Sanierungsmaßnahmen verbunden werden. Gleichzeitig wird damit der Bedarf an Wasser mit Trinkwasserqualität aus der öffentlichen Wasserversorgung reduziert, so daß die Fassungen der Dresdner Wasserwerke in Förderleistung und Lage vorrangig nach der Qualität des Rohwassers optimiert werden können. Die Mindestfließzeit von 50 Tagen zwischen der Grenze der engeren Schutzzone und der Fassung kann so in aller Regel eingehalten werden.

Es ist aber auch überlegenswert, bestehende Fassungen, die wegen des zur Zeit geringeren Bedarfs an Trinkwasser hierfür nicht benötigt werden, zur Gewinnung von Brauchwasser weiter zu betreiben. Ein Großinvestor prüft derzeit gemeinsam mit dem Versorgungsbetrieb eine solche Variante. Der Status der bereits ausgewiesenen Schutzgebiete ist auch bei derartiger vorübergehender Einstellung der öffentlichen Trinkwasserversorgung zu erhalten, um die fraglos schutzwürdigen Vorräte für künftige Versorgung zu sichern.

Eine solche Option stellt im Gegensatz zu landläufig geäußerten Bedenken keine Behinderung der aktuellen Stadtentwicklung dar.

Der erreichte Stand der Technik bei Anlagen zur Lagerung und zum Umgang mit wassergefährdenden Stoffen erlaubt die Genehmigung einer breiten Palette von Vorhaben in den weiteren Schutzzonen.

Der stadtökologische Ansatz einer sinnvollen Grundwassersanierung in der Stadt Dresden

- gründet sich auf die Schutzwürdigkeit des Dresdner Grundwasserdargebotes,
- geht von einem vernünftigen Verbrauch an Wasser in Trinkwasserqualität in etwa der derzeitigen Menge aus,
- fördert die dezentrale Eigenversorgung von Gewerbe und Industrie mit Brauchwasser,
- regt die Nutzung nicht ausgelasteter Fassungen der öffentlichen Wasserversorgung zur Befriedigung des Bedarfs an Wasser in Brauchwasserqualität an,
- wendet die Möglichkeiten des Umweltrechtes zur Abwehr akuter Gefahren für das Grundwasser an,
- nutzt die Chancen des Baurechtes bei Bauleitplanung und Bauvorhaben für die dauerhafte Entwicklung der Ressource Grundwasser,
- vermittelt im Interesse rascher Sanierung zwischen ordnungsbehördlich begründeten Maßnahmen und Eigeninteressen von Grundstückseigentümern,
- unterstützt die Verbindung von Eigenversorgung mit Brauchwasser und Verhinderung weiterer Ausbreitung von Kontaminationen,
- lenkt die Aufmerksamkeit der Öffentlichkeit auf den eigenständigen Wert des stadteigenen Wasserdargebotes.

Durch Verknüpfung der aufgezeigten kommunalen Arbeitsgrundlagen zur Grundwassersanierung zu einem aus städtischer Sicht sinnvollen stadtökologischen Ansatz sind die für künftige Generationen nutzbaren Grundwasservorräte im Stadtgebiet bei sparsamem Einsatz öffentlicher Mittel zu sichern.

Praktische Erfahrungen bei der Durchführung von Grundwassersanierungen anhand von Einzelbeispielen

Erhard Robold

1 Vorbemerkungen

Praktische Erfahrungen aus der Sanierung von Grundwasserverunreinigungen wurden bereits in einer Vielzahl von Fällen gemacht. Leider werden sie einer breiten Fachöffentlichkeit, insbesondere was die Schwierigkeiten und Mißerfolge anbetrifft, oft nicht zur Verfügung gestellt. Grund hierfür ist u. a. die mangelnde Bereitschaft von Auftraggebern/Verursachern, ihre eigenen Schadensfälle bekannt und öffentlich zu machen.

Über die einzelnen Techniken zur Sanierung von Grundwasserschäden liegt umfangreiches Literaturmaterial vor. Für die überwiegende Mehrzahl der angetroffenen Schadstoffbelastungen wie chlorierte Kohlenwasserstoffe, Mineralöle, PAK oder BTX sind nach dem Stand der Technik prinzipiell keine Probleme bei der Durchführung von Sanierungen zu erwarten. Komplexe Schadstoffgemische erfordern jedoch erhöhten Aufwand an Erkundung, Planung und Ausführung. Insbesondere sind auch hier laufend Neuentwicklungen von Aufbereitungstechniken zu erwarten.

Entscheidender als die eigentliche Sanierungstechnik sind oft das Umfeld von Sanierungsfällen und die generellen Randbedingungen, die unmittelbar mit der technischen oder wissenschaftlichen Problematik nichts zu tun haben. Im hier vorliegenden Referat soll somit weniger über die eigentlichen technischen Ausführungen gesprochen werden. Vielmehr ist eine Beschreibung der Rahmenbedingungen von Sanierungen anhand praktischer Einzelbeispiele sinnvoller.

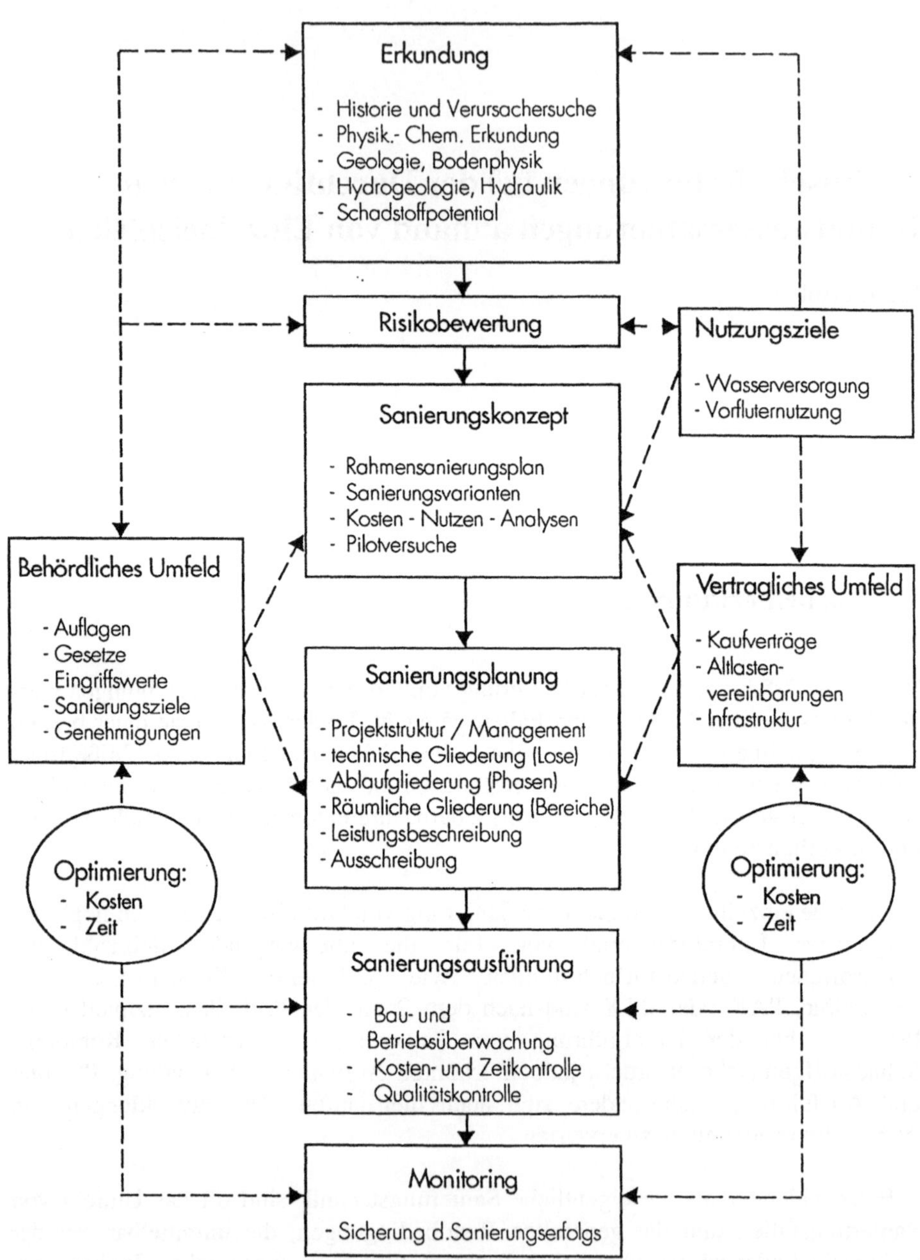

Abb. 1. Ablaufschema – Sanierung

2 Ablauf und Randbedingungen einer Grundwassersanierung

Dem generellen Ablauf einer Grundwassersanierung entsprechend erfolgt im allgemeinen nach dem Schema in Abb. 2 zunächst die Erkundung und Risikobewertung einer Grundwasserbelastung. Bei festgestelltem Handlungsbedarf wird ein Sanierungskonzept erstellt und im folgenden detailliert beplant, nach Ausschreibung und Vergabe erfolgt die Ausführung und die Kontrolle des Sanierungserfolges. Eingebettet ist der Ablauf in die spezifischen Randbedingungen wie behördliches/genehmigungsrechtliches Umfeld sowie das vertragliche/auftraggeberbezogene Umfeld inkl. der Einflüsse Dritter/Außenstehender auf der anderen Seite. Anzustreben ist in jedem Fall eine optimierte Abwicklung vor allem bezüglich der Aspekte Kosten und Zeit.

3 Fallbeispiele

3.1 Sanierung eines Kerosinschadens (Flughafen)

Unter dem Flugvorfeld der Rhein/Main-Air-Base wurde im Juni 1989 ein massiver Kerosinschaden entdeckt. Auf dem Grundwasser schwamm eine Kerosinphase mit ca. 1300-1400 m^3 Flugbenzin und einer Ausdehnung von ca. 40 000 m^2 auf. Im Grundwasser wurde eine erhebliche Belastung mit gelösten Kohlenwasserstoffen, insbesondere Benzol und Toluol, nachgewiesen.

Der Schadensfall liegt in der Trinkwasserschutzzone III eines Wasserwerkes, so daß eine Sofortgefahrenabwehr dringend geboten war. Parallel hierzu waren erforderliche Detailerkundungen und -untersuchungen einzuleiten, ein Sanierungskonzept zu erstellen und die Sanierungsmaßnahmen ingenieurmäßig zu begleiten.

Ziele der Sanierung waren, die Ausbreitung der Kerosinlinse im Grundwasser kurzfristig zu stoppen, die Kerosinphase abzuschöpfen und das kontaminierte Grundwasser sowie den Boden langfristig zu regenerieren.

Das Sanierungskonzept beinhaltete eine gestufte Vorgehensweise, die folgende Schritte umfaßte:

- Sofortgefahrenabwehr
  - Stillegen und Entfernen defekter Treibstoffleitungen (1989-1990),
  - Eingrenzung des Schadensbereiches (1989),
  - Wasseraufbereitung (seit 1990),
  - Verhinderung der Kerosinausbreitung durch hydraulische Maßnahmen (1989/90).
- Hauptsanierungsphase:
  - Abschöpfung der Kerosinphase (seit 1990),
  - Fördern von belastetem Grundwasser (Absenktrichter seit 1990),
  - Wiederversickerung des aufbereiteten Wassers (ab 1994).
- Nachsanierungsphase:
  - Bodenreinigung im Kapillarsaum durch In-situ-Maßnahmen (z. B. Bodenluftabsaugung und mikrobiologische Reinigung),
  - langfristige Grundwassersanierung (Abbau der Schadstoffahne).

Bei der Aufstellung des Sanierungskonzeptes waren folgende Randbedingungen des Militärflughafens zu berücksichtigen:

- Nutzung als Flugvorfeld,
- Passagierbetrieb durch das Passagierterminal,
- Erweiterung/Neubau des Terminals,
- Sicherheitsbestimmungen auf dem Flugfeld.

Der Betrieb der hydraulischen Maßnahme einschließlich der Wasseraufbereitung stellte hierbei den entscheidenden Kostenfaktor dar. Einer möglichst kurzen Laufzeit, die durch eine optimale Brunnenanlage zu gewährleisten war, kam im Rahmen der Planung und Ausführung besondere Bedeutung zu.

Hierzu wurde in der Planungsphase ein numerisches Modell zur Simulation der Grundwasser- und Kerosinbewegung aufgebaut. Hiermit konnten verschiedene Ausführungsvarianten zur Kerosinabschöpfung überprüft und optimiert werden.

Die Grundwassersanierung in der derzeit laufenden Hauptsanierungsphase stellt somit eine kombinierte Maßnahme aus Grundwasserreinigung und Phasenabschöpfung dar. Limitierender Zeit- und Kostenfaktor ist hierbei die Dauer der Phasenabschöpfung.

Die Grundwasserreinigung erfolgt nach dem Schema:

- Entnahme von Grundwasser aus Sanierungsbrunnen und Zuführung zur Grundwasseraufbereitungsanlage,
- Durchsatz der Aufbereitungsanlage bis 65 m^3/h,
- Verunreinigung: BTX bis 16 mg/l, aliphatische Kohlenwasserstoffe bis 1 mg/l, CKW in Spuren,
- Aufbereitung über eine zweistufige Desorptionsanlage und Nachreinigung über Aktivkohleanlage, Abluftreinigung über Biofilter.

Für die Phasenabschöpfung waren unter den gegebenen Randbedingungen innovative Wege zu gehen. Als Besonderheiten sind zu nennen:

- Einbau von Brunnen und Leitungen unter einem in Betrieb befindlichen Flugvorfeld mit möglichst zerstörungsfreien Baumethoden innerhalb kurzer Bauzeiten,
- Ausbau der Brunnen mit weitgehend wartungsfrei arbeitenden Aggregaten,
- Ausbildung der Pumpenaggregate nach den Explosionsvorschriften für Ex-Zone 0,
- Entwicklung von Meß- und Abschöpftechniken für wechselnde Schichtstärken und zusätzliche Grundwasserschwankungen bis Meter-Größenordnung,
- Getrenntförderung von Phase und Grundwasser,
- Phasenabschöpfung bei z. T. starker Bioschlammentwicklung.

Die Grundwasserreinigung und Phasenabschöpfung wird fortlaufend in einem 25- bis 50-m-Überwachungsnetz kontrolliert.

Mittels speziell entwickelter Meßtechniken wird die Restmenge an aufschwimmender Phase in bestimmten Zeitabständen ermittelt und fortlaufend die Kerosinmenge zur Kontrolle des Sanierungserfolges bilanziert. Unterstützt durch das numerische Modell kann die Abschöpfung so noch weiter optimiert werden. Alle Maßnahmen werden in enger Abstimmung mit den Behörden und Betreibern festgelegt und umgesetzt.

Das System (s. Abb. 2) arbeitet seit 1990 erfolgreich und hat bereits mit Stand Ende 1993 über 600 m^3 Kerosin gefördert.

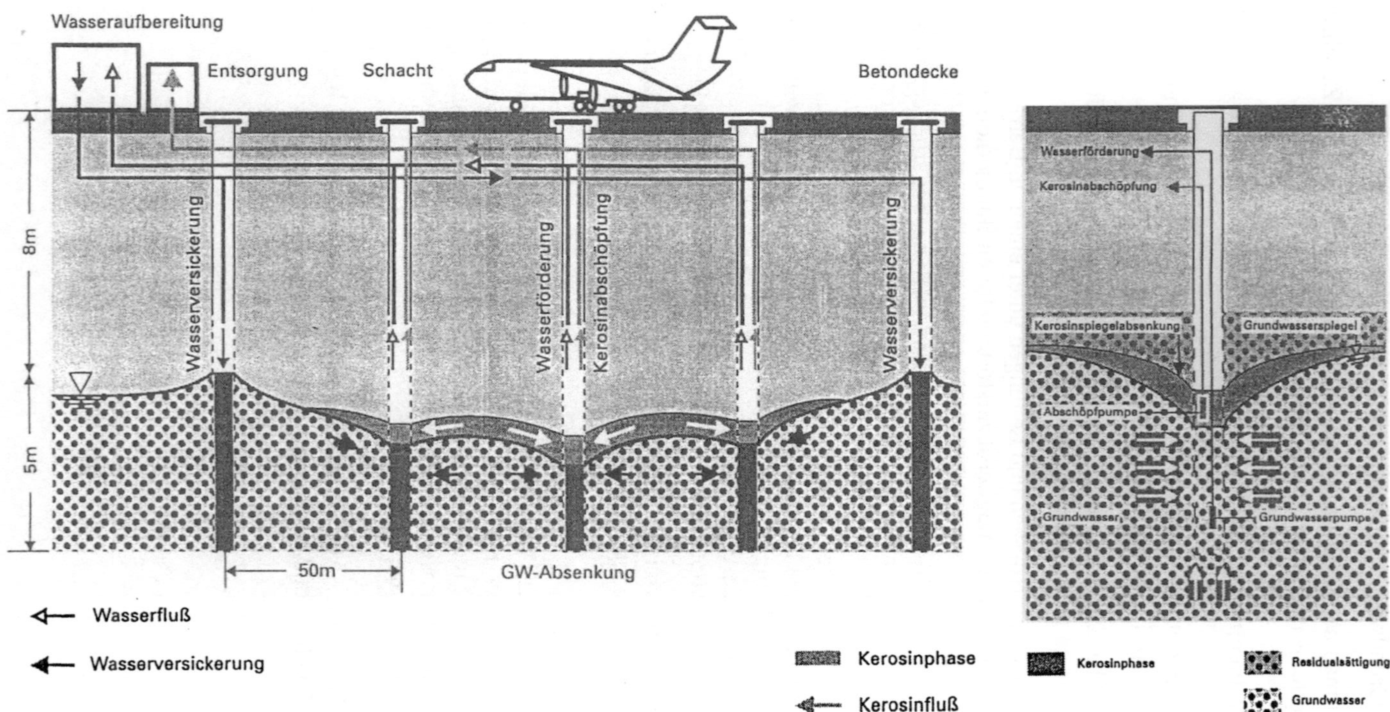

Abb. 2. Kerosinrückgewinnung und begleitende hydraulische Maßnahmen

3.2 Sicherung und Sanierung eines CKW-Schadens (Sonderabfallverbrennungsanlage)

Im Grundwasser unterhalb des Betriebsgeländes der Sonderabfallverbrennungsanlage der Hessischen Industriemüll GmbH (HIM) in Biebesheim waren im Jahre 1991 bei routinemäßigen Untersuchungen Schadstoffbelastungen festgestellt worden.

In einer umfangreichen Erkundungsphase wurden die generelle Schadstoffsituation und -ausbreitung sowie die hydrogeologischen und hydraulischen Randbedingungen erkundet.

Da in der Verbrennungsanlage seit Anfang der 80er Jahre jährlich ca. 50 000 t Sonderabfälle verarbeitet wurden, war die Schadstoffpalette entsprechend umfassend zu untersuchen. Über eine Vielzahl neu errichteter Grundwassermeßstellen und Bodenluftuntersuchungen konnten die Schadstoffquellen lokalisiert und die Schadstoffe im wesentlichen auf die chlorierten Kohlenwasserstoffe (CKW) eingegrenzt werden.

Verunreinigungsschwerpunkte waren der Bereich der Fahrzeugwaschanlage, des Abfallannahmebunkers, einzelner Auffangwannen sowie das Faß- und Containerlager inkl. generelle Transport- und Umschlagvorgänge. Trotz der umgesetzten Menge an hochtoxischen Stoffen von annähernd einer halben Million Tonnen lagen die festgestellten Spitzenkonzentrationen bei CKW lediglich bei 500 µg/l, im Mittel bei etwa 100 µg/l.

Die Hessische Industriemüll GmbH war aufgrund ihrer generellen Funktion als Sonderabfallträger in Hessen und der damit verbundenen Vorbildfunktion sofort bestrebt, die festgestellten Schadstoffbelastungen wieder zu beseitigen. Weiterhin wurde von den Aufsichts- und Fachbehörden auf eine schnelle Sanierung gedrängt, da einerseits einschlägige Grenzwerte überschritten waren, andererseits die Gesamtanlage ohnehin einer strengen Aufsicht unterliegt und die Öffentlichkeit auf den Grundwasserschaden bereits aufmerksam war.

Zu erwähnen ist, daß im Umfeld unmittelbar um das Betriebsgelände innerhalb des Industriegebietes weitere Grundwasserschadensfälle vorhanden sind, teilweise mit Spitzenwerten bis zu 50 000 µg/l CKW sowie weiteren Schadstoffen in erheblichen Konzentrationen. Aktive Sanierungsmaßnahmen waren zum Zeitpunkt der Feststellung des Schadens bei der HIM dort noch nicht angegangen, von den Behörden aber zugesagt.

Die Sanierung hatte in den folgenden Etappen abzulaufen:

- Innerhalb von Sofort- und Sicherungsmaßnahmen waren die Schadstoffquellen baulich zu sichern, um einen weiteren Eintrag von Kontaminationen zu verhindern sowie im unmittelbaren Grundwasserabstrom des Betriebsgeländes Entnahmebrunnen zu installieren, die unterbinden sollten, daß kontaminiertes Wasser in die Umgebung gelangte.
- Im Bereich des Abfallbunkers, der behördenseits im Verdacht stand, über Undichtigkeiten maßgeblicher Verursacher der Kontamination zu sein, wurden hydraulische Sicherungsmaßnahmen vorgesehen. Ziel war eine Isolierung des Bunkers vom umgebenden Grundwasser. Um den Bunker herum wurde ein über die sog. Vakuumwasserhaltung doppeltes Sicherungssystem geschaffen (s. Abb. 3).
  - Direkt an der Bunkeraußenwand innerhalb einer verlorenen Baugrubenspundwand installierte Wasserentnahmebrunnen sorgen dafür, daß bei eventuellen Schäden in der Bunkerwanne – z. B. durch Haarrisse im Beton – die Schadstoffe über dem Wasserpfade direkt diesen Brunnen zugeführt werden, d. h., alle Flüssigkeiten, die direkt seitlich aus dem Bunker austreten, werden sofort abgesaugt. Gleichzeitig wird in dem Ringraum außerhalb des Bunkers ein Luftdruck erzeugt und aufrecht erhalten. Somit können alle Dämpfe oder gasförmigen Emissionen aus dem Bunker abgesaugt und über eine Aufbereitungsanlage gereinigt werden.
  - Als zweiter Teil des Sicherungssystems werden in jeweils ca. 10 m Entfernung von den Bunkereckpunkten 4 Auffangbrunnen eingerichtet. Ein Absenktrichter um den Bunker sorgt dafür, daß weitere Emissionen, die über den ersten Teil des Systems nicht erfaßt werden, in diese Auffangbrunnen und von da in die Aufbereitungsanlage gelangen.
- Neben den Sofortmaßnahmen wurde die Langzeitsanierung als Fortführung des hydraulischen Sanierungssystems inkl. einer Bodenluftsanierung konzipiert. Das Sanierungsziel war eine deutliche Unterschreitung der behördlichen Grenzwerte, d. h., die Sanierung wird erst dann beendet, wenn Grundwasser und Boden wieder in einen annähernd ursprünglichen Zustand versetzt sind.

Für die Reinigung des Wassers und der Luft ist eine technisch hochwertige Aufbereitungsanlage im Wert von mehreren Millionen Mark errichtet worden (s. Fließschema in Abb.4).

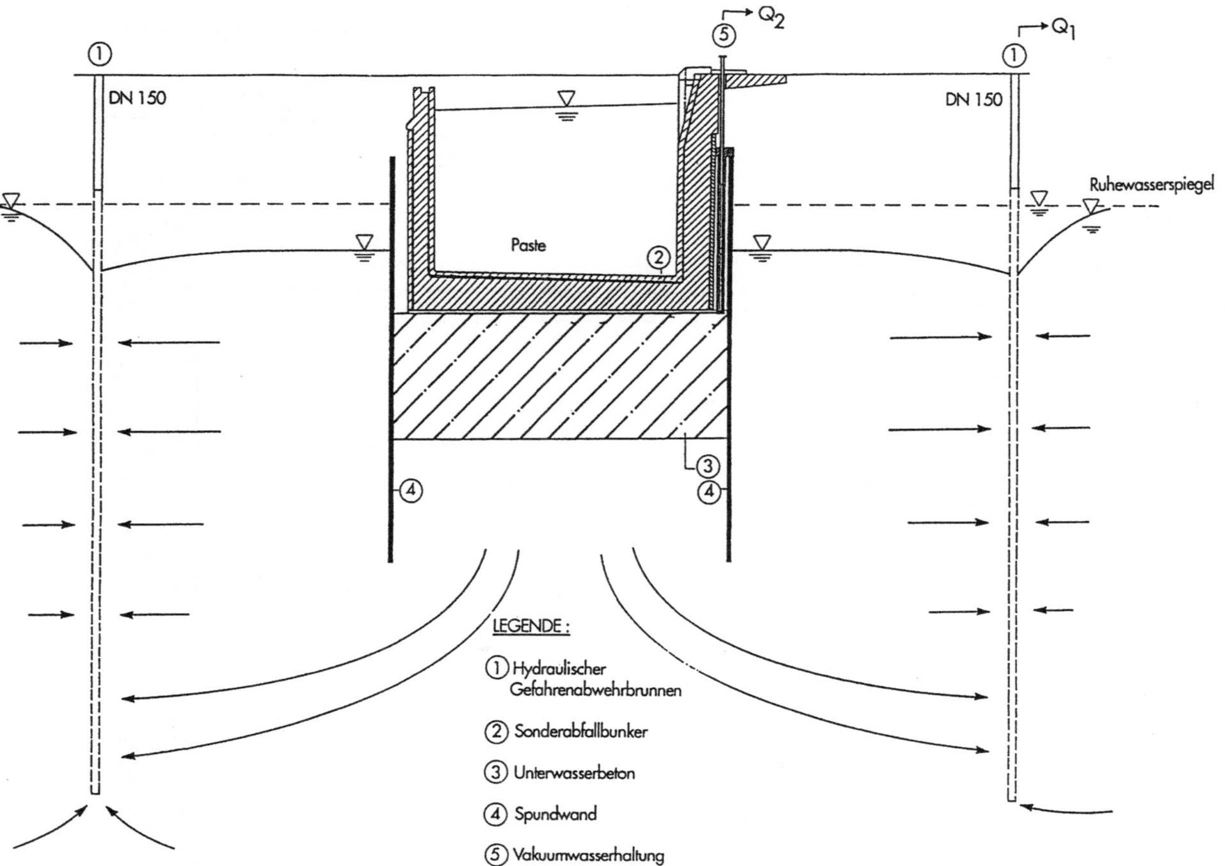

Abb. 3. Hydraulische Sicherung des Bunkers – Querschnitt

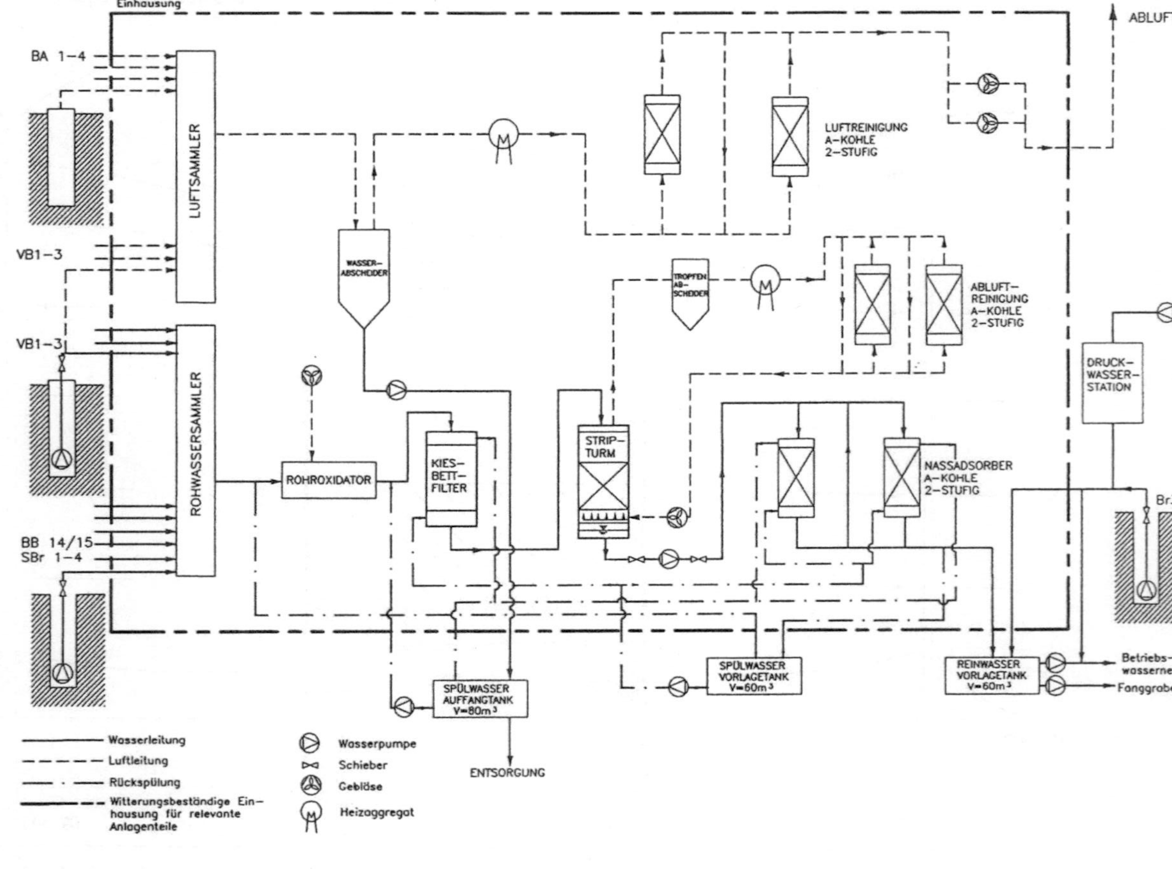

Abb. 4. Fließschema der Aufbereitungsanlage

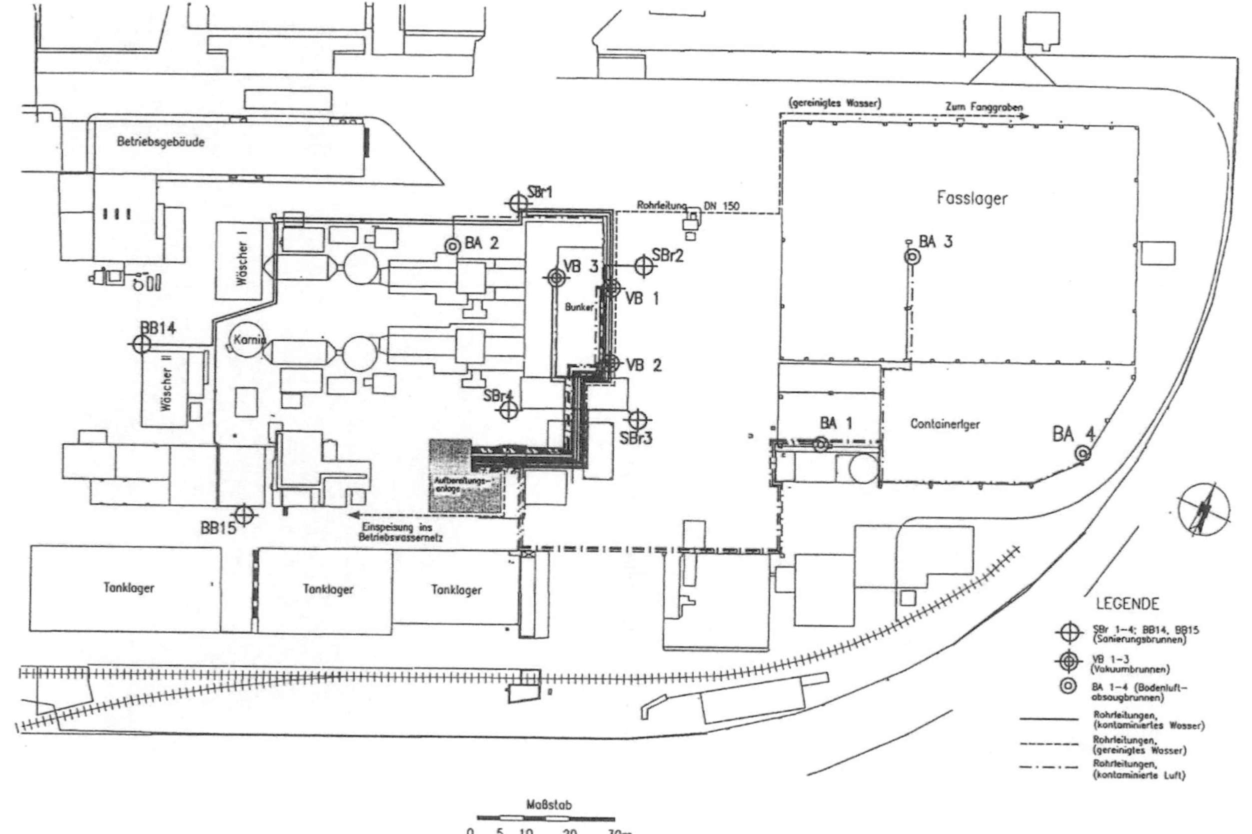

Abb. 5. Übersichtsplan des Sanierungssystems

Außenansicht: fertiggestellte Anlage

Außenansicht: Bunker mit Rohrbrücken für Leitungsverlegung

Abb. 6. Fotos – Außenansichten

Innenansicht: Eingehende Wasserleitungen mit
Probennahme und Steuerungseinrichtungen

Innenansicht: Verschiedene Anlagenkomponenten

Abb. 7. Fotos – Innenansichten

Begleitet wurde die Sanierung durch ein äußerst umfangreiches Meß- und Überwachungsprogramm mit Analytik und fachgutachterlicher Begleitung inkl. Dokumentation.

Eine Übersicht über das Sanierungssystem gibt Abb. 5, Fotos zeigen den erforderlichen Aufwand für die Sanierung gemäß Abb. 6 und 7.

Die Anlage zur Grundwassersanierung wurde lediglich ein knappes Jahr lang betrieben, die Betriebsergebnisse zeigten bereits einen erheblichen Rückgang der Eingangskonzentration an CKW im Rohwasser, die von anfänglich 100 µg/l auf 20-30 µg/l zurückgegangen waren. Ebenso hatten sich die über die sog. Vakuumwasserhaltung am Bunker entnommenen Schadstoffe sowohl im Wasser als auch in der Luft deutlich reduziert.

Im Mai 1993 wurde behördenseits die vorrübergehende Stillegung der Sanierung auf dem HIM-Gelände angeordnet, da einerseits klar war, daß die Konzentrationen im Grundwasser nicht mehr allzu gravierend – allerdings immer noch über einschlägigen Sanierungszielwerten – waren, andererseits aber eine isolierte und von der Umgebung hydraulisch zu trennende Sanierung nicht möglich ist. Auf den Nachbargrundstücken waren zwischenzeitlich immer noch keine aktiven Sanierungsmaßnahmen begonnen worden.

Besonderheiten der Sanierung auf dem HIM-Gelände waren zusammengefaßt die folgenden:

- Da die HIM bereitwillig den von ihr verursachten Schaden kurzfristig beseitigen wollte, wurde die Erkundung und Einleitung von Sanierungsmaßnahmen in zeitlich äußerst komprimierter und gestraffter Form abgewickelt.
- Der Druck der Behörden, tätig zu werden, war im Vergleich zu Fällen mit ähnlichen Belastungen enorm stark und bezüglich der zeitlichen Vorgaben teilweise völlig unrealistisch (z. B. Bau der Grundwasseraufbereitungsanlage innerhalb von 6 Wochen)
- Aufgrund der infrastrukturellen Einrichtung innerhalb einer Sonderabfallverbrennungsanlage mit z. B. Ex-Schutzbereichen, Vorgaben an die einzusetzenden Materialien, weitgehende hochwertige Abdichtung des Bodens nach unten, verfahrenstechnische Vorgaben etc. war ein äußerst hoher Aufwand an die gesamte Sanierungsanlage zu stellen.
- Die grundwasserhydraulischen Bedingungen waren wegen der Umgebungssituation und der Nähe zum Rhein für die Dimensionierung der Anlage äußerst komplex.
- Eine weitere Besonderheit war die Auslegung und das Ergebnis zur Bunkersicherung. Hintergrund für das gewählte System war, daß bei einem von den Behörden zunächst geforderten Stillstand der Bunkeranlage, d. h. evtl. der gesamten Sonderabfallverbrennungsanlage, wegen Umbaumaß-

nahmen die gesamte Sonderabfallentsorgung Hessens beeinträchtigt gewesen wäre. Über das gewählte hydraulische Sicherungssystem war sichergestellt, daß keine Emissionen aus dem Bunker ins Grundwasser gelangen konnten. Das Ergebnis der betriebenen Sicherungsmaßnahmen war, daß keinerlei Hinweise auf Undichtigkeiten des Bunkersystems erkennbar waren. Vielmehr sind die festgestellten Verunreinigungen in Bodenluft und dem Grundwasser auf frühere Verunreinigungen im Bereich des Bunkervorfeldes zurückzuführen, d. h., der zunächst behördenseits geforderte Umbau des Bunkers und eine Stillegung der Gesamtanlage wäre bezüglich der Grundwasserge fährdung überflüssig gewesen.

3.3 Teilsanierung eines CKW-Schadens (Bauwasserhaltung)

Ein Beispiel für eine unbefriedigende Lösung zur Sanierung eines Grundwasserschadens stellt die im Zuge einer Bauwasserhaltung vorgenommene Aufbereitung von kontaminierten Grundwasser über nur einige Wochen dar.

Im Zuge eines Bauvorhabens, das die Erweiterung eines großen Verwaltungsgebäudes eines Dienstleistungsunternehmens vorsah, war eine Wasserhaltung geplant. Bei einer im Rahmen der Dimensionierung der Wasserhaltung vorgenommenen Grundwasseruntersuchung wurde ein CKW-Schaden im geförderten Grundwasser mit Konzentrationen von 3000-4000 µg/l festgestellt. Sofort eingeleitete umfangreiche Untersuchungen belegten, daß der Verursacher der Grundwasserkontamination im Oberstrom liegen mußte, aber nicht näher definiert werden konnte.

Da das für die Bauwasserhaltung zu fördernde Grundwasser in die Kanalisation abgeleitet werden sollte, war von den Behörden eine Aufbereitung des Grundwassers gefordert. Da der Bauherr als Nichtverursacher der Grundwasserverunreinigung verständlicherweise kein Interesse an einer umfangreichen und abschließenden Sanierung des Schadens hatte, war die Vorgabe, die Wasserhaltung mit der Aufbereitung des Grundwassers technisch möglichst einfach auszulegen.

Nach der Planung und Dimensionierung der Anlage wurde diese im Zuge des Generalunternehmervertrages mitausgeschrieben. Die technische Lösung sowie eine Fotodokumentation der Anlage zeigen die Abb. 8 und 9.

Zu erwähnen ist, daß bis heute keine weiteren aktiven Maßnahmen in der Umgebung eingeleitet wurden. Im weiteren Abstrom befindet sich ein Brunnen der Trinkwasserversorgung. Untersuchungen im Oberstrom zeigen, daß Verursacher zu ermitteln sind, aber Fragen der Verursacherhaftung mit versicherungsrechtlichen Fragen eine kurzfristige Sanierung nicht erwarten lassen.

Die im Zuge der Bauwasserhaltung vorgenommene Teilsanierung kann somit nur den berühmten Tropfen auf den heißen Stein der erforderlichen Gesamtsanierung dargestellt haben. Diese wird aber in absehbarer Zeit aufgrund der vorliegenden Problematik nicht erfolgen.

Zu betonen ist allerdings, daß mit der sehr einfachen und kurzzeitigen Maßnahme mehr CKW aus dem Grundwasser entfernt wurde als im Fallbeispiel 3.2.

3.4 Sicherung der Trinkwasserversorgung (Wasserwerk)

Im Rahmen von Routineuntersuchungen der Trinkwasserbrunnen der Stadtwerke Mühlheim wurden Ende 1989 chlorierte Kohlenwasserstoffe in 2 Einzelbrunnen festgestellt. Verursacher für die Belastungen sind vermutlich die im nahegelegenen Gewerbegebiet vorhandenen Altablagerungen, die sich im Oberstrom der Brunnen am Rande der Schutzzone IIIb befinden.

Sofort veranlaßten die Stadtwerke die Detailuntersuchungen und Inangriffnahme von möglichen Abwehrmaßnahmen. Bereits Anfang 1991 wurden Sofortmaßnahmen in Form des Abtrennens der beiden betroffenen Brunnen von der Trinkwasserversorgung ergriffen. Jedoch mußten die Brunnen zur Aufrechterhaltung des gesamten hydraulischen Systems als Schutz der noch genutzten Versorgungsbrunnen weiterbetrieben werden. Das geförderte Wasser wurde zunächst in den Vorfluter abgegeben. Der Überwachungsrhythmus mit Analysen aller Brunnen wurde auf monatliche Kontrollen verkürzt.

Parallel dazu wurde eine erste Konzeption einer neuen Trinkwasseraufbereitungsanlage in Auftrag gegeben und erarbeitet.

Diese sah vor, für das Förderwasser der beiden Brunnen zunächst eine mobile Anlage in Form eines Strippers kurzfristig zu installieren, um das in den Vorfluter abzugebende Wasser (35 m^3/h) zu reinigen.

Für die Neugestaltung der Trinkwasseraufbereitung für den Gesamtbetrieb wurde im August 1992 eine Genehmigungsplanung eingereicht. Bereits im Dezember 1992 erfolgte die Genehmigung durch das Regierungspräsidium Darmstadt. Parallel hierzu waren bereits die Ausschreibungsunterlagen erarbeitet worden. Nach durchgeführter Ausschreibung folgte die Vergabe der Bauausführung im April 1993. Im Dezember 1993 wurde die Anlage fertiggestellt und in Betrieb genommen (s. Abb. 10).

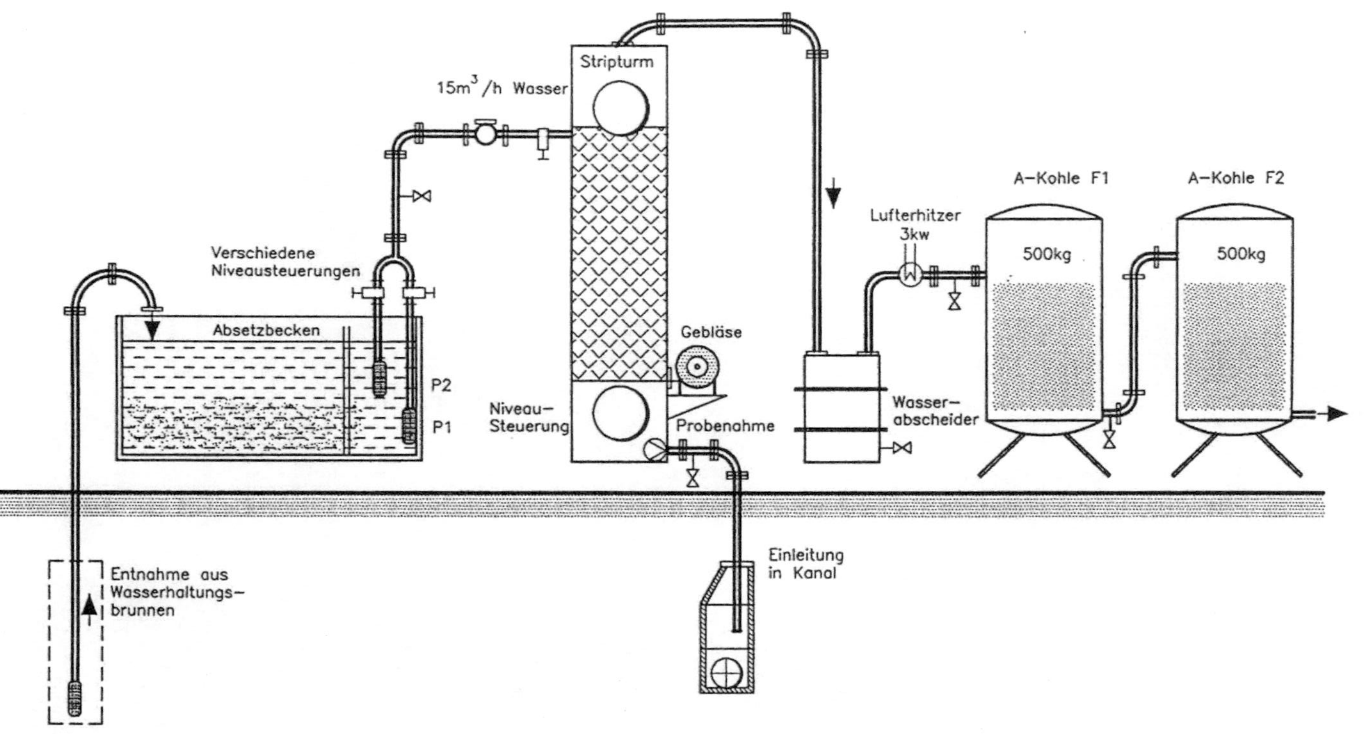

Abb. 8. Verfahrensschema der Grundwasseraufbereitung

Pumpenanlage mit Absetzbecken; im Hintergrund: Strippturm mit Aktivkohlefilter

Strippturm mit Aktivkohlefilter und Gebläse

Abb. 9. Fotodokumentation – Anlage

Die technische Gestaltung der Anlage, die einen Durchsatz von durchschnittlich 330 m^3/h, maximal 520 m^3/h aufweist, sieht folgendermaßen aus:

- Enteisenung und Entmanganung (Altanlage),
- Strippanlage mit Abluftreinigung,
- Aktivkohlefilter,
- UV-Desinfektion.

Die Trinkwasserversorgung erfolgt aus insgesamt 7 Brunnen, fördert etwa 1,2 Mio. m^3/Jahr und versorgt 20 000 Einwohner.

Das Beispiel der durchgeführten Sicherstellung der Trinkwasserversorgung belegt, daß, wenn ein finanzstarker und interessierter, allerdings auch an der Verursachung der Verunreinigung nichtbeteiligter Auftraggeber in Abstimmung mit dem Planer und späteren Unternehmer sorgfältig und wirklichkeitsnah eine Anlage realisieren läßt, keinerlei größere Schwierigkeiten in der Abwicklung auftreten. Gleichzeitig ist durch die installierte Aufbereitungsanlage nun ein umfassender Schutz der Trinkwasserversorgung langfristig garantiert. Auch auf bisher nicht festgestellte Schadstoffe wäre die Anlage ausgelegt bzw. ohne großen Aufwand erweiterbar.

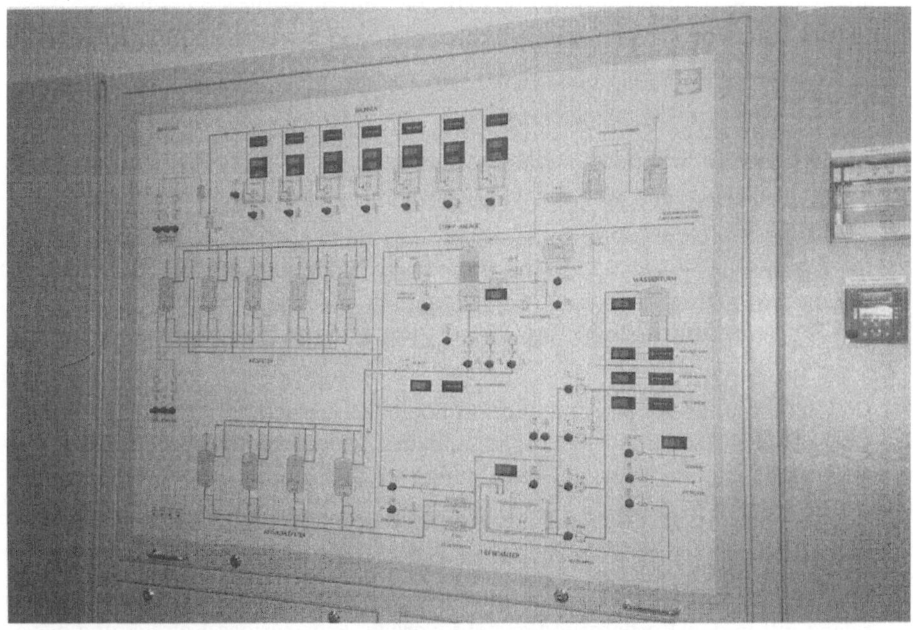

Abb. 10. Mosaikschaltbild der Aufbereitungsanlage

4 Schlußfolgerungen

Die in Kurzform erläuterten Beispiele zeigen mit – nicht erwähnten – weiteren Fällen die Individualität und teilweise Irrationalität der Abwicklung von Grundwasserschadensfällen auf. Weniger die eigentliche Technik und wissenschaftliche Auslegung der Sanierung ist entscheidend, sondern vielmehr die generellen Randbedingungen. Im wesentlichen lassen sich die Probleme wie folgt zusammenfassen:

- Wenn kein finanzstarker und sanierungswilliger Bauherr/Verursacher da ist, ist eine erfolgreiche Sanierung nahezu unmöglich; die Sanierung wird verzögert und ist trotz gesetzlicher Regelung kaum schnell und effizient durchzusetzen.
- Eine Großzahl der Sanierungen sind in Wirklichkeit nur Sicherungsmaßnahmen bzw. Insellösungen, ein wirklicher Grundwasserschutz im Sinne einer wasserwirtschaftlichen Gesamtlösung wird dadurch nur unzureichend erreicht.
- Für viele Schadensfälle ist kein Verursacher eindeutig festzustellen und haftungsrechtlich zu benennen; die nun einzustehende öffentliche Hand ist – insbesondere derzeit – finanziell mit der Gesamtzahl der Schadensfälle überfordert.
- Oft wird, um Aktivität zu zeigen, zu hektisch und überstürzt saniert. Vor allem auch Behörden haben für realistische Zeiträume für Erkundung, Planung und vor allem Bauausführung häufig keine Erfahrungen.
- Mangelhafte Erkundung und Gefährdungsabschätzung sind oft Voraussetzung für ein Scheitern von Sanierungen.
    - Oft wird an Erkundungsleistungen gespart, was dann in der Sanierung mit einem Vielfachen an Kosten bestraft wird.
    - Die z. B. hydraulische Dimensionierung einer Aufbereitungsanlage ist mitentscheidender Faktor für die späteren Sanierungskosten. Maßnahmen wie Pumpversuche, Grundwasseruntersuchungen z. B. in der Erkundung werden jedoch häufig als überflüssig und zu kostenträchtig angesehen.
- Die Gefährdungsabschätzung wird oft noch nach einschlägigen Grenzwerten wie z. B. der „Hollandliste“ vorgenommen; eine nutzungsbezogene und gesamtwasserwirtschatliche Betrachtung ist jedoch sinnvoller.
- Einschlägige Analysen- und Parameterlisten entsprechen oft nicht der Fragestellung.
- In jede Sanierungsplanung und -entscheidung sollte der Gedanke einer Ökobilanz mit in den Vordergrund gestellt werden. Eine seriöse Betrachtung des Nutzens von Sanierungen werden im Nachhinein viele der durchgeführten

Sanierungen als nicht ökologisch erscheinen lassen.

- Sobald juristische und versicherungsrechtliche Komponenten in einem Sanierungsfall überhand nehmen, ist der Erfolg stark gefährdet.
- Die Ausschreibung und die vertragliche Gestaltung der Sanierung ist oft aufgrund eines mangelhaften Kenntnisstandes nicht präzise vorzunehmen, d. h. widerspricht teilweise sogar einschlägigen Vorschriften wie VOB, VOL oder BGB. Auseinandersetzungen mit dem Unternehmer sind deswegen naturgemäß vorprogrammiert. Das Gerangel um Kompetenzen und Kosten zwischen Auftraggeber, Büros, Unternehmer sowie Behörden ist dem Sanierungserfolg abträglich.
- Die Erfordernis bei der Abwicklung einer Sanierung unterschiedliche Fachdisziplinen einzuschalten überfordert oft insbesondere die Büros, die wirtschaftlich günstig die Erkundungsphase eines Schadensfalles übertragen bekommen und aus wirtschaftlichem Eigeninteresse versuchen, die Sanierung auszuführen. Weiterhin machen gerade kommunale Auftraggeber Vorgaben aus der üblichen Abwicklung von Bauleistungen, z. B. HOAI-Verträgen, die der Problematik einer Altlastensanierung nicht entsprechen.

Zusammenfassend bleibt festzuhalten, daß sich, wenn die erforderlichen Kosten und Zeiträume nicht aufgebracht werden bzw. nicht zur Verfügung stehen, eine Sanierung fachtechnisch und wirtschaftlich seriös nicht planen und ausführen läßt. Der Sanierungserfolg wird durch zunächst überstürztes oder zunächst „kostenbewußtes“ Handeln gefährdet. Nur wenn ein vertrauensvolles Verhältnis zwischen Auftraggeber und Planer gegeben ist sowie ein erfahrenes und bezüglich der Fachdisziplin umfassend besetztes Team die Sanierung abwickelt, wird die Sanierung entsprechend den einschlägigen Erfordernissen zu gestalten sein.

In die Überlegungen, ob eine Sanierung im Einzelfall überhaupt erforderlich bzw. in eine gesamtwasserwirtschaftliche Lösung einzubinden ist, sind die Verhältnismäßigkeit der einzusetzenden Mittel und vor allem der Gedanke des ökologischen Nutzens stärker einzubeziehen.

Grundwasserreinigung auf einem ehemaligen Kokereistandort – Anforderungen an Vorerkundung, Planung und Durchführung

Michael Blesken, Jürgen Heldens

1 Einführung

Die ehemalige Zeche und Kokerei Carolus-Magnus in Übach-Palenberg wurde gegen Ende des Jahre 1986 mit dem Ziel, eine neue, vor allem gewerbliche Nutzung zu ermöglichen, in den Grundstücksfonds des Landes Nordrhein-Westfalen übernommen. Die Freilegung und Baureifmachung - und hier insbesondere die Altlastensanierung - führt die LEG Landesentwicklungsgesellschaft Nordrhein-Westfalen GmbH treuhänderisch als Beauftragte des Landes durch (RdErl. 1987, Minister für Stadtentwicklung und Verkehr NRW 1992).

Auf Grundlage umfassender Voruntersuchungen sowie zahlreicher Abstimmungsgespräche mit den Fachbehörden wurde in den Jahren 1991-1993 eine weitreichende Bodensanierung durchgeführt. In einer Bauzeit von etwa 1 1/2 Jahren wurden 54 000 t vor allem durch Polyzyklische Aromatische Kohlenwasserstoffe (PAK) sowie BTEX-Aromaten belastete Böden einer thermischen Behandlung in den Niederlanden zugeführt. Weitere 6000 m^3 mit geringfügigen Verunreinigungen wurden unter einem Dichtungssystem gesichert eingebaut. Im tieferen Untergrund der ehemaligen Benzol- sowie Ammoniakfabrik verbleibende massive Belastungen wurden durch den Einbau einer Tonabdichtung gesichert (Blesken u. Reisinger 1993).

Wesentliche Voraussetzung für den Beginn der Arbeiten war eine Grundwasserreinigung zum Zwecke der Gefahrenabwehr, da – über die bereits festgestellten Gehalte hinaus – ein erhöhter Schadstoffeintrag durch die Bodenerschütterungen und Freilegungsarbeiten befürchtet werden mußte.

2 Hydrogeologische Verhältnisse

Die Schichtenfolge besteht im oberflächennahen Bereich aus Anschüttungen in unterschiedlicher Ausprägung sowie einem 5-8 m mächtigen Lößlehm, der aufgrund seines Rückhaltevermögens besonders geeignet ist, organische Schadstoffe aufzunehmen. Gleiches gilt für die Schlufflinsen innerhalb der unterlagernden Maas-Hauptterrasse und der tertiären Hauptkiesserie. Die Basis für diesen vorwiegend sandig-kiesig ausgeprägten Grundwasserleiter bildet das Braunkohleflöz Schophoven, das in einer Tiefe von etwa 20 m unter Gelände ansteht. Das Grundwasser bewegt sich in einer Mächtigkeit von 1-3 m in östliche Richtung, wo es unter der angrenzenden Bergehalde in das etwa 7 m tiefer liegende zweite Stockwerk übertritt. Die Basis dieses Grundwasserleiters bildet das Braunkohleflöz Kirchberg in etwa 40 m Tiefe unter Gelände (Abb. 1).

Die hydrogeologischen Verhältnisse zeigen insofern ein kompliziertes Bild, als die Schichtelemente im grundwassererfüllten Raum des ersten Stockwerkes vertikal und horizontal inhomogenen ausgebildet sind (Abb. 2). Auf kurzer Distanz gehen hier relativ gut durchlässige Sande und Kiese in gering durchlässige Feinsande mit Schluff- und Toneinschaltungen über.

Das Grundwasser fließt von Nordwesten, Westen und Südwesten in östliche Richtung dem tiefsten Punkt der Braunkohleoberfläche entsprechend dem Gefälle der Flözoberfläche zu.

3 Vorerkundung

Die Vorerkundung des Mediums Grundwasser sollte eine mögliche Verunreinigung entweder nachweisen oder ausschließen. In 2 Phasen wurden zunächst insgesamt 5 Meßstellen im Umfeld der ehemaligen Nebengewinnungsanlagen eingerichtet. Die chemischen Untersuchungen zeigten erhebliche Belastungen durch PAK bis zu 5500 g/l, BTEX-Aromaten mit bis etwa 1000 g/l sowie auch Cadmium mit Maximalwerten von 275 g/l.

Die in dieser Höhe auffälligen Cadmiumgehalte sind nach derzeitigem Kenntnisstand auf die lokale Vererzung in den kohleführenden Schichten an der benachbarten Sandgewand-Störung sowie daraus resultierende erhöhte Schwermetallgehalte im Kokereigas zurückzuführen. Bei der anschließenden Gewinnung der Nebenprodukte dürften sich diese – insbesondere im Bereich der Ammoniakfabrik als erste Hauptstufe der Gasreinigung – mit den Kondensaten niedergeschlagen haben (Trapp 1992).

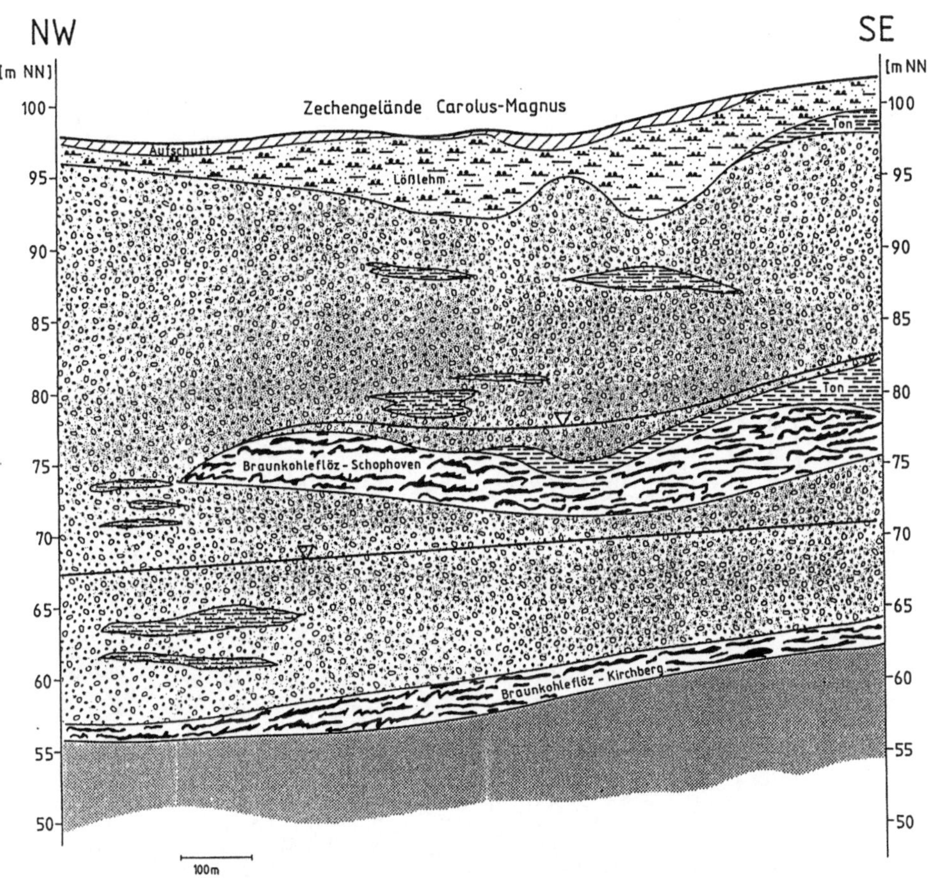

Abb. 1. Grundwassergleichenplan des oberen Leiters und jeweilige Leiterbasis

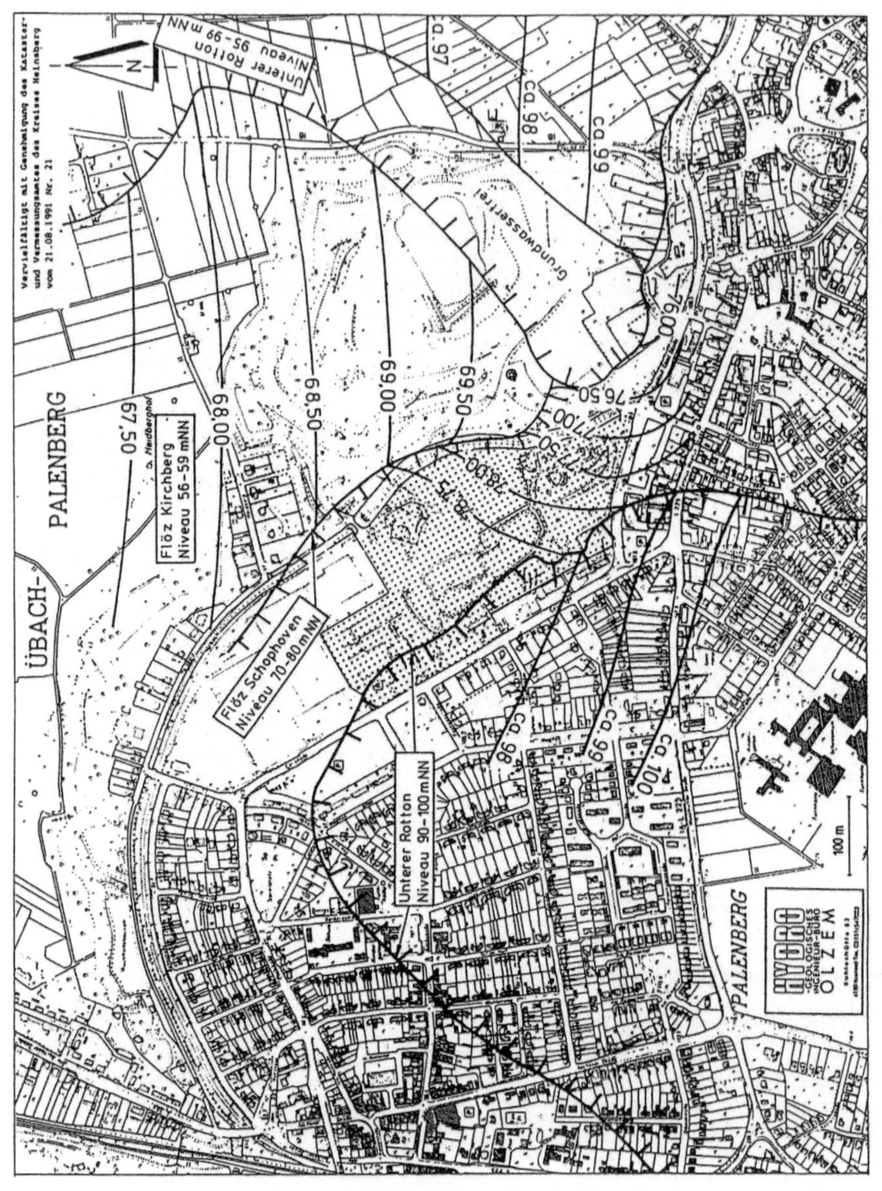

Abb. 2. Hydrogeologischer Schnitt

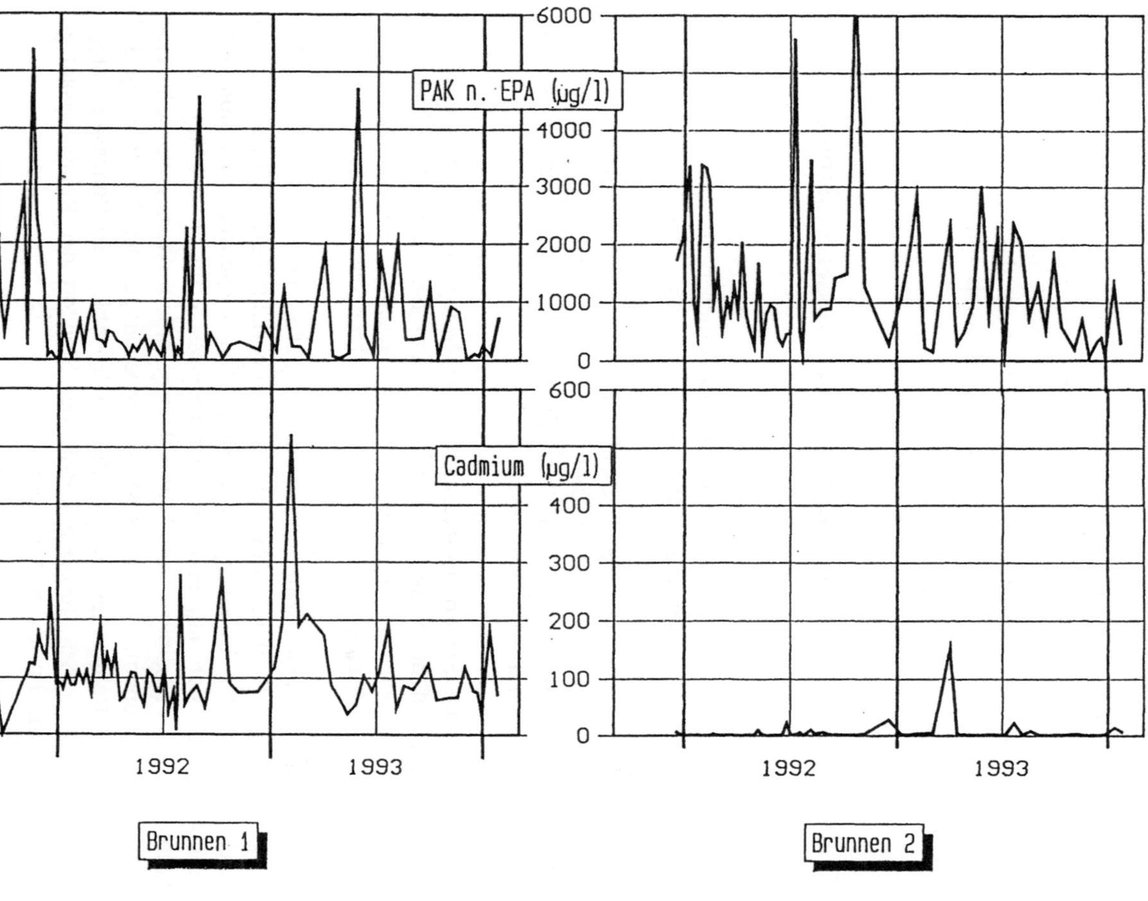

Abb. 3. Konzentrationsbereiche der PAK im Rohwasser der Förderbrunnen

Bei den PAK überwiegen sehr deutlich die relativ leichter flüchtigen Einzelsubstanzen und hier insbesondere Naphthalin (Abb. 3).

Im Zuge der Vorerkundung wurde deutlich, daß die Annahmen über die hydrogeologischen Verhältnisse sich nicht auf den kleinräumigen Bereich der Nebengewinnungsanlagen übertragen ließen. Insofern ist das heute vorliegende Bild erheblich gewachsen und unterscheidet sich deutlich von den anfänglichen Vorstellungen.

4 Planung und Durchführung der Grundwasserreinigung

Die Anforderungen an die Grundwasserreinigung wurden im Rahmen der Genehmigung der Bodensanierungsmaßnahme behördlicherseits formuliert. Diese wurde unter der Voraussetzung erteilt, daß – nach Vorlage eines Wasserrechtsantrages – Förderbrunnen und Reinigungsanlagen eingerichtet werden und das gereinigte Wasser im Zustrom der ehemaligen Gewinnungsanlagen wieder eingeleitet wird. Für eine Wiedereinleitung im Zustrom sprach – gegenüber einer Einleitung in den angrenzenden Übach bzw. die städtische Kanalisation – vor allem die geringe wassererfüllte Mächtigkeit.

Eine umfangreiche Sanierungsuntersuchung in bezug auf das Grundwasser konnte nicht durchgeführt werden. Vielmehr erforderte der nicht aufzuschiebende Beginn der Bodensanierungsarbeiten die rasche Einrichtung einer Grundwasserreinigungsanlage zum Zwecke der Gefahrenabwehr.

Ein erster Förderbrunnen wurde neben der Meßstelle eingerichtet, die nach den Erkenntnissen über Kontaminationsgrad und Fließrichtung mit Sicherheit im zentralen Bereich der Belastungsfahne steht. Die umgehend aufgenommene Förderung bewegte sich aufgrund der geringen wassererfüllten Mächtigkeit und der lithologischen Verhältnisse um 2 m³/h. Das geförderte Wasser wurde in eine Aktivkohleanlage gepumpt und im Zustrom wieder eingeleitet. Die Planung und die Einrichtung der Reinigungsanlage mußten an den Ablauf der Bodensanierungsarbeiten angepaßt werden. Insofern konnte der Standort der Reinigungsanlage zunächst nicht optimal positioniert werden.

Die wasserrechtlich verankerten Grenzwerte für das Ablaufwasser wurden im Hinblick auf die vorgesehene Wiedereinleitung im Zustrom festgelegt. Die deutliche Dominanz der PAK bei den organischen Schadstoffen und die hohen Cadmiumgehalte führten zu der Erkenntnis, daß sich die Reinigungsziele auf diese Parameter beschränken können. Für die Summe der PAK nach EPA wurden 10 g/l festgelegt. Da die Gehalte bezogen auf die Einzelsubstanzen der Trinkwasserverordnung nur sehr gering sind, wird eine Beschränkung auf diese Verbindungen nach Auffassung aller Beteiligten den Gegebenheiten nicht gerecht. Für Cadmium wurde ebenfalls ein Wiedereinleitwert von 10 g/l vorgegeben.

Die Überprüfung der Qualität des ablaufenden Wassers erfolgt durch wöchentliche Probenahme und Analyse der Parameter PAK, BTEX und Cadmium. Bei Auffälligkeiten werden zusätzlich Proben untersucht, die zwischen den Aktivkohlefiltern entnommen werden. Während das Ionentauscherharz nach gut 2 Jahren Einsatz noch nicht gewechselt werden mußte, wird die Aktivkohle zur Zeit in etwa halbjährlichen Abständen erneuert.

Durch stufenweises Vorgehen wurde den weiteren Erkenntnissen folgend aus der Maßnahme zur Gefahrenabwehr eine abgerundete Grundwasserreinigung, die auf 8 weitere Brunnen und Meßstellen gestützt ist. Zur Zeit werden aus 2 Brunnen insgesamt etwa 3 m^3/h gefördert und im Zustrom wieder eingeleitet. Die Reinigungsanlage selbst besteht aus zwei Aktivkohlefiltern und einem Ionentauscher. Diesen ist ein Sandfilter vorgeschaltet, der anfänglich nur der Reinigung von im Zuge der Bodensanierung anfallenden belasteten Wässern diente, derzeit jedoch die Aktivkohle vor Verockerung schützt.

Die Fach- und Aufsichtsbehörden haben auf eine wasserrechtliche Festlegung von Sanierungszielen, bei deren Erreichen die Grundwasserreinigung beendet werden kann, verzichtet. Zur Dokumentation der Schadstoffbelastung wird das Grundwasser aus den beiden Brunnen derzeit in 14tägigen Abständen auf die Parameter PAK, BTEX und Cadmium untersucht. Um ein Höchstmaß an Flexibilität zu erreichen, wurde des weiteren vereinbart, in Abhängigkeit von den Konzentrationsganglinien Handlungswerte festzulegen. Zur Zeit ist vorgesehen, bei einer Konzentration unterhalb von 100 g/l an PAK im Rohwasser beider Brunnen über einen Zeitraum von 3-4 Wochen die weitere Vorgehensweise mit den beteiligten Behörden zu erörtern.

5 Abschätzung der zeitlichen Dauer

Insbesondere die Bereitstellung finanzieller Mittel verlangt konkrete Aussagen über die voraussichtliche Dauer der Grundwasserreinigungsmaßnahme. Diese sind in Abhängigkeit vom Verlauf der Schadstoffkonzentration und des gestellten Sanierungszieles nur möglich, wenn

- Schadstoffmenge, Quelle und Zeitpunkt des Eintrages bekannt sind,
- homogene und isotrope geologische Verhältnisse vorliegen,
- physikalische und chemische Eigenschaften der Schadstoffe bekannt sind,
- chemische, physikalische und biologische Verhältnisse im Untergrund erfaßt sind,

- anthropogene Einflüsse wie Erschütterung durch Baumaßnahmen, Verminderung der Grundwasserneubildungsrate durch Geländemodellierung und nutzungsbedingte Versiegelung abgeschätzt werden können und
- die hydrologischen Verhältnisse klar umrissen sind.

Demgegenüber ist vor allem zu berücksichtigen, daß jeder der genannten Faktoren bereits ein in sich komplexes System darstellt, das mit den anderen Systemen jeweils in Wechselwirkung steht.

Beispielhaft werden an dieser Stelle die Schadstoffquellen betrachtet, die sich in Primärquellen wie Produktionsanlagen und Sekundärquellen in Form von kontaminierten Böden mit entsprechendem Rückhaltevermögen für Schadstoffe unterscheiden lassen. Während die Primärquellen im Zuge der Bodensanierung vollständig entfernt wurden, konnten die Sekundärquellen mit vertretbarem Aufwand nicht vollständig ausgehoben werden.

Im tieferen Untergrund der ehemaligen Nebengewinnungsanlagen verbleibende massive Belastungen innerhalb des Lößlehms sowie der bindigen Einlagerungen in den Kiesen und Sanden wurden durch den Einbau von Tonabdichtungen gesichert. Insbesondere im grundwassererfüllten Bereich sind ebenfalls bindige Partien mit Schadstoffen zu erwarten, die nach wie vor abgegeben werden. Eine Mengenabschätzung der in diesen Sekundärquellen noch vorhandenen Belastungen durch PAK ist nur in relativ weiten Grenzen möglich. Hinzu kommt, daß die Transportmechanismen im Detail nicht bekannt sind.

Eine seriöse Prognose des Konzentrationsverhaltens über den Ansatz „sekundäre Schadstoffquellen“ ist somit nicht mit ausreichender Genauigkeit möglich.

Zur Zeit ist ein Ende der Grundwassersanierungsmaßnahme nicht abzusehen. Die deutliche Abnahme der PAK-Gehalte in der zweiten Hälfte des Jahres 1993 konnte nur kurzzeitig optimistisch stimmen, da zum einen Cadmium und BTEX-Aromaten keine abnehmende Tendenz zeigten und zum anderen im Januar 1994 auch wieder PAK in einer Größenordnung von über 1000 g/l nachgewiesen wurden (Abb. 4).

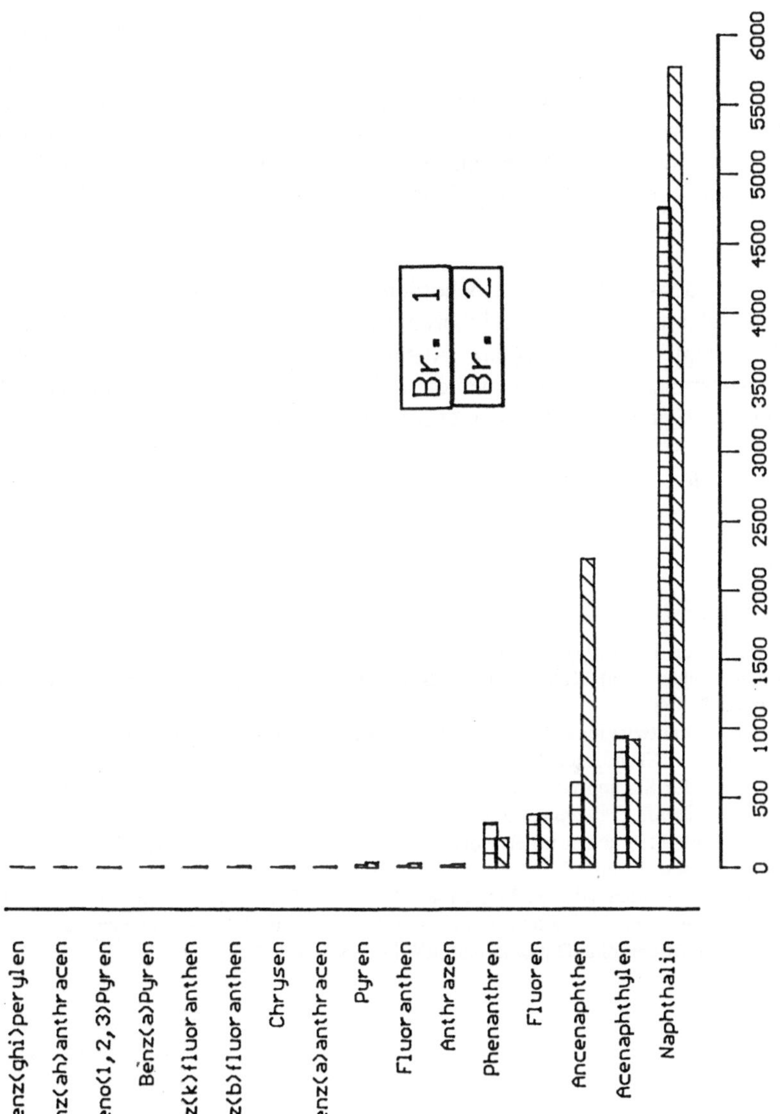

Abb. 4. Konzentrationsverlauf der PAK-Gehalte

6 Ausblick

Um die vorgesehene gewerbliche Folgenutzung nach Abschluß der Bodensanierungsarbeiten nicht zu behindern, wird die feste Installation der Reinigungsanlage sowie der Zu- und Ablaufleitungen erforderlich. Aus Gründen einer mit wirtschaftlich vertretbaren Aufwand nicht zu beseitigenden Verockerung der Rohrleitungen werden diese in einem Leerrohrsystem installiert, so daß eine Auswechslung als kostengünstigere Variante in gewissen zeitlichen Abständen möglich ist.

Um auch die Fach- und Aufsichtsbehörden über den Verlauf der Maßnahme in Kenntnis zu setzen, werden vereinbarungsgemäß vierteljährliche Sachstandsberichte vorgelegt. In jährlichem Abstand wird in einem umfassenden Abstimmungsgespräch über den weiteren Verlauf befunden. In diesem Zusammenhang ist zu entscheiden, ob zu gegebener Zeit die gesteckten Ziele erreicht worden sind.

Literatur

Blesken, M., Reisinger, H. (1993) Altlastensanierung im Zuge der Wiedernutzbarmachung eines aufgelassenen Zechen- und Kokereistandortes im Aachener Steinkohlenrevier. Wasser und Boden, Heft 11, S. 868-873

Der Minister für Stadtentwicklung und Verkehr des Landes Nordrhein-Westfalen (Hrsg.) (1992) Rechenschaftsbericht Grundstücksfonds. Stand: 31.12.1992

RdErl. des Ministers für Stadtentwicklung, Wohnen und Verkehr v. 29.10.1987, ICI-80/81.03/87: Richtlinien für Ankauf, Freilegung, Baureifmachung und Wiederveräußerung von Gewerbe-, Industrie- und Verkehrsbrachen im Rahmen des"Grundstücksfonds Nordrhein-Westfalen" und des „Grundstücksfonds Ruhr"

Trapp, H. (1992) Vergleichende geologisch-geochemische Studie zur Beurteilung des Gefährdungspotentiales von fünf Altstandorten der Gaswerk- und Kokereibranche am linken Niederrhein. Unveröffentlichte Diplomarbeit, RWTH Aachen, 166 S.

Z 8013 E
ENTSORGA Special
94 · 15. Jahrgang · Nr. 4/5
UMWELT & ENERGIE-REPORT
Wohin mit dem Müll?
Biologische Verfahren
Nicht alles auf die Deponie kippen
Recycling
Aus Bauschutt wird neuer Baustoff
Entsorga '94
Köln: Mekka für Saubermänner
ENTSORGA
6. INTERNATIONALE FACHMESSE FÜR ENTSORGUNG UND RECYCLING
Das kompetente «Nutzwert»-Magazin für Wirtschaft, Industrie und Kommunen
✓ behandelt alle mit Energie und Umwelttechnik zusammenhängenden Fragen,
✓ berichtet detailliert über neue Geräte, Verfahren sowie Anlagen,
✓ informiert über neue Entwicklungen und Trends
BONNER ENERGIE REPORT Verlags GmbH · Postfach 300253 · 53182 Bonn
Bitte schicken Sie uns ❒ Media Informationen ❒ Abo- und Buch-Informationen
Adresse: